The new Physics II
«DYSMETRY» OF SPACE

SAVES THE FALSE HYPOTHESIS OF THE INTERNATIONAL SYSTEM OF UNITS WITH THE FIRST ALGEBRA OF MAGNITUDES AND REACHES THE NEW PHYSICS OF «DYSMETRIC» SPACES

ENGLISH VERSION

«DISMETRÍA» DEL ESPACIO

SALVA LA HIPÓTESIS FALSA DEL SISTEMA INTERNACIONAL DE UNIDADES CON LA PRIMERA ÁLGEBRA DE MAGNITUDES Y LLEGA A LA NUEVA FÍSICA DE LOS ESPACIOS «DISMÉTRICOS»

VERSIÓN ORIGINAL EN ESPAÑOL

J. M. Arnaiz
cfejma@gmail.com

The good thing if brief twice good;
and even the bad, if little, not so bad

Lo bueno, si breve, dos veces bueno;
y aun lo malo, si poco, no tan malo

Baltasar Gracián

Todos los derechos reservados
Autor: J. M. Arnaiz
© Ediciones Go Beyond, 2020
ISBN: 9798607650704
Cubiertas diseñadas por Freepik

To curious spirits who yearn to understand the principles of science, to facilitate their work; and also in honor of the absent friends who inspired everything with altruistic spirit.

And especially to Maria, my wife, without whose inspiration «dysmetry» would not exist.

A los espíritus curiosos que anhelan comprender los principios de la ciencia, para facilitarles su quehacer; y también en honor de los amigos ausentes que lo inspiraron todo con ánimo altruista.

Y especialmente a María, mi esposa, sin cuya inspiración la «dismetría» no existiría.

WARNING
The International System of Units (SI) establishes as a typographic rule that unit symbols are written in the roman. However, in this work, in order to clearly highlight the physical units over ordinary text, it has been preferred to write the unit symbols in italics, as marks the *Spelling of the Spanish language*. We hope the reader appreciates it.

ADVERTENCIA
El Sistema Internacional de Unidades (SI) establece como regla tipográfica que los símbolos de las unidades se escriban en redondo. No obstante, en este trabajo, a fin de resaltar claramente las unidades físicas sobre el texto ordinario se ha preferido escribir los símbolos de unidades en cursiva, como marca la *Ortografía de la lengua española*. Esperamos que el lector lo aprecie.

SECTIONS
FROM THE ENGLISH VERSION

EXORDIUM
PHYSICS «ARITHMETIZATION» PARADOX
False hypothesis of the International System of Units 11

MEMORANDUM
«DYSMETRY» OF MAGNITUDES
An impressive physical-mathematical truth 39

Section XXX
SYNTHESIS OF DISCOVERY
From the paradox of «arithmetization» from Physics or
false hypothesis of the International System of Units to
First Algebra of Magnitudes and its brand new revelation:
THE «DYSMETRIC» SPACES 55

Section XXXI
HOW TO MATHEMATIZE THE
«DIMMETRY» OF MAGNITUDES
Culmination of the First Algebra of Magnitudes
and inexhaustible hotbed of physical innovations 225

Section XXXII
«DYSMETRIC» FORMULATION
OF PHYSICAL LAWS
Second law of Newton 273

Section XXXIII
THE «DYSMETRIC» PI NUMBER
In a «dysmetric» space, neither the number
π remains constant 293

Section XXXIV
«DYSMETRIC» ANALYSIS OF THE SPEED OF LIGHT
In a «dysmetric» space the speed of light
it doesn't have to be constant 301

Section XXXV
THE «DYSMETRIC» GRAVITATION
Alternative rational explanation to dark
matter for gravitational anomalies 317

Section XXXVI
LAWS OF EMPTY SPACE
Tensor formulation of «dysmetric»
properties of physical space 341

Section XXXVII
LAW OF DYADIC VARIATION
The physical-mathematical truth that proves
the fact that «dysmetry» is natural 353

ANNEX
THE DYADIC INVERSES
The logical formal sense for the notation
of unitary and inverse magnitudes 361

APPENDIX
«PSYCHOFUNCTIONAL» ANALYSIS
OF *QUANTUM THEORY*
Why a theory that works contradicts
common sense and it is paradoxical 373

ADDENDUM
«DYSMETRY»
Discovery of a new dimension
of physical magnitudes 405

Bibliography 421

APARTADOS
DE LA VERSIÓN ORIGINAL EN ESPAÑOL

EXORDIO
Paradoja de «aritmetización» de la Física
Hipótesis falsa del Sistema Internacional e Unidades 25

MEMORÁNDUM
«DISMETRÍA» DE LAS MAGNITUDES
Una impresionante verdad físico-matemática 47

Apartado XXX
SÍNTESIS DEL DESCUBRIMIENTO
De la paradoja de «aritmetización» de la Física o
hipótesis falsa del Sistema Internacional de Unidadades a la
Primera álgebra de magnitudes y su flamante revelación:
LOS ESPACIOS «DISMÉTRICOS» 57

Apartado XXXI
CÓMO MATEMATIZAR LA
«DISMETRÍA» DE LAS MAGNITUDES
Culminación de la *Primera álgebra de magnitudes*
e inagotable semillero de innovaciones físicas 249

Apartado XXXII
FORMULACIÓN «DISMÉTRICA»
DE LAS LEYES FÍSICAS
Segunda ley de Newton 283

Apartado XXXIII
EL NÚMERO PI «DISMÉTRICO»
En un espacio «dismétrico» ni el número
π se mantiene constante 297

Apartado XXXIV
ANÁLISIS «DISMÉTRICO» DE
LA VELOCIDAD DE LA LUZ
En un espacio «dismétrico» la velocidad de la luz
no tiene por qué ser constante 309

Apartado XXXV
LA GRAVITACIÓN «DISMÉTRICA»
Explicación racional alternativa a la materia
oscura para las anomalías gravitacionales 329

Apartado XXXVI
LEYES DEL ESPACIO VACÍO
Formulación tensorial de las
propiedades del espacio físico 347

Apartado XXXVII
LEY DE VARIACIÓN DIÁDICA
La verdad físico-matemática que prueba
el hecho de que lo natural es la «dismetría» 357

ANEXO
LOS INVERSOS DIÁDICOS
El lógico sentido formal para la notación
de las magnitudes unitarias e inversas 367

APÉNDICE
ANÁLISIS «PSICOFUNCIONAL»
DE LA TEORÍA CUÁNTICA
Por qué una teoría que funciona contradice
el sentido común y resulta paradójica 389

ADENDA
«DISMETRÍA»
Descubrimiento de una nueva
dimensión de las magnitudes físicas 413

Bibliografía 421

EXORDIUM

Physics «arithmetization» paradox
False hypothesis of the International System of Units

Does anyone know the answers to these seemingly elementary questions: How do you multiply a kilogram by a meter? What is the multiplier, the kilogram or the meter? How does one second square? divide the product kg×m by one second squared? What is the full meaning of compound units such as the newton, unit of force, or the joule, unit of energy?

Dear reader, do not feel ignorant or self-conscious if you cannot pin down the answers, because, incredible as it may sound, no one currently knows how to answer them at all. Neither the Nobel Laureates in Physics nor the most eminent physicists or mathematicians, no one can fully and rationally justify such questions, and they do not even realize it. Well, that is the object of the Dyadic Algebra of Magnitudes, which solves and explains all these questions with considerable didactic effort and, furthermore, as the first great achievement of this **new non-arithmetic algebra**, reveals the «dysmetry» of space, exhibited in volume II of this work.

Since we started in the elementary study of Physics we used to make use of operations with entities that indicate specific quantities of magnitudes and, due to the subliminal influence of arithmetic operations with abstract numbers such as real ones, we naturally believe that concrete operations they must follow the same calculation rules. Thus, for example, if a mobile travels a distance of 100 meters, using a time of 25 seconds, we say that the speed of the movement is 100/25=4 meters per second, and we will briefly write this speed with the letter 4 m/s. Likewise, if in 3 seconds the velocity changes from an initial value of 10 m/s

to 70 m/s, we firmly affirm that the mobile would have experienced an acceleration of (70-10)/3 = 20 meters per second per second, writing it 20 m/s^2.

With this we will have unconsciously assumed that with the symbols of the units, such as the meter or the second of the examples, one must operate with the same composition laws that we have established for abstract real numbers, that is, as if the units were mere variables formal algebraics; a happy assumption that already openly bothered Fourier or Maxwell, and so many other eminent physicists, given the absence of any justification for it, which implies upsetting scientific knowledge, depriving it of one of its fundamental pillars, because without fully clarifying this point It should not go to the second page of any Physics book; but it turns out that the texts themselves induce this mess, because they all forget to plumb a fundamental pillar of science: the algebra of magnitudes.

So what unscrupulously we get used to and they teach us to do unconsciously from a young age, seeming to us so natural, in reality, it is not only not obvious, but it is totally wrong, since it dispenses with something capital: the epistemic definitions of the laws of composition between entities that represent measurements or quantities of magnitudes and their units. So it is not surprising that the effects of this omission are worrying and that they continue to disturb the wise men of Physics of all times; what is more, what is striking is that it must be the prominent ones who philosophize about it and that no one else discusses the tradition, because the root of the problem is very elementary. Perhaps the first to recognize it was Fourier in his Analytical Theory of Heat (1822), where he introduced the important concept of dimension inherent in all physical magnitudes. Another distinguished thinker who warned about this issue was Clerk Maxwell, author of the unification of electromagnetism, who alluded to the typical case of teachers of all educational levels, who explain the unit of work without more than referring to the formula one joule is equal to a kilogram multiplied by a square meter and divided by a second squared, according to the well-known expression:

$$1\,joule = \frac{1\,kg \times 1\,m^2}{1\,s^2}$$

And he continued saying, not without a certain grace, that teachers do not realize that they would find themselves in a bind if some inquisitive student asked them what it is to multiply a kilogram by a square meter and how to divide the result by a second squared, or even what is the point of a second squared.

And it is that, indeed, we happily admit that 1 s×1 s=1 s², because it seems elementary algebra; however, we must take a closer look at expressions like this. It is clear that any multiplication of abstract numbers such as 3×4 means, by definition of multiplication, adding the multiplicand 3 as many times as indicated by the multiplier 4, that is, we have the abbreviated sum 3×4=3+3+3+3=12. So, if we applied this same algorithm to the product 3 s×4 s, establishing as multiplying the first factor and the second as multiplier, or vice versa, we would have 3 s×4 s=3 s+3 s+3 s+3 s=12 s. Why, then, do we so easily admit that 3 s×4 s=12 s²? Just because it has the written form of an algebraic expression, do we ignore the arithmetic definition of multiplication? Because obviously 12 s cannot be the same as 12 s², since we can easily understand what a second is, since we have clocks that measure that quantity of time; Now, what kind of entity will a second squared be? It does not seem that such a thing can be observed in nature, which would seem to delegitimize compound units like this one.

There is therefore a gap pending to be resolved in this of operations with physical magnitudes, which causes the proliferation of diverse and contradictory opinions regarding their nature and formulation, discussions that would be ended simply by defining the appropriate composition laws. A group of authors such as RC Tolman attribute to the symbols of dimensional expressions a certain impenetrable or mystical character and consider that «the true essence of magnitudes, from the physical point of view, is represented by their dimensional formula» (Physics Review, p 25, 1917). This hypothesis does not seem to be true, because it would suppose that such disparate magnitudes as the momentum of a force and its work, which can both be expressed in «newton×meter», were essentially manifestations of the same magnitude, energy, which seems clearly a madness, as we justify in section XXVI of the Dyadic Algebra of Magnitudes. Great authors such as Planck indicate that «it is as meaningless to speak of the "real" dimension of a magnitude as it is of the "real" name of an object», which would mean that physical magnitudes should be hidden from the understanding. Planck seems to indicate to us that we must not forget that physical quantities are mental entities and that, like any other name that indicates an extramental object, they are the result of the arbitrariness of thought. The positivist faction of the Vienna Circle, led by Bridgman, states that «dimensions do not have absolute value at all, but must be defined precisely from the process used to measure the respective magnitude», which makes us to suggest that, indeed, in the field of magnitudes there must be a good deal of arbitrariness; which bothered Planck so much that he criticized positivism thus: «The views of the positivists cannot be fought from a purely logical point of view. And yet a careful examination of them reveals that they are inadequate and sterile, because they dispense with a circumstance that is of decisive importance for scientific progress. As much as positivism boasts of being free from prejudice, it has to start from a fundamental premise if it is not to degenerate into an unintelligible solipsism. This premise is that every physical measurement can be reproduced in such a way that the result is independent of the observer's personality, the place and time in which the measurement is made, and any other circumstance. All this simply reveals that the decisive factor for the measurement result lies outside the observer and that consequently the measurements pose problems involving causal connections in an objective reality independent of the observer».

And in the same way as in these notable examples, different beliefs about the nature of physical quantities proliferate, forming a kind of intellectual pandemonium in this matter, so that everyone conforms to the usual way of operating with quantities of magnitudes, although each one has their own subjective notion of them and without being aware of the problem that the lack of epistemic definition of their composition laws raises, so that for the majority the vice does not exist and it is common not even to ask why it must operate with such physical entities as it is done and not otherwise.

Moreover, all authors versed in dimensional analysis take it for granted that unit abbreviations operate with the same algebra of abstract numbers, and on this tacit assumption and without justifying it in any way they elaborate their respective theories, which completely omit all specific algebra. for the magnitudes. And the same happens in the educational field, where the philosophical problems related to magnitudes and their laws of composition are ignored, as if they did not exist, teaching concrete operations in an intuitive, subjective and arbitrary way, leaving students with, Even without knowing it, a residue of uncertainty that vitiates all the knowledge acquired with this gap pending to be clarified, degrading the teaching quality, because the key to perfect understanding is not to advance at all without first having precisely defined all of the foregoing, and more, if possible, in the case of something so fundamental to understand and develop natural laws, such as magnitudes, their measurements and their operations.

In our view, the reason for this inertia common to science and education could be due to the intuition fed by the algebra of geometric segments, which more or less we all know to some extent since adolescence. We know that the multiplication of segments does not follow the model of the arithmetic product, but is conceived in geometry as a new magnitud, called surface, with two factors, or called volume, if there are three, so that the multiplication of lengths gives rise to two new derived magnitudes, the surface and the volume, in accordance with certain suitably defined laws of composition, and whose commutative, associative and distributive properties retain the form of the arithmetic. We will analyze all this in more detail throughout this work.

Thus, in the same way that there are algebras for numbers and abstract vectors, universally accepted, an algebra of concrete entities, representatives of quantities of magnitudes, should be established, because only in this way would the prevailing confusion be ended and they would be better clarified the meanings of the various composite magnitudes. And this is precisely what is humbly carried out in the monographic memory that we have entitled Dyadic Algebra of Magnitudes: starting as the foundation of the algebra of geometric segments, one immediately has that of lengths and, by mere generalization, it is easy to arrive at the convenient definition of the laws of composition for any magnitudes. This reveals the hidden frameworks of the derived units and the meanings that can be attributed to them can be judged more accurately. Thus we will see that such mythical magnitudes as, for example, the so-called energy, surprisingly, are rather a kind of ether fruit of the arbitrary nature of scientific thought, rather than real entities or qualities. This does not mean that the magnitudes do not correspond to some aspect of the physical realm, but rather that we must be prudent when we derive conclusions about the world from dimensional formulations, pertaining to the mental realm, in order not to end up entangled in childish disquisitions wrong. And for this it is very convenient to understand where the compositions of the magnitudes that intervene in any phenomenon have arisen, since, otherwise, the entire analysis carried out on the case under examination will be mutilated or corrupted without possible remission and subject to capricious speculation.

So the notion of dimension of all magnitude has to be considered after and not before having conceived an algebra of magnitudes, whose mathematical expression is concrete entities. Hence, the method followed in the work of the Dyadic Algebra of Magnitudes, faithful to the step-by-step sequence that characterizes us, has to be presented according to the following sequence: first, the basic concepts of physical magnitudes are established in general; then, they are assigned a mathematical entity and the concrete entities or physical dyads are created; An algebra is defined below for such special entities, which are adopted as precise representatives of the quantities of natural magnitudes; then the meaning of the definition equations, of the universal laws and of other physical entities is investigated; and, finally, the basis for dimensional analysis is finished. Without trying at all to describe this matter with perfect exhaustiveness, but with enough detail so that its unfailing character can be appreciated, leaving for successive editions the development of more abstract structures tailored to the various scientific theories.

The capital elements of Physics are the measurements or quantities of magnitudes, associated through certain invariant relations that operate with them; so, considering that simple algebraic entities are not composed, because they always carry a unit, it is not admissible that the laws of composition that define exactly how these physical features of nature should be composed are lacking. It would be something like if Mathematics established the algebraic formulas in the abstract without having specified the tables for the addition or multiplication of natural numbers. We would certainly be shocked by it. And yet, with Physics, this is what has been tacitly done for centuries with all naturalness and indifference on the part of the majority, except for a few wise men who have been upset by the tradition of simply admitting that magnitudes operate. as elements of ordinary algebra, without their concern having resulted in a definitive solution, adding to the confusion that many refer to as the «mysterious problem of dimensions» or the «puzzling character of compound units».

With the Dyadic Algebra of Magnitudes, the foundations are laid so that the forgotten fundamental pillar of science is properly installed and, when we are before a physical law such as Newton's second law $\overline{F} = m \times \overline{a}$, we do not believe that we are facing an expression of vector algebra Rather, we must understand that $\overline{F}$, m y $\overline{a}$ indicate quantities of physical magnitudes or measurements, represented by concrete mathematical entities, and that to operate with them it is necessary to have defined first of all how to do it in a convenient way with epistemic composition laws without the least ambiguity. With this, any subjective controversy about the interpretation or natural meaning of the composite magnitudes should decline, because it will be the definitions themselves that allow it to be elucidated objectively. And this will undoubtedly result in a substantial improvement in the quality of teaching and the intellectual performance of students.

A good revelation of the Dyadic Algebra of Magnitudes is the **doubling theorem**, which determines how every physical law is decomposed into its two basic elements, the pure algebraic equation and the dimensional relationship between the units of its two members, a process in which they appear the constants of homogeneity, which show the difference between the equations of the mathematical metric, in which said constants are always the unit, hence the doubling does not produce any change in their formulations, and the physical measurements, in which in general you do not have to comply with this restriction. And with this result, in our opinion very remarkable and transcendent, culminates what with some license of the language and without much property we could consider as a certain dyadic algebra sui generis applied to physical magnitudes, since ultimately the measurements are nothing but dyads formed by pairs of closely related elements: an algebraic primary and a dimensional secondary.

But the most spectacular and striking achievement of the algebra of magnitudes is the tremendous discovery of the

«dysmetry» of space, which springs naturally from the rigorous logic of the Dyadic Algebra of magnitudes. The «dysmetric» spaces are called to revolutionize the future Physics. The «dysmetric» mathematical structures are in the innovative research phase and its first fundamental development is set forth in this volume.

The «dysmetric» observation is unobjectionable and inalienable, and involves giving a dazzling Copernican twist to modern Physics, as opposed to the elemental and invisible isometry that has prevailed since the origins of science. The Dyadic Algebra of Magnitudes in principle selflessly follows the dogmatic isometric tradition, practically limiting itself to discovering, describing and solving the **paradox of «arithmetization» of Physics** and the **false hypothesis of the International System of Units**, but soon it inevitably meets the revolutionary **«dysmetry» of space**, which marks a new course for science, with the consequent appearance of an inexhaustible hotbed of physical innovations, which many enterprising researchers will undoubtedly appreciate. It is an inevitable discovery for logic and unavoidable for Physics.

The paradox of «arithmetization» of Physics is covered in a pernicious way with the false hypothesis of the International System of Units, admitted by everyone by tacit and comfortable conventionalism, most of the time unconscious, which gives the appearance of rigor where only there is arbitrariness: it is universally admitted by hypothesis that physical quantities form an abelian multiplicative group, which cannot be sustained with the rigorous algebra here exposed. The truth is that the inverses of any unit cannot exist. If not, who knows, tell what the inverses of a second, a meter or a kilogram are.

Here we do not limit ourselves to simply denouncing this false hypothesis, but the problem is identified and solved with the first coherent algebra in the history of Physics. Nobody well informed and impartial will maintain after studying the matter, that this absurd hypothesis must be maintained because Physics has given great results, because they should be reproached for how much more fruit it would bear without that falsehood in its principles.

In addition, it turns out that far from seeking a rectification, the International System of Units has consolidated this false principle in its most recent regulations, granting a letter of nature to the omission of a non-arithmetic algebra for physical quantities. Indeed, in its section 2.1 the International System defines quantities of magnitudes in this way: «*The value of a quantity is generally expressed as the product of a number and a unit. The unit is simply a particular example of the quantity concerned which is used as a reference, and the number is the ratio of the value of the quantity to the unit*». We already observe a first substantial defect: The International System speaks of the product of a number by a unit and of the relationship between the value of the magnitude and the unit without defining these operations at all, thereby tacitly admitting that they correspond to arithmetic operations , although obviously the units and quantities of magnitudes are not abstract numbers, but quantities of physical phenomena.

This error is confirmed later in section 5.2, where it says: «*Unit symbols are mathematical entities and not abbreviations*». It is surprising and certainly inadmissible that this reckless claim is made to refer to particular parts of physical phenomena, which manifestly cannot be identified with numerical entities.

On the one hand, the International System speaks of symbols of physical units and at the same time affirms that these symbols are mathematical entities, not abbreviations, without specifying to which mathematical entities it refers. In the same section it continues to say: «*In forming products and quotients of unit symbols the normal rules of algebraic multiplication or division apply*». This confirms the crazy equating of physical units and ordinary numbers. In another case, these mysterious symbols would present to the International System the character of unidentified mathematical entities.

In Section 5.4.1 the International System certainly confesses its false principle and states the following: «*Symbols for units are treated as mathematical entities. In expressing the value of a quantity as the product of a numerical value and a unit, both the numerical value and the unit may be treated by the ordinary rules of algebra. This procedure is described as the use of quantity calculus, or the algebra of quantities*». If it weren't because we are dealing with something very important, this paragraph would make you laugh. It is not serious to affirm that an arbitrary rule that allows to operate with the physical units by means of the laws of ordinary algebra constitutes nothing less than the algebra of magnitudes which is the foundation of all physics.

Therefore, the International System of Units normalizes the «arithmeticization» of Physics and falls squarely into the trap of constructing an abstract symbology without the slightest physical meaning, so that absolutely no one, not even the most eminent physicists, is capable of explaining what a multiplication as simple in appearance as a meter by a kilogram means. All of us, as faithful vassals, follow with blind obedience that mandate of the International System, without even asking ourselves why this fictitious algebra for physical quantities, without realizing that, thinking arithmetically, it is not possible to answer the elementary question : What is the multiplier, the meter or the kilogram? Simply because that multiplier cannot be quantified with a simple number, since neither the meter nor the kilogram are numbers, but rather indeterminate quantities of physical phenomena.

Another relevant consequence of true algebra is that the inverses of the physical units do not exist, despite the fact that the *SI* repeatedly grants them their own entity. Thus, in section 5.4.6 he pointed out that the quotients between units can be written a/b or $a \times b^{-1}$, identifying b^{-1} with the non-existent quotient $1/b$. For example, let's take the meter m, and find the quotient $1/m$. If someone knows an entity that multiplied by the amount of length implicit in a *meter* gives the abstract number 1, it would deserve a very special prize. We have already shown by non-arithmetic algebra why this quotient cannot be found.

In contrast to such intellectual servitude, when observing how Newton operates in his Principia it is observed that he did not fall into that absurd trap of «arithmetizing» Physics. True to his meticulous style, he begins with some clarifying definitions. We highlight those that come on purpose: «*I. The quantity of matter is the <u>measure</u> of the same, arising from its density and bulk conjunctly*»; «*II. The quantity of motion is the <u>measure</u> of the same, arising from the velocity and quantity of matter conjunctly*»; «*VI. The absolute quantity of a centripetal force is the <u>measure</u> of the same proportional to the efficacy of the cause that propagates it from the centre, through the spaces round about*»; «*VII. The accelerative quantity of a centripetal force is the <u>measure</u> of the same, proportional to the velocity which it generates in a given time*»; «*VIII. The motive quantity of centripetal force, is the <u>measure</u> of the same, proportional to the motion which it generates in a given time*».

In these definitions a striking fact is already observed that collides with the formula of the International System: Newton only speaks of «measures» and not of units, so that, since every measure is a number, to operate with measures it is correct to use the laws arithmetic.

Newton then gives form to his axioms or laws of motion, well known, and states them in this way: «*Law I. Every body perseveres in its state of rest, or of uniform motion in a right line, unless it is compelled to change that state by forces impressed thereon*»; «*Law II. The alteration of motion is ever <u>proportional</u> to the motive force impressed; and is made in the direction of the right line in which that force is impressed*»; «*Law III. To every action there is always opposed an equal reaction: or the mutual actions of two bodies upon each other are always equal, and directed to contrary parts*».

In Law II Newton speaks of «proportionality», but what kind of proportion is he referring to? The answer is in the Principia and it is not precisely arithmetic proportionality. Now, if he is not referring to the proportionality of arithmetic ratios, what does Newton mean by the term «proportional»?

Newton assimilates the quantities of physical magnitudes to geometric figures, as the ancient Greeks also did. So when he speaks of addition, subtraction, multiplication or ratio between quantities of magnitudes he is referring to these operations with segments, areas or volumes, not with numbers, which he reserves exclusively for physical measurements. Therefore, he uses arithmetic to operate with measurements and geometry to operate with quantities of magnitudes. And this is how it should be done, because measure and quantity are not the same thing. The measure is the number that represents a quantity established with a certain unit; while quantity is the union of measure and unit to express specific portions of quantities.

In summary, it can be said that operations with quantities are not «arithmetizable», but they can be «geometrized» by affinity with geometric operations with segments, areas and volumes. Of course, these operations are not arithmetic, because they do not relate numbers but elements of geometry. And this is precisely what is done in this dyadic algebra of magnitudes.

In turn, the erroneous «arithmeticization» normalized by the International System ignores and completely excludes dyadic properties, which naturally lead to «dysmetry», which is the most general variant of physical phenomena, currently invisible to Physics. arithmetic, and whose foundations are exposed in the second part of this work.

In all the informative efforts to convince of the relevance of what is explained, we have tried to use a mathematical language that is not too abstruse or abstract, because our intention is that this algebra and its spatial «dysmetry» be accessible to most of the students intellects, including those at the college level. To do this, we have endeavored to make clear the algebraic logical method, which reasons step by step, based solely on the previously established definitions and properties, thus saving any blinding prejudice of understanding. We hope we have managed to explain ourselves with the simplicity necessary for this and at the same time with sufficient significance to convey the philosophical and practical significance for the future of Physics of the algebra of magnitudes, necessary for the discovery of «dysmetry», which is an impressive physical-mathematical truth.

J. M. Arnaiz

EXORDIO

Paradoja de «aritmetización» de la Física
Hipótesis falsa del Sistema Internacional de Unidades

¿Alguien conoce las respuestas a estas preguntas aparentemente tan elementales?: ¿Cómo se multiplica un kilogramo por un metro?, ¿cuál es el multiplicador, el kilogramo o el metro?, ¿cómo se eleva un segundo al cuadrado?, ¿cómo se divide el producto $kg \times m$ entre un segundo al cuadrado?, ¿cuál es el significado completo de unidades compuestas tales como el newton, unidad de fuerza, o el julio, unidad de energía?

Querido lector, no se sienta ignorante ni acomplejado si no puede precisar las respuestas, porque, por increíble que parezca, nadie sabe actualmente responderlas en absoluto. Ni los premios nobeles de física ni los más eminentes físicos ni matemáticos, nadie puede justificar cabal y racionalmente tales interrogantes, y ni siquiera se dan cuenta de ello. Pues bien, ese es el objeto del *Álgebra diádica de magnitudes*, que resuelve y explica con notable esfuerzo didáctico todas esas cuestiones y, además, como primera gran conquista de esa **nueva álgebra no aritmética**, revela la «dismetría» del espacio, expuesta en esta segunda parte.

Desde que nos iniciamos en el estudio elemental de la Física acostumbramos a servirnos de las operaciones con entes que indican cantidades concretas de magnitudes y, por la influencia subliminal de las operaciones aritméticas con números abstractos como los reales, creemos con toda naturalidad que las operaciones concretas deban seguir las mismas reglas de cálculo. Así, por ejemplo, si un móvil recorre una distancia de 100 metros, empleando en ello un tiempo de 25 segundos, decimos que la velocidad del movimiento sea de $100/25 = 4$ metros por segundo, y abreviadamente escribiremos tal velocidad con la grafía $4\ m/s$. Asimismo, si en 3 segundos la velocidad cambia de un valor inicial de $10\ m/s$ a $70\ m/s$, afirmamos rotundamente que el móvil habría experimentado una aceleración de $(70-10)/3=20$ metros por segundo y por segundo, escribiéndolo $20\ m/s^2$. Con ello habremos supuesto inconscientemente que con los símbolos de las unidades, como el metro o el segundo de los ejemplos, deba operarse con las mismas leyes de composición que tenemos establecidas para los números reales abstractos, es decir, como si las unidades fuesen meras variables algebraicas formales; alegre suposición que ya incomodaba abiertamente a Fourier o Maxwell, y a tantos otros eminentes físicos, dada la ausencia de toda motivación que la justifique, lo que implica descabalar el conocimiento científico, privándolo de uno de sus pilares fundamentales, porque sin aclarar del todo este punto no debería pasarse a la segunda página de ningún libro de Física; pero resulta que los propios textos inducen este desaguisado, porque todos olvidan aplomar un pilar fundamental de la ciencia: el álgebra de magnitudes.

Así que lo que sin escrúpulos nos acostumbramos y nos enseñan a hacer desde pequeños inconscientemente, pareciéndonos tan natural, en realidad, no solo no es nada evidente, sino que es totalmente incorrecto, puesto que se prescinde de algo capital: de las definiciones epistémicas de las leyes de composición entre entes que representen mediciones o cantidades de magnitudes y de sus unidades. Así que no es extraño que los efectos de esta omisión preocupasen y que sigan inquietando a los sabios de la Física de todos los tiempos; es más, lo llamativo es que hayan de ser los prominentes quienes filosofen al respecto y que nadie más discuta la tradición, porque la raíz del problema es muy elemental. Quizá el primero en reconocerlo fuese Fourier en su *Teoría analítica del calor* (1822), donde introdujo el importante concepto de dimensión inherente a toda magnitud física. Otro insigne pensador que advirtió sobre esta cuestión fue Clerk Maxwell, autor de la unificación del electromagnetismo, que aludía al caso típico de los profesores de todos los niveles educativos, que explican la unidad de trabajo sin más que aludir a la fórmula un julio es igual a un kilogramo multiplicado por un metro cuadrado y dividido por un segundo al cuadrado, de acuerdo con la conocida expresión:

$$1\,julio = \frac{1\,kg \times 1\,m^2}{1\,s^2}$$

Y continuaba diciendo, no sin cierta gracia, que no caen en la cuenta los maestros de que se verían en un aprieto si algún alumno inquisitivo les preguntase qué es eso de multiplicar un kilogramo por un metro cuadrado y cómo se divide el resultado por un segundo al cuadrado, o incluso qué sentido tiene un segundo al cuadrado.

Y es que, en efecto, admitimos alegremente que $1\ s \times 1\ s = 1\ s^2$, porque parece álgebra elemental; sin embargo, debemos observar con más atención expresiones como esta. Está claro que toda multiplicación de números abstractos como 3×4 significa, por definición de multiplicación, sumar el multiplicando 3 tantas veces como indique el multiplicador 4, es decir, tenemos la suma abreviada 3×4=3+3+3+3=12. Así que, si aplicásemos este mismo algoritmo al producto 3 s×4 s, estableciendo como multiplicando el primer factor y el segundo como multiplicador, o viceversa, tendríamos 3 s×4 s=3 s+3 s+3 s+3 s=12 s. ¿Por qué, entonces, admitimos con tanta facilidad que 3 s×4 s=12 s^2?, ¿solo porque tiene la forma escrita de una expresión algebraica desoímos la definición aritmética de multiplicación?, porque obviamente no puede ser lo mismo 12 s que 12 s^2, ya que podemos entender sin problemas lo que sea un segundo, pues disponemos de relojes que miden esa cantidad de tiempo; ahora bien, ¿qué clase de ente habrá de ser un segundo elevado al cuadrado?, no parece que tal cosa pueda observarse en la naturaleza, lo cual parecería deslegitimar unidades compuestas como esta.

Existe entonces una laguna pendiente de resolver en esto de las operaciones con magnitudes físicas, que provoca la proliferación de opiniones diversas y contradictorias respecto a su naturaleza y formulación, discusiones a las que se pondría fin simplemente definiendo las leyes de composición convenientes. Un grupo de autores como R. C. Tolman atribuyen a los símbolos de las expresiones dimensionales cierto carácter impenetrable o místico y consideran que «la verdadera esencia de las magnitudes, desde el punto de vista físico, está representada por su fórmula dimensional» (*Physics Review*, p. 25, 1917). Esta hipótesis no parece que pueda ser cierta, porque supondría que magnitudes tan dispares como el momento de una fuerza y su trabajo, que pueden expresarse ambas en «newton×metro», fuesen esencialmente manifestaciones de la misma magnitud, la energía, lo cual parece a todas luces un desvarío, como justificamos en el apartado XXVI del *Álgebra diádica de magnitudes*. Grandes autores como Planck indican que «tan falto de sentido es hablar de la dimensión "real" de una magnitud como del nombre "real" de un objeto», lo que supondría que las magnitudes físicas habrían de ocultarse al entendimiento. Planck parece indicarnos que no hemos de olvidar que las magnitudes físicas son entes mentales y que, como cualquier otro nombre que señale a un objeto extramental, son fruto de la arbitrariedad del pensamiento. La facción positivista del Círculo de Viena, encabezada por Bridgman, dispone que «las dimensiones no tienen en modo alguno valor absoluto, sino que han de definirse, precisamente, a partir del proceso que se utilice para medir la magnitud respectiva», que nos vuelve a sugerir que, en efecto, en el ámbito de las magnitudes debe de haber una buena dosis de arbitrariedad; lo que incomodaba tanto a Planck, que criticó el positivismo así: «Las opiniones de los positivistas no pueden ser combatidas desde un punto de vista puramente lógico. Y, sin embargo, un examen detenido de las mismas revela que son inadecuadas y estériles, porque prescinden de una circunstancia que tiene importancia decisiva para el progreso científico. Por mucho que alardee el positivismo de estar exento de prejuicios, tiene que partir de una premisa fundamental si no quiere degenerar en un solipsismo ininteligible. Tal premisa consiste en que toda medida física puede ser reproducida de tal modo que el resultado es independiente de la personalidad del observador, del lugar y tiempo en que se efectúa la medición, y de cualquier otra circunstancia. Todo esto revela simplemente que el factor decisivo para el resultado de la medición está fuera del observador y que, en consecuencia, las medidas plantean problemas que implican conexiones causales en una realidad objetiva independiente del observador».

Y de la misma manera que en estos ejemplos notables, proliferan las diferentes creencias sobre la naturaleza de las magnitudes físicas, formando una especie de pandemónium intelectual en esta materia, de modo que todo el mundo se conforma con la manera usual de operar con las cantidades de magnitudes, aunque cada cual tenga su propia noción subjetiva de ellas y sin tomar conciencia del problema que suscita la falta de definición epistémica de sus leyes de composición, por lo que para la mayoría el vicio ni existe y es común ni siquiera preguntarse por qué debe operarse con tales entes físicos como se hace y no de otro modo.

Es más, todos los autores versados en análisis dimensional dan por sentado que las abreviaturas de unidades operen con la misma álgebra de los números abstractos, y sobre este presupuesto tácito y sin justificarlo en modo alguno elaboran sus respectivas teorías, que omiten absolutamente toda álgebra específica para las magnitudes. Y lo mismo sucede en el ámbito educativo, donde se pasan por alto, como si no existiesen, los problemas filosóficos atinentes a las magnitudes y sus leyes de composición, enseñando las operaciones concretas de manera intuitiva, subjetiva y arbitraria, dejando en los alumnos, aun sin saberlo, un poso de incertidumbre que vicia todo el conocimiento adquirido con esta laguna pendiente de ser clarificada, envileciendo la calidad docente, porque la clave del perfecto entendimiento es no avanzar en absoluto sin antes haber definido con precisión todo lo precedente, y más, si cabe, tratándose de algo tan fundamental para comprender y desarrollar las leyes naturales, como lo son las magnitudes, sus mediciones y sus operaciones.

A nuestro entender el motivo de esta inercia común a la ciencia y a la educación podría deberse a la intuición alimentada por el álgebra de los segmentos geométricos, que más o menos todos conocemos hasta cierto punto desde la adolescencia. Sabemos que la multiplicación de segmentos no sigue el modelo del producto aritmético, sino que se concibe en geometría como una nueva magnitud, denominada superficie, con dos factores, o llamada volumen, si fuesen tres, de modo que la multiplicación de longitudes da lugar a dos nuevas magnitudes derivadas, la superficie y el volumen, de conformidad con ciertas leyes de composición convenientemente definidas, y cuyas propiedades conmutativa, asociativa y distributiva conservan la forma de las aritméticas. Todo esto lo analizaremos con más detalle a lo largo de este trabajo.

Así, pues, de la misma manera que existen álgebras para los números y vectores abstractos, aceptadas universalmente, debería asentarse un álgebra de los entes concretos, representantes de las cantidades de magnitudes, porque solo así se acabaría con la confusión imperante y quedarían mejor aclarados los significados de las distintas magnitudes compuestas. Y esto es precisamente lo que humildemente se lleva a cabo en la memoria monográfica que hemos titulado *Álgebra diádica de magnitudes*: partiendo como fundamento del álgebra de los segmentos geométricos, se tiene inmediatamente la de longitudes y, por mera generalización, se llega con facilidad a la definición conveniente de las leyes de composición para cualesquiera magnitudes. Con ello quedan al descubierto los entramados ocultos de las unidades derivadas y pueden juzgarse con más acierto los significados que se les pueda atribuir. Así veremos que magnitudes tan míticas como, por ejemplo, la denominada energía, sorprendentemente, son más bien una especie de éter fruto de la arbitrariedad del pensamiento científico, antes que entes o cualidades reales. Sin que ello quiera decir que las magnitudes no se correspondan con algún aspecto del ámbito físico, sino que debemos ser prudentes cuando derivemos conclusiones acerca del mundo a partir de las formulaciones dimensionales, pertenecientes al ámbito mental, a fin de no acabar enredados en pueriles disquisiciones erróneas. Y para ello es muy conveniente entender de dónde han surgido las composiciones de las magnitudes que intervengan en cualquier fenómeno, pues, de otro modo, quedará mutilado o corrompido sin posible remisión y sujeto a caprichosas especulaciones todo el análisis realizado sobre el caso sujeto a examen.

De modo que la noción de dimensión de toda magnitud ha de considerarse después y no antes de haber concebido un álgebra de magnitudes, cuya expresión matemática son los entes concretos. De ahí que el método seguido en el trabajo del *Álgebra diádica de magnitudes*, fieles a la ilación paso a paso que nos caracteriza, ha de presentarse según la siguiente secuencia: en primer lugar, se asientan los conceptos básicos propios de las magnitudes físicas en general; luego, se les asigna entidad matemática y se crean los entes concretos o díadas físicas; a continuación se define un álgebra para tales entes especiales, que se adoptan como representantes precisos de las cantidades de magnitudes naturales; se investiga después el significado de las ecuaciones de definición, de las leyes universales y de otros entes físicos; y, finalmente, se termina con la base del análisis dimensional. Sin pretender en absoluto describir esta materia con perfecta exhaustividad, sino con suficiente detalle para que se pueda apreciar su carácter indefectible, dejando para sucesivas ediciones el desarrollo de estructuras más abstractas a la medida de las diversas teorías científicas.

Los elementos capitales de la Física son las mediciones o cantidades de magnitudes, asociadas mediante ciertas relaciones invariantes que operan con ellas; así que, considerando que no se componen simples entes algebraicos, porque llevan aparejada siempre una unidad, no es admisible que falten las leyes de composición que definan con exactitud cómo deban componerse esos rasgos físicos de la naturaleza. Sería algo así como si la Matemática estableciese las fórmulas algebraicas en abstracto sin haber concretado las tablas de la adición ni de la multiplicación de números naturales. Sin duda nos escandalizaríamos por ello. Y, sin embargo, con la Física es eso mismo lo que se está haciendo tácitamente durante siglos con toda naturalidad e indiferencia por parte de la mayoría, salvo unos pocos sabios que se han visto trastornados por la tradición de admitir sin más que las magnitudes operen como elementos del álgebra ordinaria, sin que su preocupación haya cuajado en una solución definitiva, abonando la confusión que muchos refieren como el «misterioso problema de las dimensiones» o el «carácter desconcertante de las unidades compuestas».

Con el *Álgebra diádica de magnitudes* se sientan las bases para que el olvidado pilar fundamental de la ciencia sea instalado debidamente y, cuando estemos ante una ley física como la *segunda ley de Newton* $\overline{F} = m \times \overline{a}$, no creamos hallarnos frente a una expresión del álgebra vectorial, sino que comprendamos que $\overline{F}$, m y $\overline{a}$ indican cantidades de magnitudes físicas o mediciones, representadas por entes matemáticos concretos, y que para operar con ellos es preciso haber definido antes que nada cómo hacerlo de manera conveniente con leyes de composición epistémicas sin la menor ambigüedad. Con ello deberá decaer toda controversia subjetiva sobre la interpretación o significado natural de las magnitudes compuestas, porque serán las propias definiciones las que permitan dilucidarlo con objetividad. Y ello redundará sin duda en la mejora sustancial de la calidad docente y del rendimiento intelectual de los estudiosos.

Una buena revelación del *Álgebra diádica de magnitudes* es el **teorema del desdoblamiento**, que determina cómo se descompone toda ley física en sus dos elementos básicos, la ecuación algebraica pura y la relación dimensional entre las unidades de sus dos miembros, proceso en el que aparecen las constantes de homogeneidad, que evidencian la diferencia entre las ecuaciones de la métrica matemática, en las que dichas constantes son siempre la unidad, de ahí que el desdoblamiento no produzca ningún cambio en sus formulaciones, y las mediciones físicas, en las que en general no se tiene por qué cumplir dicha restricción. Y con este resultado, a nuestro juicio muy notable y trascendente, culmina lo que con alguna licencia del lenguaje y sin mucha propiedad podríamos considerar como una cierta álgebra diádica sui géneris aplicada a las magnitudes físicas, toda vez que en definitiva las mediciones no son sino díadas formadas por parejas de elementos estrechamente vinculados entre sí: un primario algebraico y un secundario dimensional.

Pero el logro más espectacular y llamativo del álgebra de magnitudes es el apoteósico descubrimiento de la **«dismetría» del espacio**, que brota con naturalidad desde la lógica rigurosa del *Álgebra diádica de magnitudes*. Los espacios **«dismétricos»** están llamados a transformar la Física. Las estructuras matemáticas «dismétricas» están en fase de investigación innovadora y su primer desarrollo fundamental se expone en este volumen. La observación «dismétrica» es inobjetable e irrenunciable, y supone dar un deslumbrante giro copernicano a la Física moderna, frente a la elemental e invisible isometría imperante desde los orígenes de la ciencia. El *Álgebra diádica de magnitudes* sigue en principio abnegadamente la dogmática tradición isométrica, limitándose prácticamente a descubrir, describir y resolver la **paradoja de «aritmetización» de la Física** y la **hipótesis falsa del Sistema Internacional de Unidades**, pero pronto se encuentra de lleno e inevitablemente con la revolucionaria **«dismetría» del espacio**, que marca un nuevo rumbo para la ciencia, con la consiguiente aparición de un inagotable semillero de innovaciones físicas, que sin duda sabrán apreciar muchos investigadores emprendedores. Se trata de un descubrimiento inevitable para la lógica e irrenunciable para Física.

La paradoja de «aritmetización» de la Física se encubre de modo pernicioso con la hipótesis falsa del Sistema Internacional de Unidades, admitida por todo el mundo por convencionalismo tácito y cómodo, la mayoría de las veces inconsciente, que da la apariencia de rigor donde solo hay arbitrariedad: se admite universalmente por hipótesis que las magnitudes físicas forman un grupo multiplicativo abeliano, lo que no se puede sostener con el álgebra rigurosa aquí expuesta. La verdad es que no pueden existir los inversos de ninguna unidad. Si no, quien lo sepa, que diga cuáles son los inversos de un segundo, de un metro o de un kilogramo.

Aquí no nos limitamos a denunciar sin más dicha hipótesis falsa, sino que se identifica y se resuelve el problema con la primera álgebra coherente de la historia de la Física. Nadie bien informado e imparcial sostendrá después de estudiar la materia, que debe mantenerse esa hipótesis absurda porque la Física haya dado grandes frutos, porque a estos habría que reprocharles que cuántos más frutos daría sin esa falsedad en sus principios.

Además, resulta que lejos de buscar una rectificación, el Sistema Internacional de Unidades ha consolidado ese principio falso en su normativa más reciente, otorgando carta de naturaleza a la omisión de un álgebra no aritmética para las magnitudes físicas. En efecto, En su apartado 2.1 el Sistema Internacional define las cantidades de magnitudes de esta manera: «*El valor de una magnitud se expresa generalmente mediante el producto de un número y una unidad. La unidad es simplemente un ejemplo particular del valor de la magnitud en cuestión, utilizado como referencia, y el número es la relación entre el valor de la magnitud y la unidad*». Observamos ya un primer defecto sustancial: El Sistema Internacional habla del producto de un número por una unidad y de la relación entre el valor de la magnitud y la unidad sin definir en absoluto estas operaciones, admitiendo con ello tácitamente que se correspondan con las operaciones aritméticas, aunque obviamente las unidades y las cantidades de magnitudes no son números abstractos, sino cuantías de fenómenos físicos.

Este error se confirma más adelante en el apartado 5.2, donde se dice: «*Los Símbolos de las unidades son entidades matemáticas y no abreviaturas*». Es sorprendente y desde luego inadmisible que se haga esta afirmación temeraria para referirse a partes determinadas de fenómenos físicos, que manifiestamente no se pueden identificar con los entes numéricos. Por un lado el Sistema Internacional habla de símbolos de las unidades físicas y al mismo tiempo afirma que esos símbolos son entidades matemáticas no abreviaturas, sin especificar a qué entidades matemáticas se refiere. En el mismo apartado se sigue diciendo: «*Para formar los productos y cocientes de los símbolos de las unidades, se aplican las reglas habituales de multiplicación o división algebraica*». Con ello se confirma la delirante equiparación de las unidades físicas y los números ordinarios. En otro caso, esos misteriosos símbolos presentarían para el Sistema Internacional el carácter de entes matemáticos no identificados.

En el apartado 5.4.1 el Sistema Internacional confiesa sin duda su falso principio y afirma lo siguiente: «*Los símbolos de las unidades se tratan como entidades matemáticas. Cuando se expresa el valor de una magnitud como producto de un valor numérico por una unidad, tanto el valor numérico como la unidad pueden tratarse conforme a las reglas ordinarias del álgebra. Este procedimiento constituye el cálculo de magnitudes, o álgebra de magnitudes».* Si no fuese porque estamos ante algo muy importante, este párrafo movería a risa. No es serio afirmar que una regla arbitraria que consienta operar con las unidades físicas mediante las leyes del álgebra ordinaria constituya nada menos que el álgebra de magnitudes que fundamenta toda la Física.

Por tanto, el Sistema Internacional de Unidades normaliza la «aritmetización» de la Física y cae de lleno en la trampa de construir una simbología abstracta sin el menor significado físico, de modo que absolutamente nadie, ni los físicos más eminentes, es capaz de explicar qué significa una multiplicación tan simple en apariencia como un metro por un kilogramo. Todos, como fieles vasallos, seguimos con obediencia ciega ese mandato del Sistema Internacional, sin tan siquiera preguntarnos el porqué de esa álgebra ficticia para las magnitudes físicas, sin caer en la cuenta de que, pensando aritméticamente, no es posible responder a la elemental pregunta: ¿Cuál es el multiplicador, el metro o el kilogramo? Sencillamente porque ese multiplicador no se puede cuantificar con un simple número, ya que ni el metro ni el kilogramo son números, sino cantidades indeterminadas de fenómenos físicos.

Otra consecuencia relevante del álgebra verdadera es que los inversos de las unidades físicas no existen, a pesar de que el Sistema Internacional les concede entidad propia de manera reiterada. Así, en el apartado 5.4.6 señala que los cocientes entre unidades se pueden escribir a/b o $a \times b^{-1}$, identificando b^{-1} con el cociente inexistente $1/b$. Por ejemplo, tomemos el metro m, y busquemos el cociente $1/m$. Si alguien conoce un ente que multiplicado por la cantidad de longitud implícita en un *metro* dé el número abstracto 1 merecería un premio muy especial. Nosotros ya hemos demostrado mediante el álgebra no aritmética por qué no se puede encontrar ese cociente.

Como contraste con tal servidumbre intelectual, al observar cómo opera Newton en sus *Principia* se observa que él no cayó en esa absurda trampa de «aritmetizar» la Física. Fiel a su estilo meticuloso, empieza con algunas definiciones aclaratorias. Destacamos las que vienen a propósito: «*I. La cantidad de materia es la <u>medida</u> de la misma originada de su densidad y volumen conjuntamente*»; «*II. La cantidad de movimiento es la <u>medida</u> del mismo obtenida de la velocidad y de la cantidad de materia conjuntamente*»; «*VI. Magnitud absoluta de la fuerza centrípeta es la <u>medida</u> mayor o menor de la misma según la eficacia de la causa que la expande desde un centro en todas las direcciones en torno*»; «*VII. La magnitud acelerativa de la fuerza centrípeta es su <u>medida</u> proporcional a la velocidad que genera en un tiempo dado*»; «*VIII. La magnitud motriz de la fuerza centrípeta es la <u>medida</u> de la misma proporcional al movimiento que genera en un tiempo dado*».

En estas definiciones ya se observa un hecho llamativo que choca fontalmente con la fórmula del Sistema Internacional: Newton solo habla de «medidas» y no de unidades, por lo que, siendo toda medida un número, para operar con medidas es correcto usar las leyes aritméticas.

A continuación Newton da forma a sus axiomas o leyes del movimiento, bien conocidos, y los enuncia de esta manera: «*Ley I. Todo cuerpo persevera en su estado de reposo o movimiento uniforme y rectilíneo a no ser en tanto que sea obligado por fuerzas impresas a cambiar su estado*»; «*Ley II. El cambio de movimiento es <u>proporcional</u> a la fuerza motriz impresa y ocurre según la línea recta a lo largo de la cual aquella fuerza se imprime*»; «*Ley III. Con toda acción ocurre siempre una reacción igual y contraria. O sea, las acciones mutuas de los cuerpos siempre son iguales y dirigidas en direcciones opuestas*».

En la Ley II Newton habla de «proporcionalidad», pero ¿a qué clase de proporción se refiere? La respuesta está en los *Principia* y no es precisamente la proporcionalidad aritmética. Ahora bien, si no se refiere a la proporcionalidad de razones aritméticas, ¿qué quiere decir Newton con el término «proporcional»?

Newton asimila las cantidades de magnitudes físicas a figuras geométricas, como hacían también los antiguos griegos. Por lo que cuando habla de adición, sustracción, multiplicación o razón entre cantidades de magnitudes se está refiriendo a estas operaciones con segmentos, áreas o volúmenes, no con números, que reserva exclusivamente para las medidas físicas. Por tanto, utiliza la aritmética para operar con medidas y la geometría para operar con cantidades de magnitudes. Y así es como debe hacerse, porque medida y cantidad no son la misma cosa. La medida es el número que representa una cantidad establecida con cierta unidad; mientras que cantidad es la unión de medida y unidad para expresar porciones concretas de magnitudes.

En síntesis, puede decirse que las operaciones con magnitudes no son «aritmetizables», pero sí se pueden «geometrizar» por afinidad con las operaciones geométricas con segmentos, áreas y volúmenes. Desde luego estas operaciones no son las aritméticas, porque no relacionan números sino elementos de la geometría. Y esto es precisamente lo que se hace en esta *Álgebra diádica de magnitudes*.

A su vez, la errónea «aritmetización» normalizada por el Sistema Internacional ignora y excluye de plano las propiedades diádicas, que de modo natural conducen a la «dismetría», que es la variante más general de los fenómenos físicos, actualmente invisible para la Física aritmética, y cuyos fundamentos se exponen en la segunda parte de esta obra.

En todos los esfuerzos divulgativos para convencer de la relevancia de lo que se explica, se ha procurado usar un lenguaje matemático no demasiado abstruso ni abstracto, porque nuestra intención es que esta álgebra y su «dismetría» espacial sea accesible a la mayor parte de los intelectos, incluidos los de nivel preuniversitario. Para ello, nos hemos esforzado en dejar patente el método lógico algebraico, que razona paso a paso, fundamentándose únicamente en las definiciones y propiedades previamente asentadas, salvando así cualquier prejuicio cegador del entendimiento. Esperamos haber conseguido explicarnos con la llaneza necesaria para ello y a la vez con suficiente significación para transmitir la transcendencia filosófica y práctica para el futuro de la Física del álgebra de magnitudes, necesaria para el descubrimiento de la «dismetría», que es una impresionante verdad físico-matemática.

J. M. Arnaiz

MEMORÁNDUM

«Dismetry» of magnitudes
An impressive physical-mathematical truth

In this brief section, the physical-mathematical discovery that is probably the most important since gravitation is succinctly exposed, and the significance of the upcoming Copernican turn for physics, science and technology is clearly shown.

The historic breakthrough has worldwide repercussions and begins with the discovery and resolution of the **«arithmetization» paradox of Physics**. This paradox is succinctly as follows: Today we know that no one can answer questions such as how is a kilogram multiplied by a meter? What is the multiplier, the kilogram or the meter? Neither of them can be, because the kilogram is a quantity of mass that cannot be identified by a single number and the meter is, for its part, an arithmetically indeterminable quantity of length. How much length is in a meter? How much mass is in a kilogram? How much time is in a second? It cannot be known. It is impossible to reduce these physical quantities to simple abstract numbers. So if the physical units are not arithmetic numbers, why are they being operated as if they were? And the answer is that compound expressions with physical units are not defined and they are not arithmetic operations, so no one knows their meaning, they are empty and arbitrary notations.

The paradox of «arithmetization» of Physics is equivalent to the arbitrary hypothesis of supposing that with magnitudes it is possible to operate as if they were an abelian multiplicative group, which is the currently valid hypothesis for the International System of Units and, therefore, for all current theories, leading to notable inconsistencies, such as negative exponents of compound units and dimensional equations, because in the First Algebra of Magnitudes it is rigorously demonstrated that such inverses cannot exist, since multiplicative operations are external composition laws Therefore, this supposed Abelian multiplicative group structure cannot occur either. So **the referred hypothesis of the International System is false**. And this does not seem foolhardy to qualify it as scandalous and above all a scourge for the development of Physics, as can be seen simply by examining the manual with impartial attention and scientific curiosity.

Therefore, the so-called paradox with a certain excess of humility and consideration towards the instituted, is rather an unacceptable primitivism in modern times, especially when there is already a physical algebra that resolves the gaps and contradictions of the most basic foundations of Physics, which is to operate with its elements, the quantities of physical quantities, in a rigorous and coherent way.

Once the paradox, consequence of the **false hypothesis of the International System of Units**, has been identified, the next necessary step is to form an algebra that operates with those quantities of physical quantities, which are not simple mathematical entities, but have a specific non-arithmetic nature, for which require a singular and broader treatment than that of pure mathematics. In the search for a non-arithmetic algebra we came across a very relevant precursor: the way to compose segments to produce new magnitudes, areas and volumes. These operations combine length quantities to generate area quantities and volume quantities. Therefore, they are an ideal reference to understand the rest of the physical quantities. Not in vain a segment is nothing more than a quantity of length in the physical sense, therefore this geometric algebra also belongs to Physics.

Once the algebra of segments has been established, as an algebra of geometric figures, not of abstract symbols, the next step can be taken, which is its analytical transformation through dyadic elements, formed by a mathematical entity in the primary, number, vector or tensor, and a unit of length in the secondary. Then, it is enough to observe that the physical quantities can be made to correspond biunivocally with the algebraic structures of the geometric segments, so that, having affinity, the composition laws of the segments can be generalized, extending them to the other quantities.

Additive operations with homogeneous magnitudes do not offer any complication, but even so, they lead us to the perfect rational compression of dimensionless magnitudes such as the radian and to other fundamental consequences to operate with the additive laws of Physics.

Resulting that composing two segments by means of geometric multiplication produces a new magnitude, the surface, and that composing three results in another, the volume, the multiplicative laws of magnitudes, contrary to the additive ones, appear to us as external laws, so there can be neither unitary nor inverse elements, which makes it impossible for such external laws to endow dyadic sets, or sets of quantities of physical quantities, with abelian group structure. It is easy to observe this fact without more than wondering what is the inverse of a meter? That is, what quantity of length multiplied by a meter gives a meter? Or also, what quantity of length multiplied by any other gives this same length? There is nothing like this, because two quantities of length multiplied produce an area, not a length. With all this, the correct interpretation of the inverses of the physical units and of the divisions between quantities of heterogeneous quantities is reached, giving complete significance to the negative dimensional exponents and to the composite quantities obtained by multiplying or dividing other fundamental ones.

The inexistence of unit and inverse elements for multiplicative operations does not prevent dyadic sets, endowed with these additive and multiplicative laws, consistently and specifically defined for quantities of physical quantities, from revealing an isomorphic structure with the field of real numbers.

The development of this algebra of magnitudes was the initial objective of the investigation, which is detailed in the manual. At first everything focused on describing the paradox of «arithmetization» and saving the contradictions and omissions of the International System of Units. But it happened that the observation of any dyadic element reveals without difficulty that a quantity of magnitude can vary in two ways: because its primary varies, the mathematical element that represents the measure, or because the secondary, the physical or non-mathematical element of the dyad. What does a secondary variation mean? It does not refer to a simple unit change of the same magnitude. It is something much more subtle. To understand this, let's take the unit of length, the meter, as an example. We can imagine a rigid segment that is one meter long. The quantity of length implicit in such a segment can be assumed to be constant at all points in space, a hypothesis that we could call isometric, or the other logical option can be considered, that the same segment congruently rigid in other positions contains implicitly different quantities of length, depending on the physical nature of the space considered. And so the «dysmetric» spaces are born. In them, the «dysmetric» density of a magnitude can be defined as the dyadic quotient of two quantities of it at two different points, expressed in the same congruent unit, which according to the new algebra is always a real number and, therefore, dimensionless. In this way it is possible to conceive of different physical realms characterized by concrete distributions of «dysmetric» densities of the fundamental magnitudes. Each space is thus characterized by convenient «dysmetric» density distributions, which are nothing more than real numbers associated with each point in the space in question. And this tool is far from trivial, it changes everything. To demonstrate this, the articles referring to the mathematization of «dysmetry», Newton's second law «dysmetric», have been developed, the observation that the number pi is not constant in a «dysmetric» space, just as the velocity is not constant. light, and finally «dysmetric» gravitation. They must be examined with an open mind, not so much to understand the physical phenomenon exposed, but to glimpse the immense possibilities of «dysmetry» as a tool to represent physical phenomena of all kinds and what this can mean for the progress of the Physical.

For example, with «dysmetry» it is shown that in a «dysmetric» space the physical constants do not have to be such. Specifically, the relativistic hypothesis of the invariance of the speed of light, on which all Relativity is based, is incompatible with the «dysmetry» of space, as explained in the section XXXIV. Therefore, the algebra of magnitudes is not limited to solving the paradox of «arithmetization» of Physics and to give coherent meaning to the operations with quantities without any practical change, but, on the contrary, it clears the way for the spaces «dysmetric» and is presented as the source of many other possible innovations. Overcoming the false hypothesis of the International System of Units by means of the algebra of magnitudes would in itself be a prodigious advance for science, because it gives full meaning to composite magnitudes, which are now nothing but whimsical symbolisms. But the fertility of algebra created to remedy it has led without seeking it to an even more radical and transcendent discovery: the «dysmetry» of space.

«Dysmetr» is a natural and epistemic product of physical dyads. Physics has tacitly assumed since its distant origins that magnitudes are rigid, that is, that they are not affected by any cause, what we call isomerism and that is equivalent to admitting that the quantities of magnitudes only change because their measurements change, remaining the units always constant. But this is nothing more than a very crude simplification of reality, inherited from those times when modern algebra was unknown. The complete truth is the «dysmetry» of space, because not only physical measurements can vary, but also the quantities of magnitudes implicit in any unit adopted as a standard.

In this way «dysmetry» is discovered as a complete system of representation of natural properties, and it is not a theory, but an eternal epistemic truth. To understand it with an example, it is as if to build or repair machines we were offered to choose a fixed spanner and an English wrench, which of them would we choose? The answer is obvious: the English allows to operate with a wide range of nut sizes, while the fixed one only admits one measure. For something similar happens with isometry, the fixed wrench, and «dysmetry», the wrench. Physicists and technicians cannot avoid converting to «dysmetry» to formulate their theories and applications without current isometric limitations. The «dysmetry» is not an option, it is a necessity, if the complexity of the phenomena of nature is to be fully covered.

So «dysmetry» is a worldwide phenomenon. Everyone must embrace her hopelessly. And, as it is a complete representation system of natural properties, it will produce endless scientific advances and technical innovations, just as other physical advances did in the past. Consider, for example, how thermodynamics led to the invention of heat engines, which mobilized the industrial revolution; or how the discovery of electricity and electromagnetism led to electrify industry, rail transport or homes; or how the physics of semiconductors has brought the immense development of digital and communication technologies today. The «dysmetry» is up to the task or may even be ventured to surpass such colossal progress.

The «dysmetry» leads, in turn, to another revolutionary concept: The **«dysmetric» density** of each magnitude, which turns out to be dimensionless and allows us to represent the **flexibility or deformation laws of natural properties**, depending on how they are affected by multiple causes disturbing, today excluded by the rigidity of isometric simplification, stuffing Physics and dramatically trapping its capacity to represent the natural world.

In sum, «dysmetry» implies that magnitudes are deformable, which means that due to the effects of multiple causes they can contract or expand, and this property carries the notion of greater or lesser «dysmetric» density. Such a manifestation of density does not coincide with the classical form, which always relates different magnitudes, so heterogeneous density is dimensional, like the ratio between mass and volume, its compound unit is the dyadic ratio between the kilogram and the cubic meter. On the other hand, the «dysmetric» density is homogeneous, it refers only to the magnitude itself in relation to itself between two points in space. And with this, the algebra of magnitudes teaches that the ratio between two quantities of the same magnitude is always a real number, not a dyad, so it has no dimension, and hence it follows that the «dysmetric» density is dimensionless.

How does the «dysmetric» phenomenon affect Physics? Throughout. It is an advance in basic science, which has a profound impact on everything we know. And as the famous Spanish scientist Margarita Salas Falgueras taught us, the advances in basic science are the most fertile and spectacular. The «dysmetry» will cause the recasting of all theories since Newton. You will end physical constants, as they are conceived today. It will force a complete review of the International System of Units. It is going to be a barrage of technical and social advances. Let us think, for example, of the possibility that opens up to cross great distances in very short times and at not very high speeds, simply by emptying the trajectories of length. But there is still more: If a trajectory is emptied of length, with a slight impulse it will be possible to travel great distances with very little energy. A prodigious transport revolution, which for now can be considered more fiction than science, but that the episteme ensures that it will materialize in the future.

The «dysmetry» is an autonomous and exclusive movement. It is unstoppable and inevitable. It has universal interest. It is inalienable. What can physics do in the face of the «dysmetric» phenomenon? Stick with the rigidity of current isometric simplification, opting for the spanner over the English? Has no sense. That's not gonna happen. Physics «dysmetric» welcomes isometry as a particular case, but it is much broader and richer than this. Therefore, what is intelligent for science? To remain trapped in the simplicity of childish silent isometry or to enrich itself with «dysmetry»? The answer is obvious and unobjectionable: Physics cannot be prevented from modernizing with «dysmetry». «Dysmetry» is an enduring legacy and will change the world rapidly. The fruits of «dysmetric» Physics are inexhaustible. The «dysmetric» future is spectacular, exciting, hopeful.

In reality, the «dysmetry» has always been there. You just had to discover it. And this work is already done. Now what remains is to disseminate it throughout the world as quickly and widely as possible, for the common good of humanity. And this movement will occur spontaneously or by promoting it sooner or later with greater or lesser speed of spread. But it is inevitable that it will happen.

This summary is necessarily schematic to accommodate the fundamentals of basic physics research reflected in the manual, which has to conquer many intelligences. For the time being, the most didactic language possible has been chosen, as well as different forms of exposition, to make it accessible to the greatest number of minds. That is why it is submitted to public consideration, in order to create a group of followers the broader the better, which establishes this new Physics. There are two very shocking starting elements: the false hypothesis of the International System of Units and the sensational discovery of «dysmetric» spaces, which should attract the attention of even the most profane in the field.

MEMORÁNDUM

«Dismetría» de las magnitudes
Una impresionante verdad físico-matemática

En este breve apartado se expone sucintamente el descubrimiento físico-matemático que probablemente sea el más importante desde la gravitación, y se muestra con evidencia la trascendencia del giro copernicano que se avecina para la Física, la ciencia y la técnica.

El histórico avance tiene repercusión mundial y comienza con el descubrimiento y resolución de la **paradoja de «aritmetización» de la Física**. Esta paradoja consiste sucintamente en lo siguiente: A día de hoy sabemos que nadie puede responder a preguntas tales como ¿de qué manera se multiplica un kilogramo por un metro?, ¿cuál es el multiplicador, el kilogramo o el metro? No pueden serlo ninguno de los dos, porque el kilogramo es una cantidad de masa imposible de identificar con un solo número y el metro es, por su parte, una cantidad de longitud indeterminable aritméticamente. ¿Qué cantidad de longitud hay en un metro?, ¿qué cantidad de masa hay en un kilogramo?, ¿qué cantidad de tiempo hay en un segundo? No se puede saber. Es imposible reducir esas cantidades físicas a simples números abstractos. Entonces, si las unidades físicas no son números aritméticos, ¿por qué se opera con ellas como si lo fuesen? Y la respuesta es que las expresiones compuestas con unidades físicas no están definidas y no son operaciones aritméticas, por lo que nadie conoce su significado, son notaciones vacuas y arbitrarias.

La paradoja de «aritmetización» de la Física equivale a la hipótesis arbitraria de suponer que con las magnitudes se pueda operar como si fuesen un grupo multiplicativo abeliano, que es la hipótesis actualmente vigente para el Sistema Internacional de Unidades y, por tanto, para todas las teorías vigentes, que lleva a incongruencias notables, como los exponentes negativos de las unidades compuestas y ecuaciones dimensionales, porque en la *Primera álgebra de magnitudes* se demuestra con rigor que tales inversos no pueden existir, ya que las operaciones multiplicativas son leyes de composición externas, por lo que tampoco puede darse esa supuesta estructura de grupo multiplicativo abeliano. Así que **la referida hipótesis del Sistema Internacional es falsa**. Y esto no parece temerario calificarlo de escandaloso y sobre todo de lacra para el desarrollo de la Física, como se observa sin más que examinar el manual con atención imparcial y con curiosidad científica.

Por tanto, la llamada paradoja con cierto exceso de humildad y consideración hacia lo instituido, es más bien un primitivismo inaceptable en los tiempos modernos, máxime cuando ya existe un álgebra física que resuelve las lagunas y contradicciones de los fundamentos más básicos de la Física, que es operar con sus elementos, las cantidades de magnitudes físicas, de manera rigurosa y coherente.

Una vez identificada la paradoja, consecuencia de la **hipótesis falsa del sistema Internacional de Unidades**, el paso necesario siguiente es conformar un álgebra que opere con esas cantidades de magnitudes físicas, que no son simples entes matemáticos, sino que tienen naturaleza específica no aritmética, por lo que requieren un tratamiento singular y más amplio que el de la matemática pura. En la búsqueda de un álgebra no aritmética nos topamos con un precursor muy relevante: la forma de componer segmentos para producir nuevas magnitudes, las áreas y los volúmenes. Estas operaciones combinan cantidades de longitud para generar cantidades de área y cantidades de volumen. Por tanto, son una referencia ideal para entender el resto de las magnitudes físicas. No en vano un segmento no es más que una cantidad de longitud en sentido físico, luego esta álgebra geométrica también pertenece a la Física.

Establecida el álgebra de segmentos, en tanto que álgebra de figuras geométricas, no de símbolos abstractos, se puede dar el siguiente paso, que es su transformación analítica mediante elementos diádicos, formados por un ente matemático en el primario, número, vector o tensor, y una unidad de longitud en el secundario. Después, basta observar que las cantidades físicas se pueden hacer corresponder biunívocamente con las estructuras algebraicas de los segmentos geométricos, por lo que, habiendo afinidad, se pueden generalizar las leyes de composición de los segmentos, extendiéndolas a las demás magnitudes.

Las operaciones aditivas con magnitudes homogéneas no ofrecen ninguna complicación, pero aún así, nos conducen a la perfecta compresión racional de la magnitudes adimesionales tales como el radián y a otras consecuencias fundamentales para operar con las leyes aditivas de la Física.

Resultando que componiendo mediante la multiplicación geométrica dos segmentos se produce una nueva magnitud, la superficie, y que componiendo tres resulta otra, el volumen, las leyes multiplicativas de magnitudes, al contrario que las aditivas, se nos aparecen como leyes externas, por lo que no pueden existir elementos unitarios ni inversos, lo que hace imposible que tales leyes externas puedan dotar de estructura de grupo abeliano a los conjuntos diádicos, o conjuntos de cantidades de magnitudes físicas. Es fácil observar este hecho sin más que preguntarse ¿cuál es el inverso de un metro? Es decir, ¿que cantidad de longitud multiplicada por un metro da un metro? O también, ¿qué cantidad de longitud multiplicada por cualquier otra da esta misma longitud? No existe nada así, porque dos cantidades de longitud multiplicadas producen un área, no una longitud. Con todo ello se llega a la interpretación correcta de los inversos de las unidades físicas y de las divisiones entre cantidades de magnitudes heterogéneas, dando significación completa a los exponentes dimensionales negativos y a las magnitudes compuestas obtenidas multiplicando o dividiendo otras fundamentales.

La inexistencia de elementos unitarios e inversos para las operaciones multiplicativas no impide que los conjuntos diádicos, dotados de esas leyes aditivas y multiplicativas, definidas coherente y específicamente para las cantidades de magnitudes físicas, revelen una estructura isomorfa con el cuerpo de los números reales.

El desarrollo de esta álgebra de magnitudes fue el objetivo inicial de la investigación, que se detalla en el manual. Al principio todo se centró en describir la paradoja de «aritmetización» y salvar las contradicciones y omisiones del Sistema Internacional de Unidades. Pero ocurrió que la observación de un elemento diádico cualquiera revela sin dificultad que una cantidad de magnitud puede variar de dos formas: porque varíe su primario, el elemento matemático que representa la medida, o porque varíe el secundario, el elemento físico o no matemático de la díada. ¿Qué significa una variación del secundario? No se refiere a un simple cambio de unidad de la misma magnitud. Es algo mucho más sutil. Para comprenderlo, tomemos como ejemplo la unidad de longitud, el metro. Podemos imaginar un segmento rígido que mida un metro. La cantidad de longitud implícita en tal segmento se puede suponer constante en todos los puntos del espacio, hipótesis que podríamos llamar isométrica, o se puede contemplar la otra opción lógica, que el mismo segmento congruentemente rígido en otras posiciones contenga implícitas diferentes cantidades de longitud, dependiendo de la naturaleza física del espacio considerado. Y así nacen los espacios «dismétricos». En ellos se puede definir la densidad «dismétrica» de una magnitud como el cociente diádico de dos cantidades de la misma en dos puntos distintos, expresadas en la misma unidad congruente, que según la nueva álgebra es siempre un número real y, por tanto, adimensional. De este modo se pueden concebir distintos ámbitos físicos caracterizados por distribuciones concretas de densidades «dismétricas» de las magnitudes fundamentales. Cada espacio queda así caracterizado por distribuciones convenientes de densidades «dismétricas», que no son sino números reales asociados a cada punto del espacio en cuestión. Y esta herramienta no es ni mucho menos banal, sino que lo cambia todo. Para demostrarlo se han desarrollado los artículos referentes a la matematización de la «dismetría», la *segunda ley de Newton* «dismétrica», la observación de que en número pi no es constante en un espacio «dismétrico», así como tampoco lo es la velocidad de la luz, y por último la gravitación «dismétrica». Hay que examinarlos con mentalidad abierta, no tanto para entender el fenómeno físico expuesto, sino para vislumbrar las inmensas posibilidades de la «dismetría» en tanto que herramienta para representar los fenómenos físicos de toda índole y lo que esto puede suponer para el progreso de la Física.

Por ejemplo, con la «dismetría» se pone en evidencia que en un espacio «dismétrico» las constantes físicas no tienen por qué ser tales. En concreto, la hipótesis relativista de invariancia de la velocidad de la luz, en que se basa toda la *relatividad*, es incompatible con la «dismetría» del espacio, como se expone en el apartado XXXIV. Por tanto, el álgebra de magnitudes no se limita a resolver la paradoja de «aritmetización» de la Física y dar sentido coherente a las operaciones con magnitudes sin cambio práctico alguno, sino que, por el contrario, nos despeja el camino hacia los espacios «dismétricos» y se presenta como la fuente de otras muchas innovaciones posibles. La superación de la hipótesis falsa del Sistema Internacional de Unidades mediante el álgebra de magnitudes ya sería de por sí un avance prodigioso para la ciencia, porque da sentido pleno a las magnitudes compuestas, que ahora no son sino meros simbolismos caprichosos. Pero la fertilidad del álgebra creada para subsanarla ha llevado sin buscarlo a un descubrimiento aún más radical y trascendente: la «dismetría» del espacio.

La «dismetría» es un producto natural y epistémico de las díadas físicas. La física ha supuesto tácitamente desde sus ya lejanos orígenes que las magnitudes sean rígidas, es decir, que no se vean afectadas por ninguna causa, lo que llamamos isomería y que equivale a admitir que las cantidades de magnitudes solo varíen porque cambien sus medidas, permaneciendo siempre constantes las unidades.

Pero esto no es más que una simplificación muy burda de la realidad, heredada de esos tiempos en que el álgebra moderna no se conocía. La verdad completa es la «dismetría» del espacio, porque no solo pueden variar las medidas físicas, sino también las cantidades de magnitudes implícitas en toda unidad adoptada como patrón.

De este modo se descubre la «dismetría» como sistema de representación completo de las propiedades naturales, y no es una teoría, sino una eterna verdad epistémica. Para entenderlo con un ejemplo es como si para construir o reparar máquinas se nos ofreciesen a elegir una llave de tuercas fija y otra inglesa, ¿con cuál de ellas nos quedaríamos? Es obvia la respuesta: la inglesa permite operar con una amplia gama de tamaños de tuerca, mientras que la fija solo admite una medida. Pues algo parecido ocurre con la isometría, la llave fija, y la «dismetría», la llave inglesa. Los físicos y los técnicos no pueden evitar convertirse a la «dismetría» para formular sin las limitaciones isométricas actuales sus teorías y aplicaciones. La «dismetría» es una opción necesaria, si se quiere abarcar con plenitud la complejidad de los fenómenos de la naturaleza.

Así que la «dismetría» es un fenómeno de ámbito mundial. Todos deben abrazarla sin remedio. Y, como es un sistema de representación completo de las propiedades naturales, producirá un sinfín de avances científicos e innovaciones técnicas, como otros adelantos físicos los produjeron en el pasado. Pensemos, por ejemplo, en cómo la termodinámica propició la invención de las máquinas térmicas, que movilizaron la revolución industrial; o cómo el descubrimiento de la electricidad y el electromagnetismo llevaron a electrificar la industria, el transporte ferroviario o los hogares; o cómo la física de los semiconductores ha traído el inmenso desarrollo de las tecnologías digitales y de comunicación en la actualidad. La «dismetría» está a la altura o incluso se puede aventurar que superará esos progresos colosales.

La «dismetría» conduce, a su vez, a otro revolucionario concepto: La **densidad «dismétrica»** propia de cada magnitud, que resulta ser adimensional y permite representar la **flexibilidad o leyes de deformación de las propiedades naturales**, según se vean afectadas por múltiples causas perturbadoras, hoy en día excluidas por la rigidez de la simplificación isométrica, embutiendo la Física y entrampando dramáticamente su capacidad de representación del mundo natural. En suma, la «dismetría» implica que las magnitudes son deformables, lo que significa que por los efectos de múltiples causas se pueden contraer o dilatar, y esta propiedad conlleva la noción de mayor o menor densidad «dismétrica». Tal manifestación de la densidad no coincide con la forma clásica, que siempre relaciona magnitudes distintas, por lo que la densidad heterogénea es dimensional, como la razón entre masa y volumen, su unidad compuesta es la razón diádica entre el kilogramo y el metro cúbico. En cambio la densidad «dismétrica» es homogénea, se refiere únicamente a la propia magnitud en relación consigo misma entre dos puntos del espacio. Y con ello, el álgebra de magnitudes enseña que la razón entre dos cantidades de la misma magnitud es siempre un número real, no una díada, por lo que no tiene dimensión, y de ahí resulta que la densidad «dismétrica» es adimensional.

¿En qué afecta el fenómeno «dismétrico» a la Física? En todo. Se trata de un avance de ciencia básica, que repercute desde la raíz en todo lo que sabemos. Y tal como nos enseñó la insigne científica española Margarita Salas Falgueras, los adelantos en ciencia básica son los más fértiles y espectaculares. La «dismetría» va a provocar la refundición de todas las teorías desde Newton. Va a terminar con las constantes físicas, tal como se conciben hoy en día. Va a obligar a revisar completamente el Sistema Internacional de Unidades. Va a suponer un aluvión de avances técnicos y sociales. Pensemos, por ejemplo, en la posibilidad que se abre para salvar grandes distancias en tiempos muy breves y a no muy altas velocidades, simplemente vaciando de longitud las trayectorias. Pero aún hay más: Si se vacía de longitud una trayectoria, con un ligero impulso se podrán recorrer grandes distancias con muy poca energía. Una revolución prodigiosa del transporte, que por ahora puede tacharse más de ficción que de ciencia, pero que la episteme asegura que se materializará en el futuro.

La «dismetría» es un movimiento autónomo y exclusivo. Es imparable e inevitable. Tiene interés universal. Es irrenunciable. ¿Qué puede hacer la Física ante el fenómeno «dismétrico»? ¿Mantenerse en la rigidez de la simplificación isométrica actual, optando por la llave fija frente a la inglesa? No tiene sentido. Eso no va a pasar. La Física «dismétrica» acoge como caso particular la isometría, pero es mucho más amplia y rica que esta. Por tanto, ¿que es lo inteligente para la ciencia?, ¿mantenerse entrampada en la sencillez de la pueril isometría silente o enriquecerse con la «dismetría»? La respuesta es obvia e inobjetable: No se puede evitar que la Física se modernice con la «dismetría». La «dismetría» es un legado imperecedero y cambiará el mundo aceleradamente. Los frutos de la Física «dismétrica» son inagotables. El futuro «dismétrico» es espectacular, apasionante, esperanzador.

En realidad, la «dismetría» siempre ha estado ahí. Solo había que descubrirla. Y este trabajo ya está hecho. Ahora lo que resta es divulgarla por todo el mundo con la mayor celeridad y extensión posibles, por el bien común de la humanidad. Y este movimiento se producirá espontáneamente o promoviéndolo antes o después con mayor o menor velocidad de propagación. Pero es inevitable que suceda.

El presente resumen es necesariamente esquemático para acoger lo fundamental de la investigación de Física básica reflejada en el manual, que ha de conquistar a muchas inteligencias. Se ha optado de momento por un lenguaje lo más didáctico posible, así como distintas formas de exposición, para hacerlo accesible al mayor número de intelectos. Por eso se somete a la consideración pública, a fin de ir creando un grupo de seguidores cuanto más amplio mejor, que funde esta nueva Física. Hay dos elementos de partida muy impactantes: la hipótesis falsa del Sistema Internacional de Unidades y el sensacional descubrimiento de los espacios «dismétricos», que deben llamar la atención incluso de los más profanos en la materia.

Section XXX

SYSNTESIS OF DISCOVERY
From the paradox of «arithmetization» from Physics or false hypothesis of the International System of Units to First Algebra of Magnitudes and its brand new revelation:
THE «DYSMETRIC» SPACES

In this section, the process followed to discover and resolve the paradox of «arithmetization» of Physics or false hypothesis of the International System of Units is taught with a didactic synthesis, as well as its subsequent hallucinatory revelation: «dysmetric» spaces and their ability to represent the flexibility of natural properties. In this way, it is hoped that anyone can appreciate and understand as easily as possible the unfortunate fact for Physics of the omission of the algebra of magnitudes, its causes, the way to correct it and its brilliant fruits.

We insist on the unacceptable fact that operations with physical units are not defined, hence no physicist can currently answer these questions: What is the meaning of the definition of unit of force or ? How is it multiplied? a kilogram by a meter ?, how do you divide a kilogram by a second ?, what does the inverse of a second mean?, etc. It is scandalous and unacceptable that no one is capable of rigorously answering these questions and that this omission is supplemented by the erroneous and arbitrary hypothesis that the quantities of magnitudes form an abelian multiplicative group. What kind of Physics do we have?

This is all due to the fact that today the silent paradox of «arithmetization» of Physics rules, which is discovered and solved in the First Algebra of Magnitudes, where it is also taught that physical dyads are the analytical form of quantities of magnitudes and dyadic sets are established with them, which are endowed with an algebraic structure. With this, the aforementioned paradox is saved and all the pending questions such as the previous ones are given full meaning and, in particular, all the composite units acquire meaning.

As a consequence of the current error of «arithmetization», until now Physics has assumed that the quantity of every implicit magnitude in each physical unit is invariable, constant and independent of material disturbances, such as gravitational or electromagnetic fields, a hypothesis that could be called the isometry of the space. However, the dyadic forms indicate with epistemic clarity that the isometric hypothesis is a childish, erroneous and very restrictive simplification of the general case, the «dysmetry» of space, which consists in the obviousness that any extension of any magnitude can vary because it is modify the implicit quantity in the physical units adopted as a standard, depending on the spatial position or the material disturbances present in a given area.

The «dysmetric» observation is unobjectionable and supposes to give a dazzling Copernican twist to modern physics, in contrast to the anachronistic, elemental and invisible isometry that has prevailed since the origins of science. The clairvoyant «dysmetry» of space changes everything and marks a new course for science, with the consequent appearance of an inexhaustible hotbed of physical innovations, which many awakened researchers will undoubtedly appreciate and take advantage of. Everyone will end up admitting that to progress, there is no choice but to embrace «dysmetry».

Apartado XXX
SÍNTESIS DEL DESCUBRIMIENTO
De la paradoja de «aritmetización» de la Física o hipótesis falsa del Sistema Internacional de Unidades a la Primera álgebra de magnitudes y su flamante revelación:
LOS ESPACIOS «DISMÉTRICOS»

En este apartado se enseña con síntesis didáctica el proceso seguido para descubrir y resolver la paradoja de «aritmetización» de la Física o hipótesis falsa del Sistema Internacional de Unidades, así como su posterior revelación alucinante: los espacios «dismétricos» y su capacidad para representar la flexibilidad de las propiedades naturales. De este modo, se espera que cualquiera pueda apreciar y entender con la mayor facilidad posible el desgraciado hecho para la Física de la omisión del álgebra de magnitudes, sus causas, la forma de subsanarlo y sus brillantes frutos.

Insistimos en el hecho inaceptable de que las operaciones con unidades físicas no están definidas, de ahí que ningún físico pueda responder en la actualidad a estas preguntas: ¿Cuál es el significado de la definición de unidad de fuerza o ?, ¿cómo se multiplica un kilogramo por un metro?, ¿cómo se divide un kilogramo entre un segundo?, ¿qué significa el inverso de un segundo?, etc. Es escandaloso e inadmisible que nadie sea capaz de contestar con rigor a estas cuestiones y que esa omisión se supla con la hipótesis errónea y arbitraria de que las cantidades de magnitudes formen un grupo multiplicativo abeliano. ¿Qué clase de Física tenemos?

Todo se debe a que en la actualidad rige la silente paradoja de «aritmetización» de la Física, que se descubre y resuelve en la *Primera álgebra de magnitudes*, donde también se enseña que la díadas físicas son la forma analítica de las cantidades de magnitudes y se establecen con ellas conjuntos diádicos a los que se dota de estructura algebraica. Con ello se salva la mencionada paradoja y se da pleno sentido a todas las cuestiones pendientes de respuesta como las anteriores y, en particular, adquieren significado todas las unidades compuestas.

Como consecuencia del vigente error de «aritmetización», hasta ahora la Física ha supuesto que la cantidad de toda magnitud implícita en cada unidad física sea invariable, constante e independiente de perturbaciones materiales, como los campos gravitatorios o electromagnéticos, hipótesis que podría denominarse isometría del espacio. Sin embargo, las formas diádicas indican con claridad epistémica que la hipótesis isométrica es una simplificación pueril, errónea y muy restrictiva del caso general, la «dismetría» del espacio, que consiste en la obviedad de que toda extensión de cualquier magnitud puede variar porque se modifique la cantidad implícita en las unidades físicas adoptadas como patrón, en función de la posición espacial o de las perturbaciones materiales presentes en un ámbito dado.

La observación «dismétrica» es inobjetable y supone dar un deslumbrante giro copernicano a la Física moderna, frente a la anacrónica, elemental e invisible isometría imperante desde los orígenes de la ciencia. La clarividente «dismetría» del espacio lo cambia todo y marca un nuevo rumbo para la ciencia, con la consiguiente aparición de un inagotable semillero de innovaciones físicas, que sin duda sabrán apreciar y aprovechar muchos investigadores despiertos. ¡Todo el mundo acabará admitiendo que, para progresar, no hay más remedio que abrazar la «dismetría»!

SCHEMATIC EXHIBITION OF THE JOURNEY FROM THE PARADOX OF «ARITHMETIZATION» TO THE FIRST ALGEBRA OF MAGNITUDES TO REACH THE «DySMETRIC» SPACES AND THE NEW PHYSICS

EXPOSICIÓN ESQUEMÁTICA DEL VIAJE DESDE LA PARADOJA DE «ARITMETIZACIÓN» A LA PRIMERA ÁLGEBRA DE MAGNITUDES PARA LLEGAR A LOS ESPACIOS «DISMÉTRICOS» Y A LA NUEVA FÍSICA

The pending subject of Physics
ALGEBRA OF MAGNITUDES
Incredible, but still no one knows what does when operating with magnitudes

And his brand new discovery
THE «DYSMETRY» of space
That will revolutionize Physics with prodigious innovations

La asignatura pendiente de la Física
ÁLGEBRA DE MAGNITUDES
¡Increíble!, pero aún nadie sabe lo que hace al operar con magnitudes

Y su flamante descubrimiento
LA «DISMETRÍA» del espacio
Que revolucionará la Física con prodigiosas innovaciones

The paradox of «arithmetization» that traps Physics from the beginning

SECOND LAW OF NEWTON

Mathematic expression

$$\overline{F} = m\,\overline{a}$$

Physical formulation

$$\overline{F}\,N = (m\,kg)\,(\overline{a}\,m/s^2)$$

By conventionalism, the unit symbols are operated as if they were numbers and the commutative and associative properties are applied

$$\overline{F}\,N = (m\overline{a})\left(\frac{kg\,m}{s^2}\right)$$

This is how the relationship between the various units is reached

$$N = \frac{kg\,m}{s^2}$$

La paradoja de «aritmetización» que entrampa la Física desde el principio

SEGUNDA LEY DE NEWTON

Expresión matemática

$$\overline{F} = m\,\overline{a}$$

Formulación física

$$\overline{F}\,N = (m\,kg)\,(\overline{a}\,m/s^2)$$

$$\overline{F}\,N = (m\overline{a})\left(\frac{kg\,m}{s^2}\right)$$

Por convencionalismo se opera con los símbolos de unidades como si fuesen números y se aplican las propiedades conmutativa y asociativa

$$N = \frac{kg\,m}{s^2}$$

Así se llega a la relación entre las diversas unidades

The new Physics II • Summary of the First Algebra of Magnitudes

**Are operations with physical units defined?
Does anyone know the meaning of the unit of force or Newton?**

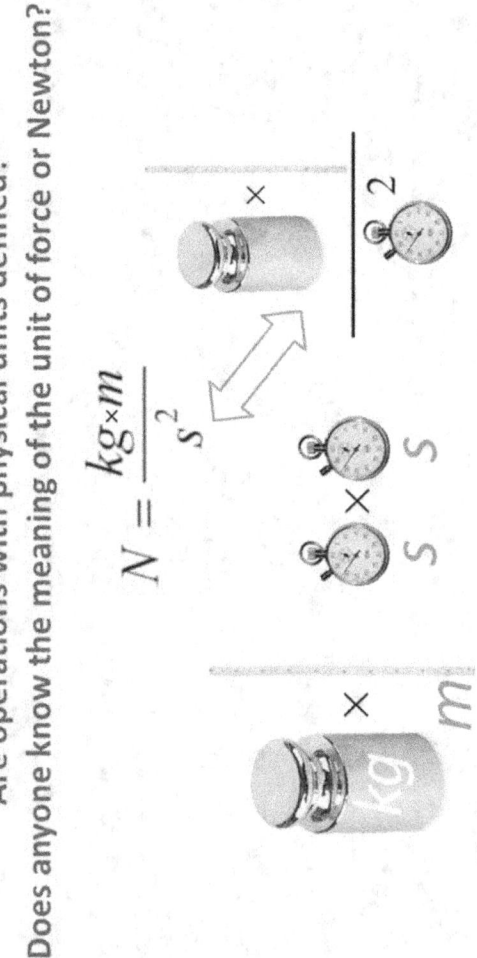

$$N = \frac{kg \times m}{s^2}$$

How do you multiply a *kilogram* by a *meter*?
What is the multiplier, the *kilogram* or the meter?
How is a *second* squared?
How is the product *kg×m* divided by one *second* squared?
Are physical units arithmetic numbers?

¿Están definidas las operaciones con unidades físicas?
¿Alguien conoce el significado de la unidad de fuerza o *Newton*?

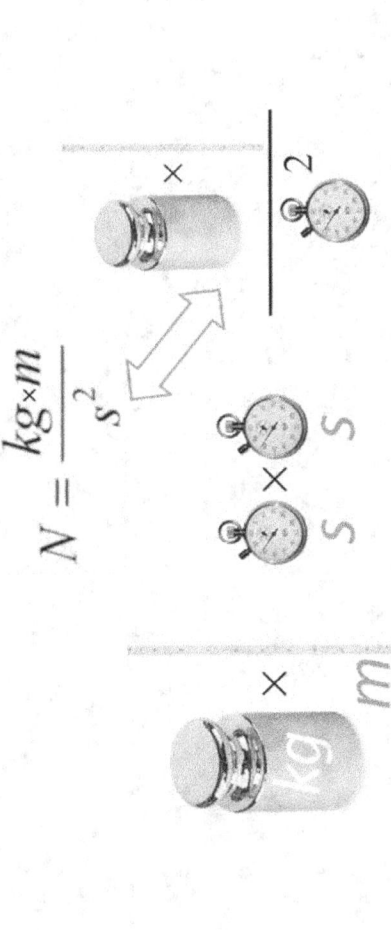

¿Cómo se multiplica un *kilogramo* por un *metro*?
¿Cuál es el multiplicador, el *kilogramo* o el *metro*?
¿Cómo se eleva un *segundo* al cuadrado?
¿Cómo se divide el producto *kg×m* entre un *segundo* al cuadrado?
¿Las unidades físicas son números aritméticos?

There is a fundamental difference between mathematical number and quantity of a magnitude

$$kg \times m$$
$$N = ?$$

The mathematical unit is any abstract element, regardless of its objective nature. Thus the abstract number 5 indicates the quantity of five indistinct elements, whether they are the same or different.

The **physical quantity or concrete number**, by its methodology, expresses the **mathematical number of units that result when measuring a natural phenomenon**. Thus, the concrete number 5 *kg* indicates the quantity of five elements equal to the quantity of uncountable mass that is symbolized by the *kg* sign. For this reason, concrete numbers cannot be numbered, they always need the symbolic companion that refers to an indeterminable quantity of the magnitude to which they allude.

Se observa una diferencia fundamental entre número matemático y cantidad de una magnitud

La **unidad matemática** es el elemento abstracto cualquiera, independiente de su naturaleza objetiva. Así el número abstracto 5 indica la cantidad de cinco elementos indistintos, sean iguales o diferentes.

La **cantidad física** o número concreto, por su metodología, expresa el número matemático de unidades que resultan al medir un fenómeno natural. Así el número concreto 5 *kg* indica la cantidad de cinco elementos iguales a la cantidad de masa no numerable que se simboliza con el signo *kg*. Por eso los números concretos no puede numerarse, siempre necesitan el acompañante simbólico que refiera una cantidad indeterminable de la magnitud a que aludan.

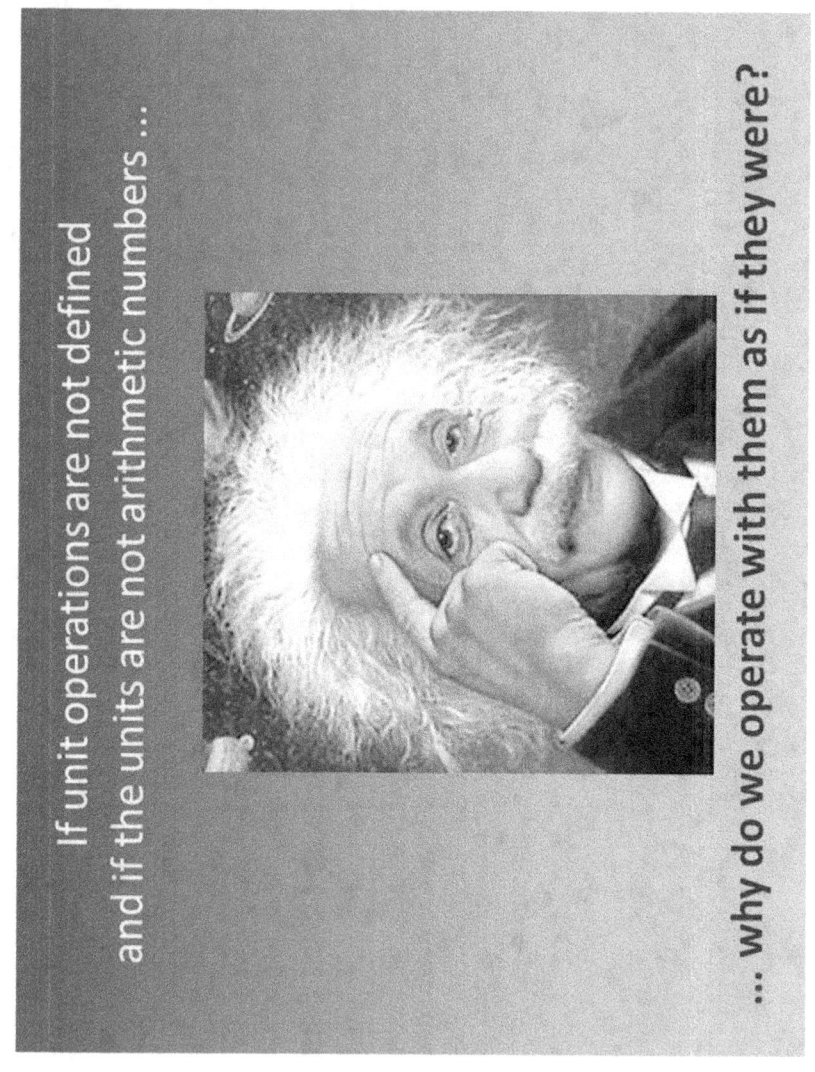

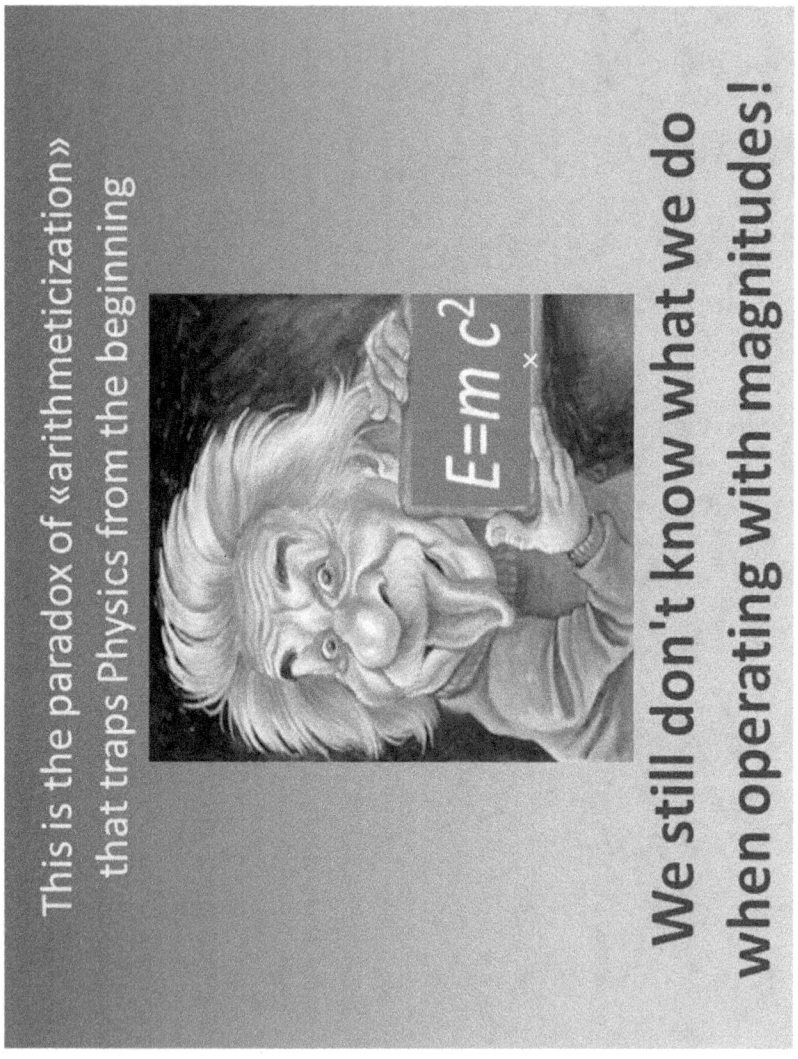

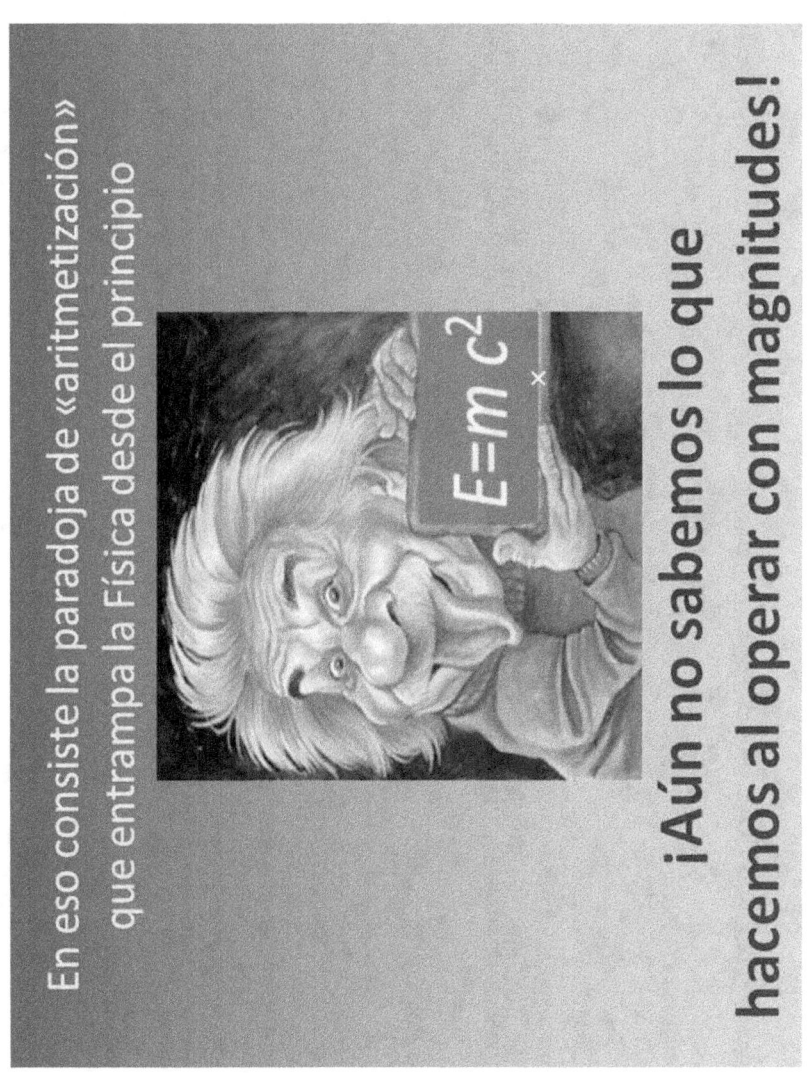

QUESTION THE OPERATIONS WITH MAGNITUDES IS NOT ANY NEWS

We know that some illustrious physicists acknowledged not being able to explain composite magnitudes and we were warned with their reluctance about the existing atrophy

But they haven't been heard

CUESTIONARSE LAS OPERACIONES CON MAGNITUDES NO ES NINGUNA NOVEDAD

Sabemos que algunos preclaros físicos reconocieron no poder explicar las magnitudes compuestas y nos advirtieron con sus reticencias sobre la atrofia existente

Pero no se les ha escuchado

R. M. Cooke y J. Hilgevoord, *The Algebra of Physical Magnitudes* (Foundations of Physics, vol. 10, numbers 5 and 6, 1980, pp. 363 a 373) summarize the debates of the classics like this :

Philosophers have long been interested in the question of the physical presuppositions underlying the application of algebraic operations to physical magnitudes, and this interest has quickened as a result of the existence of hidden variables underlying quantum mechanics.

R. M. Cooke y J. Hilgevoord, *The Algebra of Physical Magnitudes* (Foundations of Physics, vol. 10, números 5 y 6, 1980, pp. 363 a 373) resumen los debates de los clásicos así:

Los filósofos han estado interesados por mucho tiempo en la cuestión de las presuposiciones subyacentes a la aplicación de operaciones algebraicas a magnitudes físicas, y este interés se ha acelerado como resultado del papel aparente que estas presuposiciones desempeñan en relación con la existencia de variables ocultas subyacentes a la mecánica cuántica.

Giovanni Giorgi
Italy, 1871-1950

Founder of the *MKS* system, origin of current International System of Units

In his article *Sistemi e unita di misura* (Systems and units of measurement) in the *Enciclopedia delle Matematiche Elementari* (Encyclopedia of Elementary Mathematics), Giorgi states that:

The **Theory of dimensions** must be considered as an object of artificial linkages, of pure determining conventions of a certain particular metrological structure, and as a consequence, a special way of writing the equations of Physics; **conventions theoretically arbitrary** and practically dictated for reasons of mere opportunity and for this very reason **deprived of all foundation, of all physical meaning.**

Giovanni Giorgi
Italia, 1871-1950

Fundador del sistema *MKS*, origen del actual Sistema Internacional de Unidades

En su artículo *Sistemi e unita di misura* (Sistemas y unidades de medida) en la *Enciclopedia delle Matematiche Elementari* (Enciclopedia de Matemáticas Elementales), Giorgi afirma que:

Debe considerarse la ***Teoría de las dimensiones*** como objeto de ligámenes artificiales, de puras convenciones determinantes de cierta estructura metrológica particular, y como consecuencia, una manera especial de escribir las ecuaciones de la Física; **convenciones teóricamente arbitrarias** y prácticamente dictadas por razones de mera oportunidad y por este mismo motivo **privadas de todo fundamento, de todo sentido físico.**

Julio Palacios Martínez
Spain, 1891-1970

The underlying presuppositions alludes to the gap raised by the distinguished Spanish physicist, Professor Julio Palacios, reflected in the prologue to his Dimensional Analysis (second edition, 1964, Espasa Calpe, p. 12):

A widely held opinion, which goes back to Clerk Maxwell, and in which many physicists of my generation have participated, is that these symbols and, therefore, dimensional formulas refer to units, and thus it is written, for example:

$$1 \; ergio = \frac{1 \; g \times 1 \; cm^2}{1 \; s^2}$$

without realizing that we would be in a tight spot if an inquisitive student asked us how to multiply a square centimeter by a gram and divide the product by a second squared.

Julio Palacios Martínez
España, 1891-1970

A las **presuposiciones subyacentes** alude la laguna planteada por el insigne físico español, profesor Julio Palacios, reflejada en el prólogo de su *Análisis dimensional* (segunda edición, 1964, Espasa Calpe, p. 12):

Una opinión muy extendida, que se remonta a Clerk Maxwell, y de la que hemos participado muchos físicos de mi generación, es que dichos símbolos y, por tanto, las fórmulas dimensionales se refieren a las unidades, y así se escribe, por ejemplo:

$$\boxed{1 \; ergio = \frac{1 \; g \times 1 \; cm^2}{1 \; s^2}}$$

sin caer en la cuenta de que nos veríamos en un aprieto si un alumno inquisitivo nos preguntase cómo se hace para multiplicar un centímetro cuadrado por un gramo y dividir el producto por un segundo elevado a cuadrado.

Richard Chace Tolman (EEUU, 1881-1948)

R. C. Tolman showed that electricity consists of a flow of electrons through a metallic conductor. He made important contributions to theoretical cosmology after Einstein's formulation of General Relativity. He attributes to the symbols of dimensional expressions a **certain impenetrable or mystical character** and considers that «The true essence of magnitudes, from the physical point of view, is represented by their dimensional formula» *(Physics Review,* p. 25, 1917).

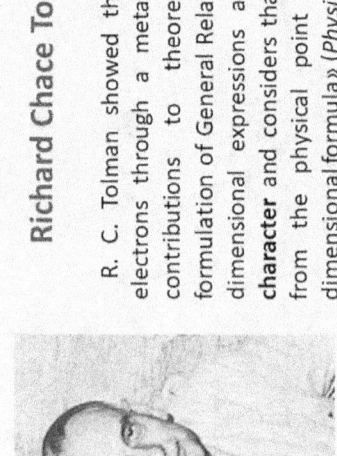

Percy Williams Bridgman (EEUU, 1882-1961)
Nobel Prize in Physics in 1946

For the positivist faction of the Vienna Circle, headed by Bridgman, «**Dimensions do not have absolute value in any way**, but must be defined precisely from the process used to measure the respective magnitude» *(Dimensional Analysis,* Yale, University Press).

Richard Chace Tolman (EEUU, 1881-1948)

R. C. Tolman demostró que la electricidad consiste en un flujo de electrones a través de un conductor metálico. Hizo importantes contribuciones a la cosmología teórica tras la formulación por Einstein de la *Relatividad general*. Atribuye a los símbolos de las expresiones dimensionales cierto **carácter impenetrable o místico** y considera que «La verdadera esencia de las magnitudes, desde el punto de vista físico, está representada por su fórmula dimensional» (*Physics Review*, p. 25, 1917).

Percy Williams Bridgman (EEUU, 1882-1961)
Premio Nobel de Física en 1946

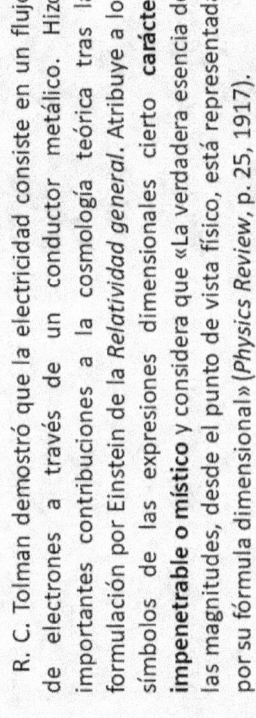

Para la facción positivista del Círculo de Viena, encabezada por Bridgman, «**Las dimensiones no tienen en modo alguno valor absoluto**, sino que han de definirse, precisamente, a partir del proceso que se utilice para medir la magnitud respectiva» (*Dimensional Analysis*, Yale, University Press).

James Clerk Maxwell (Scotland, 1831-1879)
Author of the classical theory of electromagnetism

On the occasion of his far-reaching research on electromagnetism, Maxwell confessed his uncertainty about the validity and meaning of compound units, and was critical and suspicious of the *Theory of Dimensions*.

Max Planck (Germany, 1858-1947)
Nobel Prize in Physics in 1918

For Planck the subjectivism of the Vienna Circle was unacceptable, because it would lead to a kind of unintelligible solipsism. He prefers to believe that the composite quantities are the result of scientific methodology independent of the observer.

James Clerk Maxwell (Escocia, 1831-1879)
Autor de la teoría clásica del electromagnetismo

Con motivo de sus trascendentes investigaciones sobre el electromagnetismo, Maxwell confesó su incertidumbre por la validez y el significado de las unidades compuestas, y se mostró crítico y receloso con la *Teoría de las dimensiones*.

Max Planck (Alemania, 1858-1947)
Premio Nobel de Física en 1918

Para Planck el subjetivismo del Círculo de Viena era inaceptable, porque conduciría a una especie de solipsismo ininteligible. Prefiere creer que las magnitudes compuestas sean fruto de la metodología científica independiente del observador.

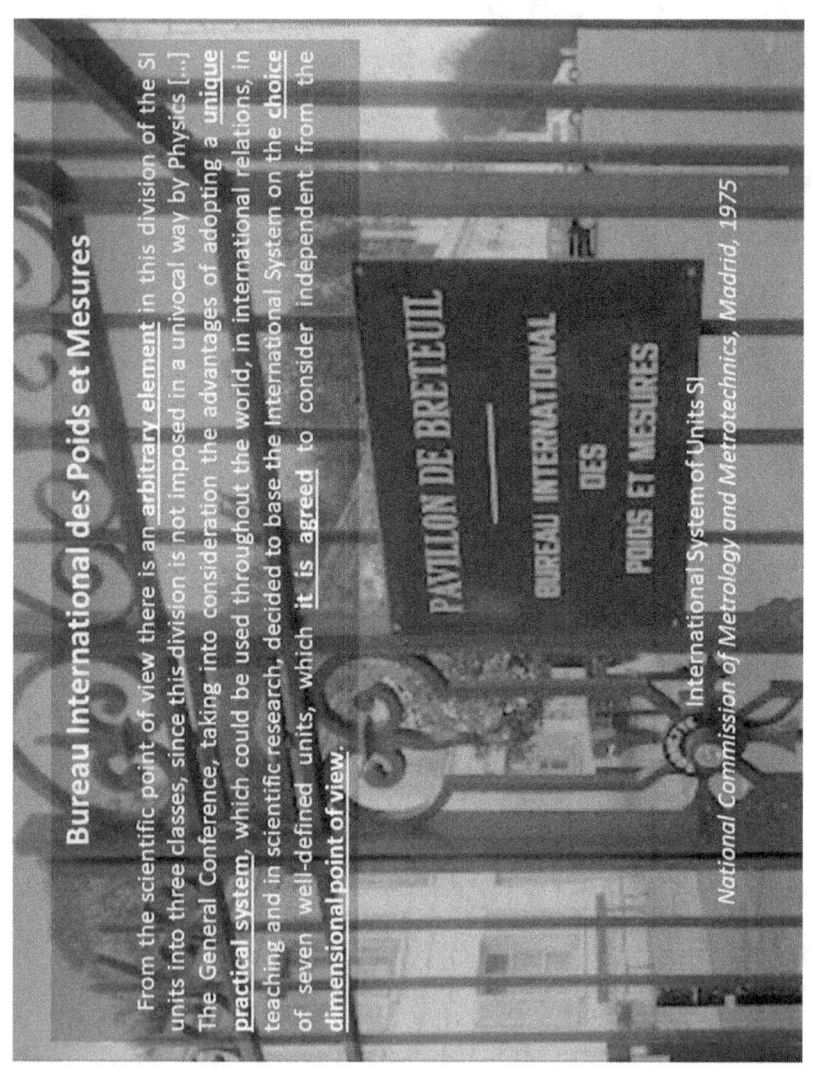

Bureau International des Poids et Mesures

From the scientific point of view there is an <u>arbitrary element</u> in this division of the SI units into three classes, since this division is not imposed in a univocal way by Physics [...] The General Conference, taking into consideration the advantages of adopting a <u>unique practical system</u>, which could be used throughout the world, in international relations, in teaching and in scientific research, decided to base the International System on the choice of seven well-defined units, which <u>it is agreed</u> to consider independent from the dimensional point of view.

International System of Units SI
National Commission of Metrology and Metrotechnics, Madrid, 1975

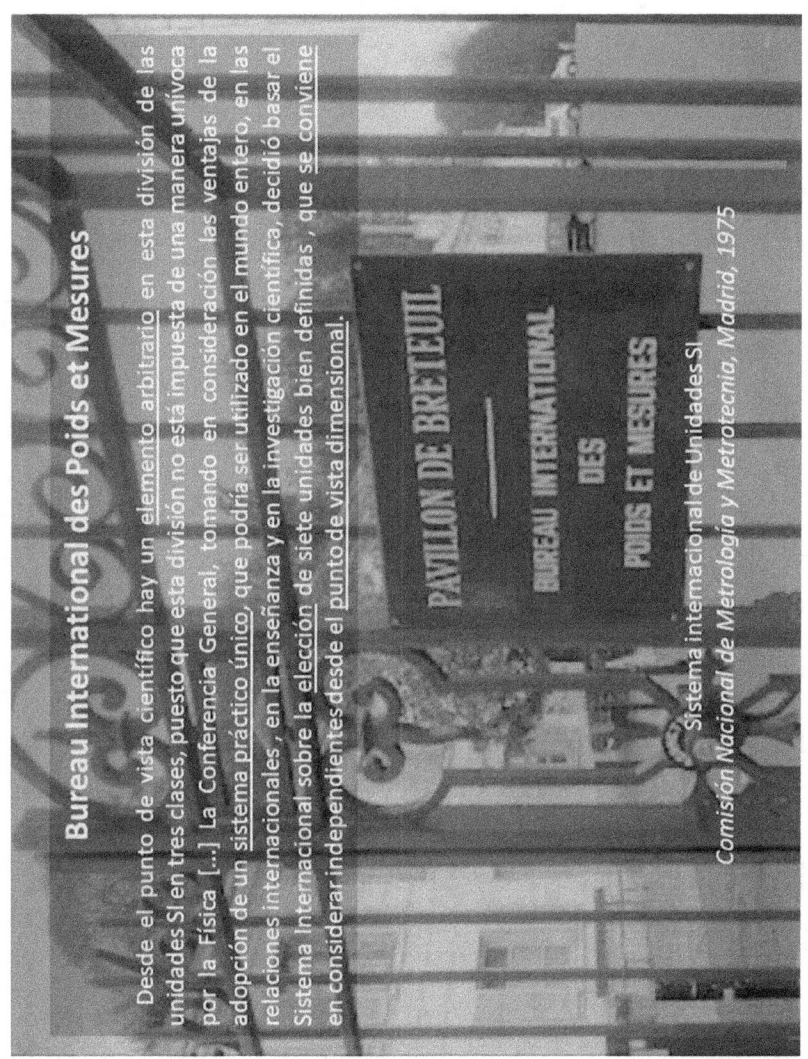

Bureau International des Poids et Mesures

Desde el punto de vista científico hay un elemento arbitrario en esta división de las unidades SI en tres clases, puesto que esta división no está impuesta de una manera unívoca por la Física [...] La Conferencia General, tomando en consideración las ventajas de la adopción de un sistema práctico único, que podría ser utilizado en el mundo entero, en las relaciones internacionales, en la enseñanza y en la investigación científica, decidió basar el Sistema Internacional sobre la elección de siete unidades bien definidas, que se conviene en considerar independientes desde el punto de vista dimensional.

Sistema Internacional de Unidades SI
Comisión Nacional de Metrología y Metrotecnia, Madrid, 1975

What do the ancient disquisitions of the classics?

That these protophysicists openly confessed that they did not know what they were doing when operating with magnitudes, because it is not something evident; moreover, such operations are very problematic and conflictive. The quantities of physical quantities are not countable and, to save this evidence, it has simply been tacitly agreed for convenience to compose them with the arithmetic rules, without taking into account that they require a non-arithmetic proper algebra.

This convention has endured and with it a clearly erroneous latent practice has been consolidated: to operate without any justification with **the units and quantities of physical quantities as if they were numbers, although it is observed that they are not countable. And this is how the paradox of «arithmeticization» of Physics has been happily fallen.**

Por tanto, es un hecho observable, advertido hace tiempo por ilustres físicos clásicos, que la Física mantiene esa asignatura pendiente.

¿Qué indican las antiguas disquisiciones de los clásicos?

Que esos protofísicos confesaron abiertamente que no sabían lo que hacían al operar con magnitudes, porque no es algo evidente; es más, tales operaciones se muestran muy problemáticas y conflictivas. Las cantidades de magnitudes físicas no son numerables y, para salvar esta evidencia, simplemente se ha convenido tácitamente por comodidad componerlas con las reglas aritméticas, sin tener en cuenta que precisan de un álgebra propia no aritmética.

Tal convención ha perdurado y con ello se ha consolidado una práctica latente claramente errónea: operar sin ninguna justificación con las **unidades y cantidades de magnitudes físicas como si fuesen números, aunque se observa que no son numerables**. Y así es como se ha caído alegremente en la **paradoja de «aritmetización» de la Física**.

Por tanto, es un hecho observable, advertido hace tiempo por ilustres físicos clásicos, que la Física mantiene esa asignatura pendiente.

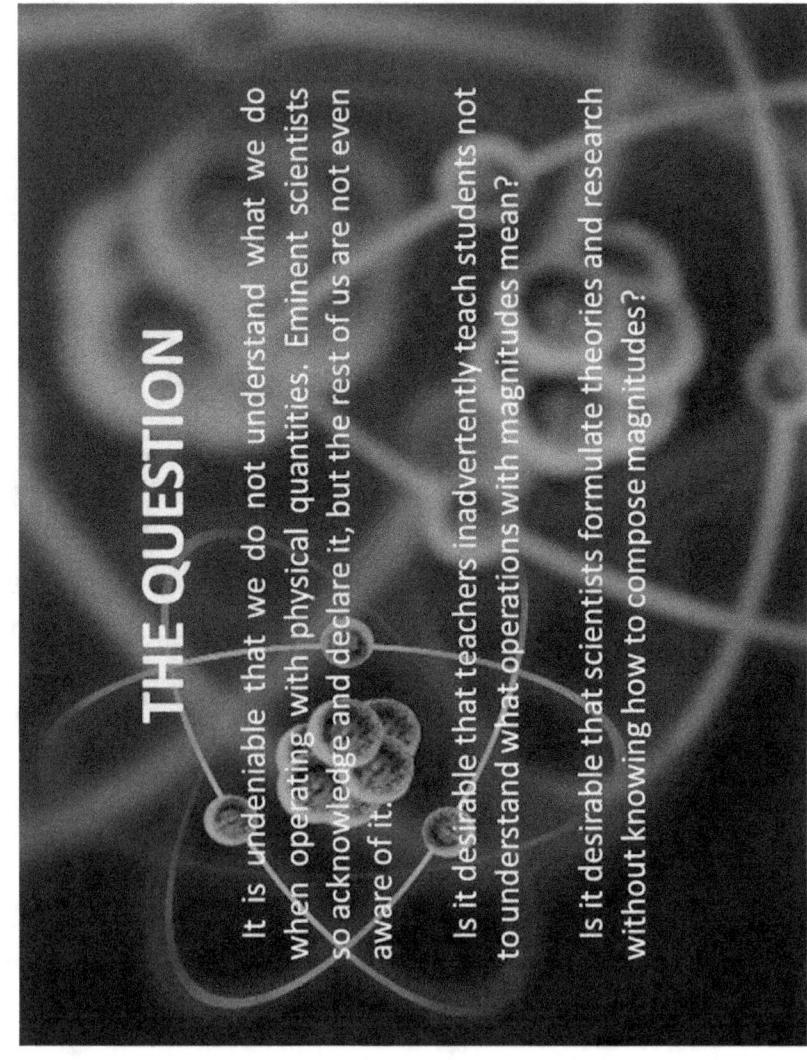

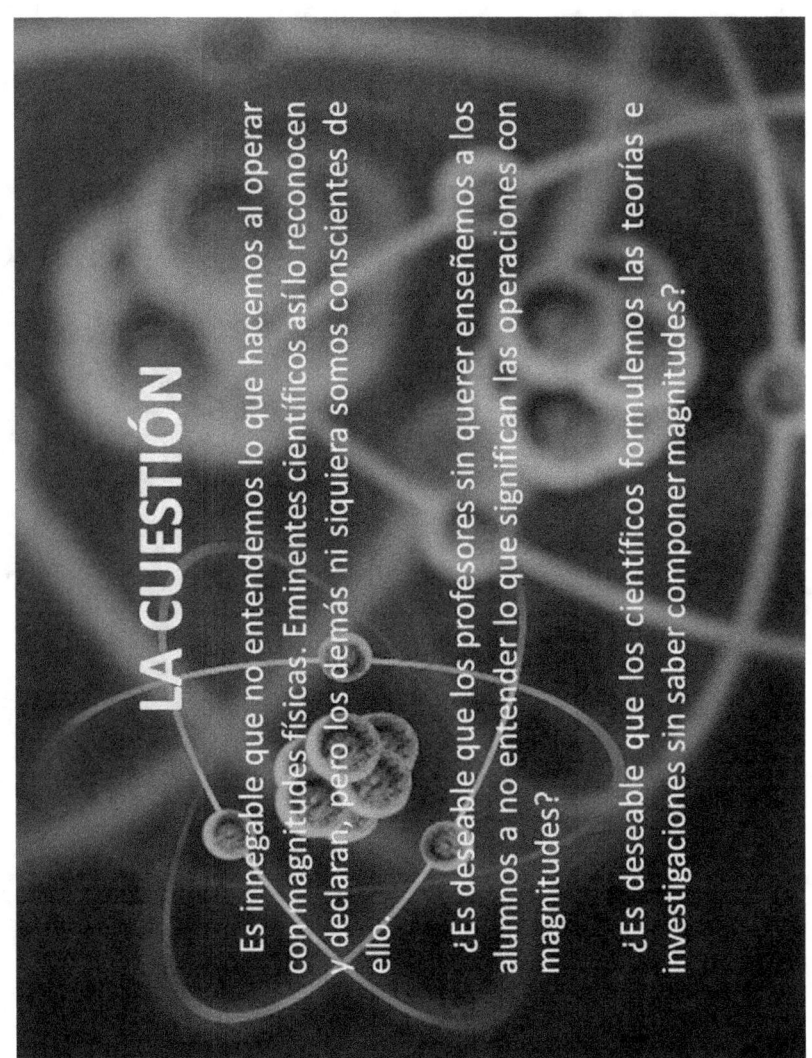

LA CUESTIÓN

Es innegable que no entendemos lo que hacemos al operar con magnitudes físicas. Eminentes científicos así lo reconocen y declaran, pero los demás ni siquiera somos conscientes de ello.

¿Es deseable que los profesores sin querer enseñemos a los alumnos a no entender lo que significan las operaciones con magnitudes?

¿Es deseable que los científicos formulemos las teorías e investigaciones sin saber componer magnitudes?

RESOLUTION OF THE PARADOX OF «ARITHMETIZATION» OF PHYSICS

It is an observable fact that the quantities of physical magnitudes are not countable

To compose them with coherence it is necessary develop non-arithmetic algebras

Modern algebra makes it possible to define composition laws for any (non-numerical) sets of elements, in particular, for quantities of physical magnitudes

RESOLUCIÓN DE LA PARADOJA DE «ARITMETIZACIÓN» DE LA FÍSICA

Es un hecho observable que las cantidades de magnitudes físicas no son numerables

Para componerlas con coherencia es preciso desarrollar álgebras no aritméticas

El álgebra moderna permite definir leyes de composición para conjuntos de elementos cualesquiera (no numéricas), en particular, para las cantidades de magnitudes físicas

PRACTICAL ANALYSIS OF OPERATIONS
NON-ARITHMETIC ADDITIVES

ADDITION AND SUBTRACTION OF QUANTITIES

$2\,kg \oplus 5\,kg = (2+5)\,kg = 7\,kg$
$5\,s \ominus 2\,s = (5-2)\,s = 3\,s$

Quantities homogeneous

$2\,kg \oplus 5\,m = ?$
$5\,s \ominus 2\,kg = ?$

Operations excluded

MULTIPLICATION OF QUANTITIES BY A SCALAR (abbreviated sum)

$3 \circ 5\,s = 5\,s \oplus 5\,s \oplus 5\,s = (5+5+5)\,s = (3\times 5)\,s = 15\,s$

REASON FOR HOMOGENEOUS QUANTITIES

Make sense of magnitudes dimensionless like radian

$3 = \dfrac{15\,s}{5\,s}$

Justify the simplification of equal unit symbols

If we assume that the unit symbols represent numbers when adding or subtracting physical quantities, we are wrong, because the quantities of magnitudes are not countable.

Likewise, if we assume the distributive property of arithmetic to apply, we are wrong, because this property is a merely symbolic result of the definition of physical addition.

The exact thing is to appreciate that the arithmetic addition refers to quantities of any or abstract elements, so it is valid to add quantities of concrete elements. With that the addition of physical quantities referred to the same unit can be conceived with all rigor as the arithmetic addition of equal units, and thus the sum of uncountable entities is reduced to the addition of numbers.

ANÁLISIS PRÁTICO DE LAS OPERACIONES ADITIVAS NO ARITMÉTICAS

ADICIÓN Y SUSTRACCIÓN DE MAGNITUDES

$2\,kg \oplus 5\,kg = (2+5)\,kg = 7\,kg$
$5\,s \ominus 2\,s = (5-2)\,s = 3\,s$

Cantidades homogéneas

$2\,kg \oplus 5\,m = ?$
$5\,s \ominus 2\,kg = ?$

Operaciones excluidas

MULTIPLICACIÓN DE MAGNITUDES POR UN ESCALAR (suma abreviada)

$3 \circ 5\,s = 5\,s \oplus 5\,s \oplus 5\,s = (5+5+5)\,s = (3\times 5)\,s = 15\,s$

RAZÓN DE CANTIDADES HOMOGÉNEAS

$$3 = \frac{15\,s}{5\,s}$$

Da sentido a magnitudes adimensionales como el radián

Justifica la simplificación de los símbolos unitarios iguales

Si al sumar o restar cantidades físicas suponemos que los símbolos de las unidades representen números, nos equivocamos, porque las cantidades de magnitudes no son numerables.
Asimismo, si suponemos aplicable la propiedad distributiva de la aritmética, nos equivocamos, porque esta propiedad es un resultado meramente simbólico de la definición de adición física.
Lo exacto es apreciar que la adición aritmética se refiere a cantidades de elementos cualesquiera o abstractos, por lo que es válida para sumar cantidades de elementos concretos. Conque la adición de cantidades físicas referidas a una misma unidad se puede concebir con todo rigor como la adición aritmética de unidades iguales, y así la suma de entes no numerables se reduce a la adición de números.

SOME LATENT ASSUMPTIONS
ERRONEOUS AND MULTIPLICATIVE LAGOONS

PRODUCT OF HETEROGENIC QUANTITIES

$$4\ kg \times 6\ m = (4 \times 6)(kg \times m) = 24\ kg \times m \quad \longrightarrow \quad \boxed{kg \times m} \ ? \text{ Composite magnitude indefinite}$$

The proportionality of different magnitudes are reduces without justification to arithmetic

$$\frac{18\ s}{6\ kg} = \frac{3\ s}{1\ kg} = 3\ \frac{s}{kg} \quad \longrightarrow \quad \boxed{\frac{s}{kg}} \ ? \text{ Composite magnitude indefinite}$$

REVERSE UNITS

$$\boxed{\frac{1}{m} = m^{-1}\ ;\ \frac{1}{kg} = kg^{-1}\ ;\ \frac{1}{s} = s^{-1}} \ ? \text{ Malformation symbolic}$$

To suppose that, as with physical addition, the multiplication of magnitudes can simply be reduced to numerical multiplication is a major error. This tacitly assumes that the unit symbols are numbers, but we know that they are not. With such a symbolic operation, the compound magnitudes and inverse units remain undefined, reduced to mere abstract signs with no physical meaning.

Physical quantities are not countable, so they cannot assume the numerical function of multiplier. So you need to establish a different multiplication concept.

La nueva Física II • Resumen de la *Primera álgebra de magnitudes*

ALGUNAS SUPOSICIONES LATENTES ERRÓNEAS Y LAGUNAS MULTIPLICATIVAS

PRODUCTO DE CANTIDADES HETEROGÉNEAS

$$4\,kg \times 6\,m = (4\times 6)\,\{kg\times m\} = 24\,kg\times m \quad \Rightarrow \quad \boxed{kg\times m}\;?\;\text{Magnitud compuesta indefinida}$$

La proporcionalidad de magnitudes diferentes se reduce sin justificación a la aritmética

$$\frac{18\,s}{6\,kg} = \frac{3\,s}{1\,kg} = 3\,\frac{s}{kg} \quad \Rightarrow \quad \boxed{\dfrac{s}{kg}}\;?\;\text{Magnitud compuesta indefinida}$$

UNIDADES INVERSAS

$$\frac{1}{m} = m^{-1}\;;\;\frac{1}{kg} = kg^{-1}\;;\;\frac{1}{s} = s^{-1} \quad ?\;\text{Malformación simbólica}$$

Suponer que, como ocurre con la adición física, la multiplicación de magnitudes pueda reducirse sin más a la multiplicación numérica es un error trascendente. Con ello se supone tácitamente que los símbolos de las unidades sean números, pero sabemos que no lo son. Con tal operativa simbólica las magnitudes compuestas y las unidades inversas quedan indefinidas, reducidas a meros signos abstractos sin significado físico.

Las cantidades físicas no son numerables, por lo que no pueden asumir la función numérica de multiplicador. Así que es necesario establecer un concepto de multiplicación diferente.

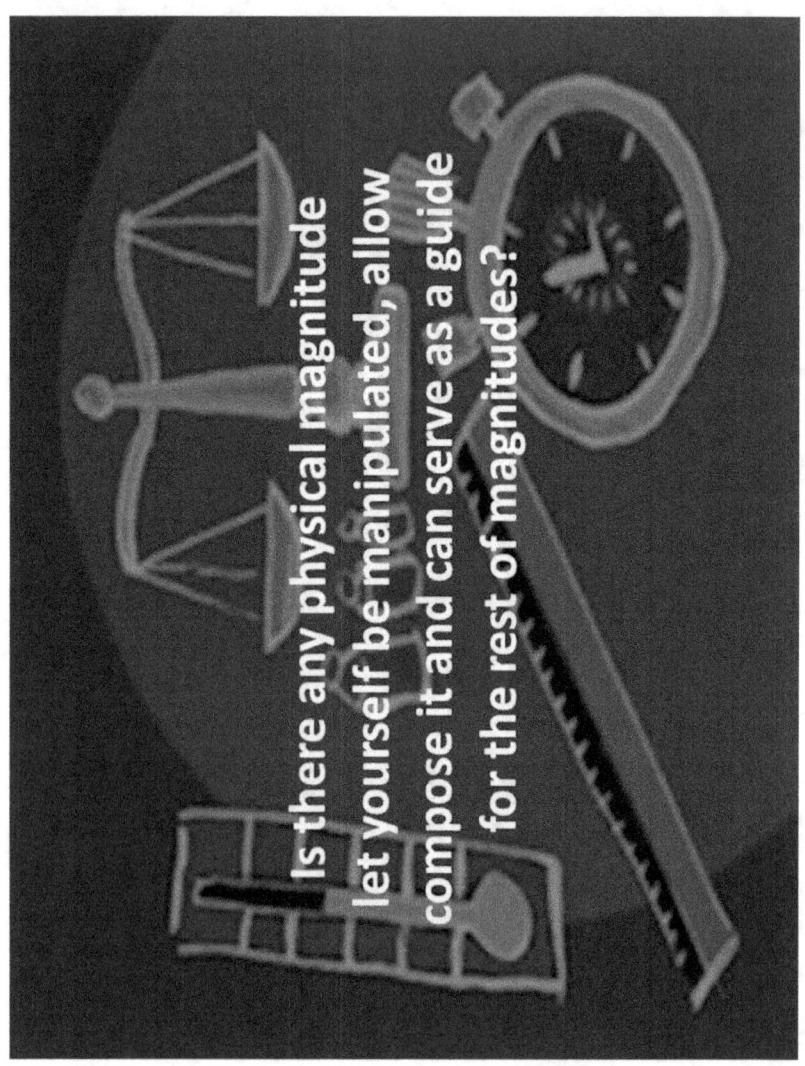

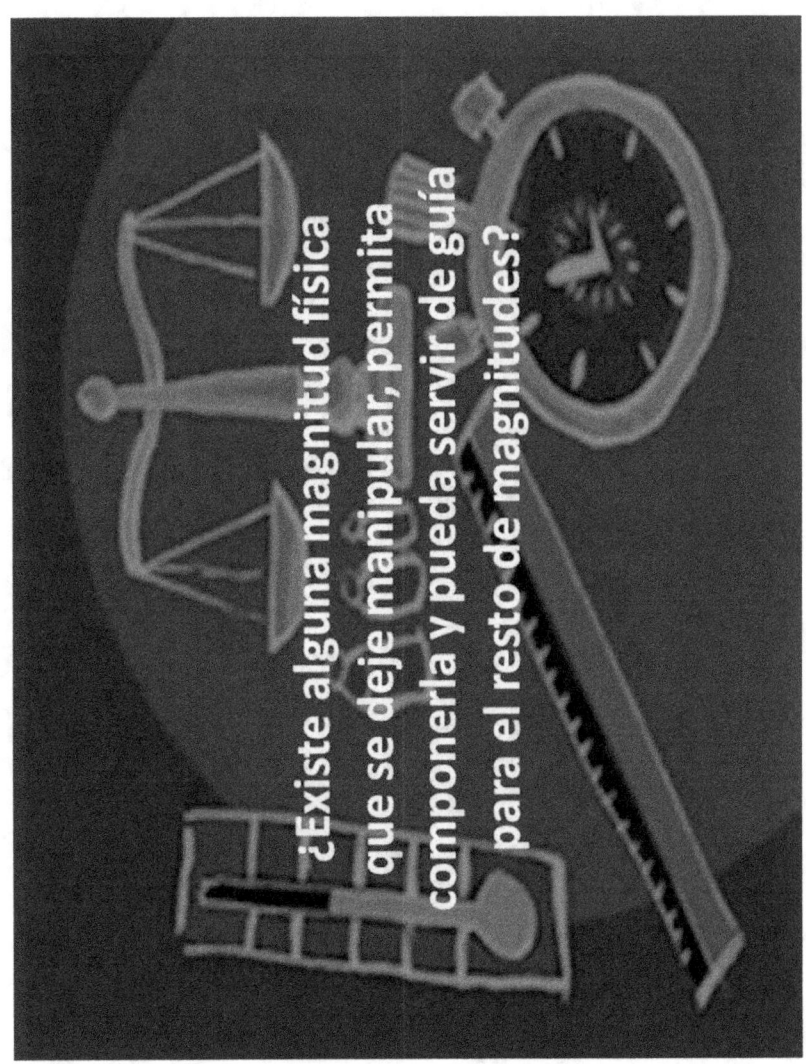

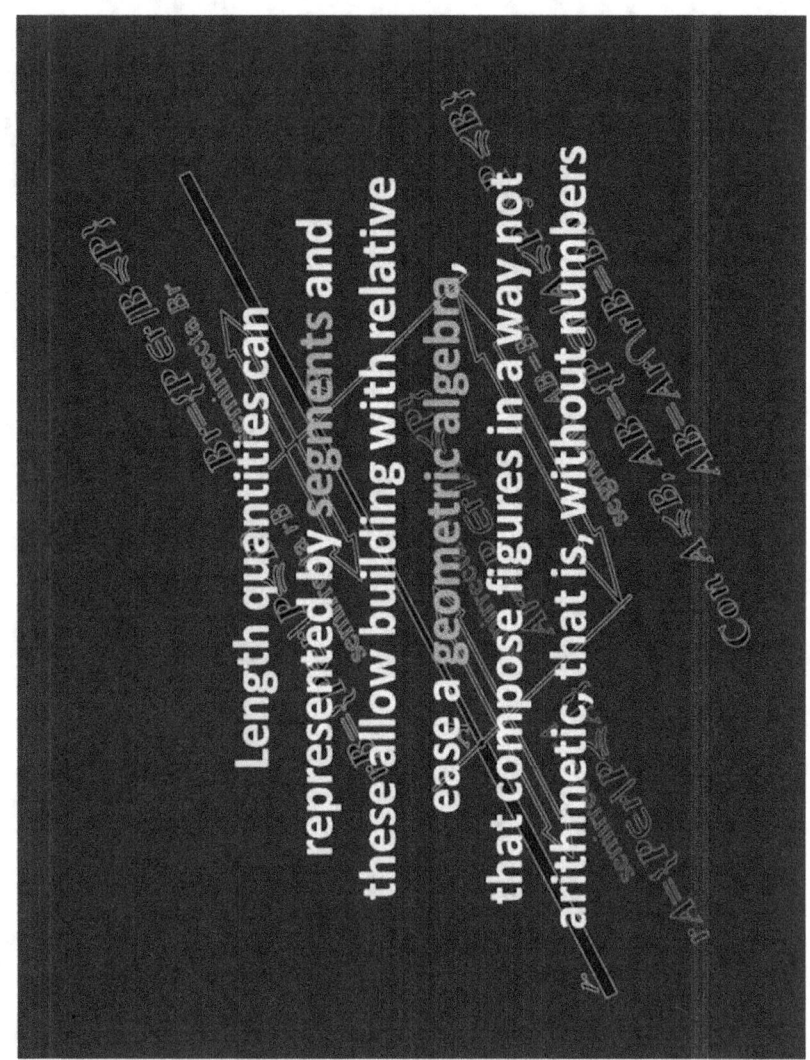

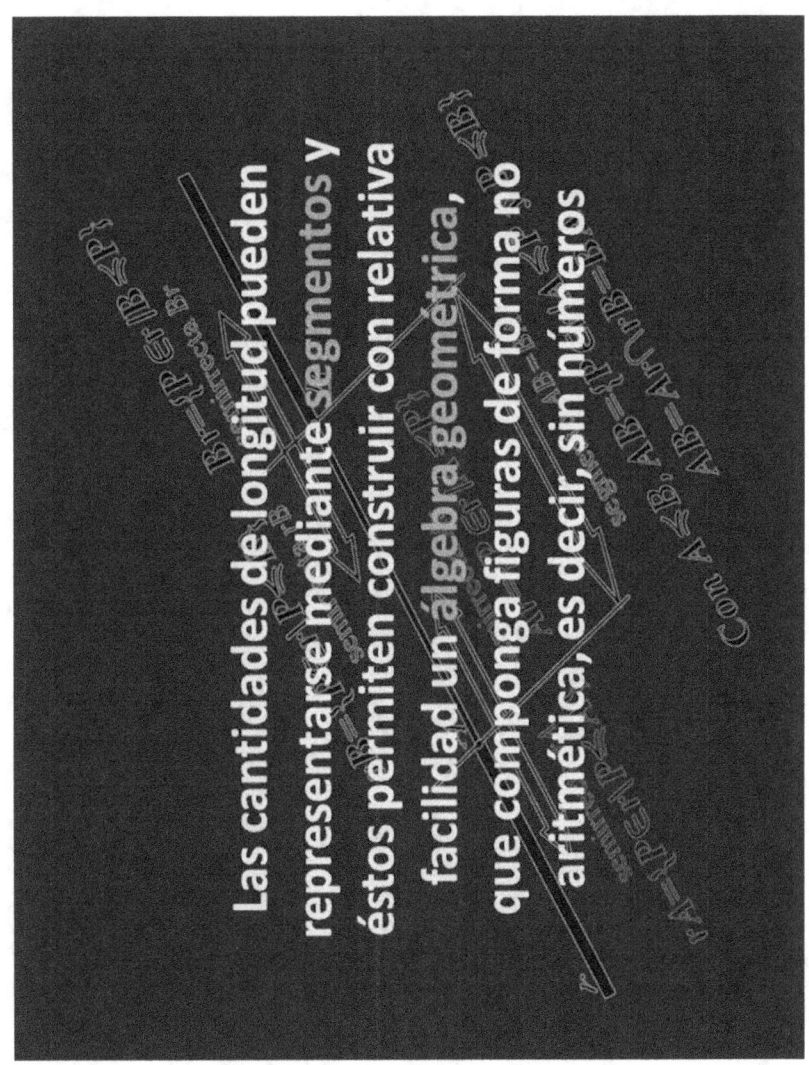

How to create a first physical algebra or non-arithmetic?
METHODOLOGY

Since the fundamental magnitude of **length** could be the most common and obvious of physical experiences, there is no better principle than to establish a **geometric, not arithmetic or graphical algebra of the segments**, as elementary figures or forms with the physical property that each includes a certain amount of length, and then transform it into analytic algebra and ground the generalization to any other magnitudes.

So, starting with the algebra of geometric segments, this should serve as inspiration to base a **first algebra of physical magnitudes**.

¿Cómo crear una primera álgebra física o no aritmética?
METODOLOGÍA

Dado que la magnitud fundamental de la longitud podría ser la más común y obvia de las experiencias físicas, no se advierte mejor principio que establecer un **álgebra geométrica, no aritmética o gráfica** de los segmentos, en tanto que figuras o formas elementales con la propiedad física de que cada uno incluye cierta cantidad de longitud, para luego transformarla en **álgebra analítica** y fundamentar la generalización a cualesquiera otras magnitudes.

Así que, empezando por el álgebra de los segmentos geométricos, ésta debe servir de inspiración para fundamentar una **primera álgebra de magnitudes físicas.**

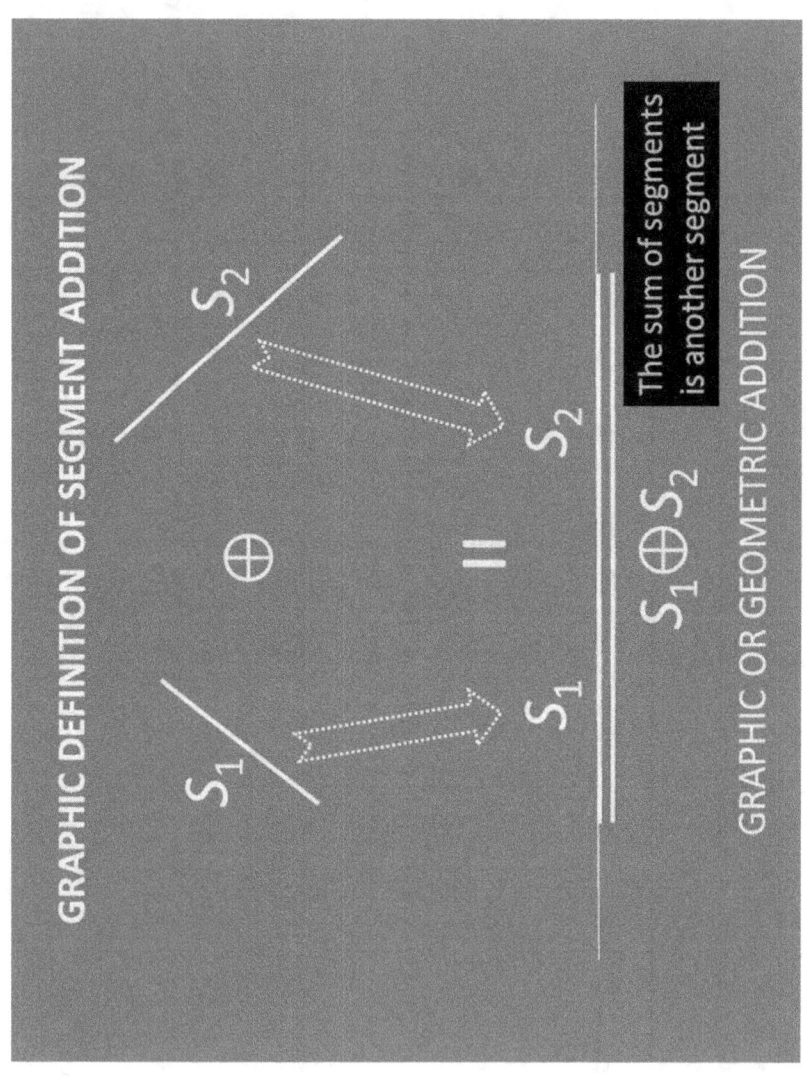

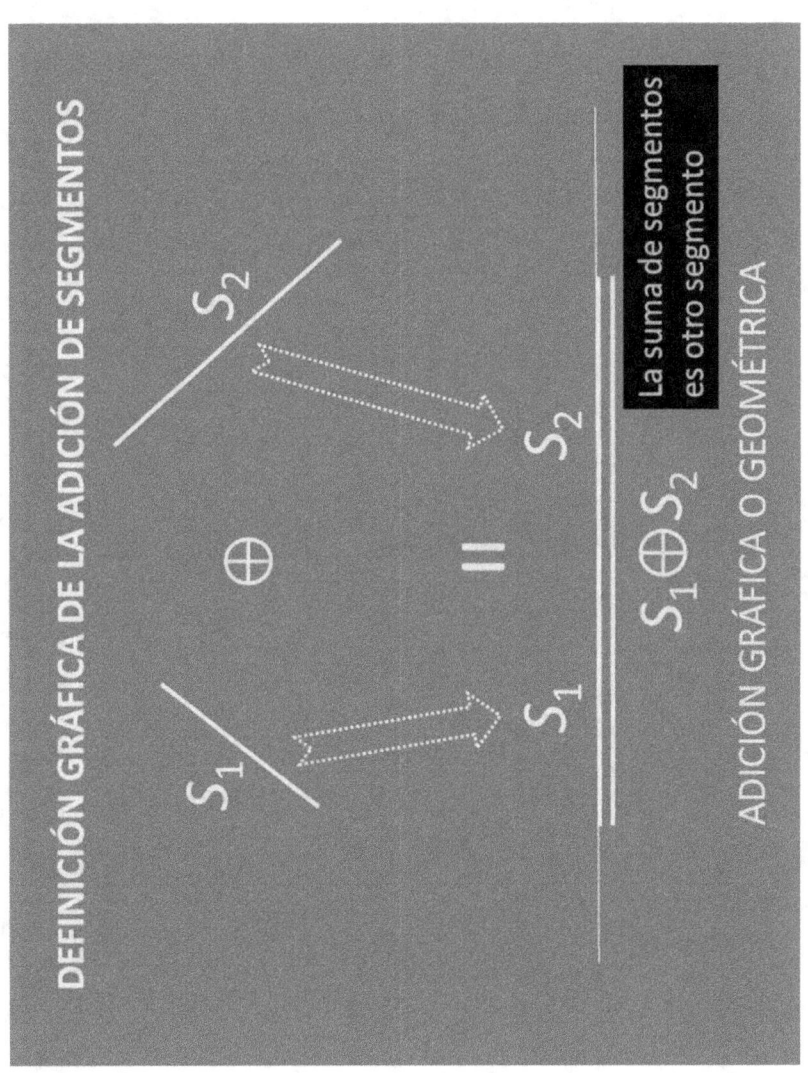

ALGEBRAIC CHARACTERIZATION OF GEOMETRIC ADDITION OF SEGMENTS

$\{S\}$ = set of all segments

$$\{S\} \times \{S\} \xrightarrow{S_1 \oplus S_2} \{S\}$$

$S_1 \quad S_2$

Cartesian product

IT IS THE LAW OF INTERNAL COMPOSITION

Given that there are two senses in the line to carry out any addition, nothing prevents defining the opposite or negative segments as those that are added by juxtaposition in the opposite direction to the positive one, which is equivalent to recognizing in the segment the attribute of the direction or linear order. With this definition, the set of segments arranged linearly and endowed with geometric addition acquires the abelian group structure.

CARACTERIZACIÓN ALGEBRAICA DE LA ADICIÓN GEOMÉTRICA DE SEGMENTOS

$\{S\}$ = conjunto de todos los segmentos

$$\{S\}\times\{S\} \xrightarrow{s_1 \oplus s_2} \{S\}$$

$s_1 \quad s_2$

producto cartesiano

ES LEY DE COMPOSICIÓN INTERNA

Dado que hay dos sentidos en la recta para efectuar toda adición, nada impide definir los segmentos opuestos o negativos como aquellos que se suman por yuxtaposición en sentido contrario al considerado positivo, lo que equivale a reconocer en el segmento el atributo del sentido u orden lineal. Con esta definición el conjunto de los segmentos ordenados linealmente y dotado de la adición geométrica adquiere la estructura de grupo abeliano.

ALGEBRAIC CHARACTERIZATION OF MULTIPLYING SEGMENTS BY A SCALAR

{S}= set of all segments
R=set of real numbers

$$R \times \{S\} \xrightarrow{\lambda, S \mapsto \lambda \circ S} \{S\}$$

If λ is positive integer, $\lambda \circ S$ is adding λ times S
If λ is a negative integer, the sign of the sum is changed
If λ is a rational a/b, $\lambda \circ S$ is to divide the segment S into b equal parts and add a times any of them

IT IS THE LAW OF EXTERNAL COMPOSITION

The set of segments, completed with the opposites, endowed with the geometric sum and with this external law, acquires the **vector space structure** over R.

CARACTERIZACIÓN ALGEBRAICA DE LA MULTIPLICACIÓN DE SEGMENTOS POR UN ESCALAR

{S}=conjunto de todos los segmentos
R=conjunto de los números reales

$$\begin{array}{cc} \lambda & S \\ & \lambda \circ S \end{array}$$

$$R \times \{S\} \longrightarrow \{S\}$$

Si λ es entero positivo, $\lambda \circ S$ es sumar λ veces S
Si λ es entero negativo, se cambia el signo de la suma
Si λ es un racional a/b, $\lambda \circ S$ es dividir el segmento S en b partes iguales y sumar a veces cualquiera de ellas

ES LEY DE COMPOSICIÓN EXTERNA

El conjunto de los segmentos, completado con los opuestos, dotado de la suma geométrica y con esta ley externa, adquiere la estructura de espacio vectorial sobre R.

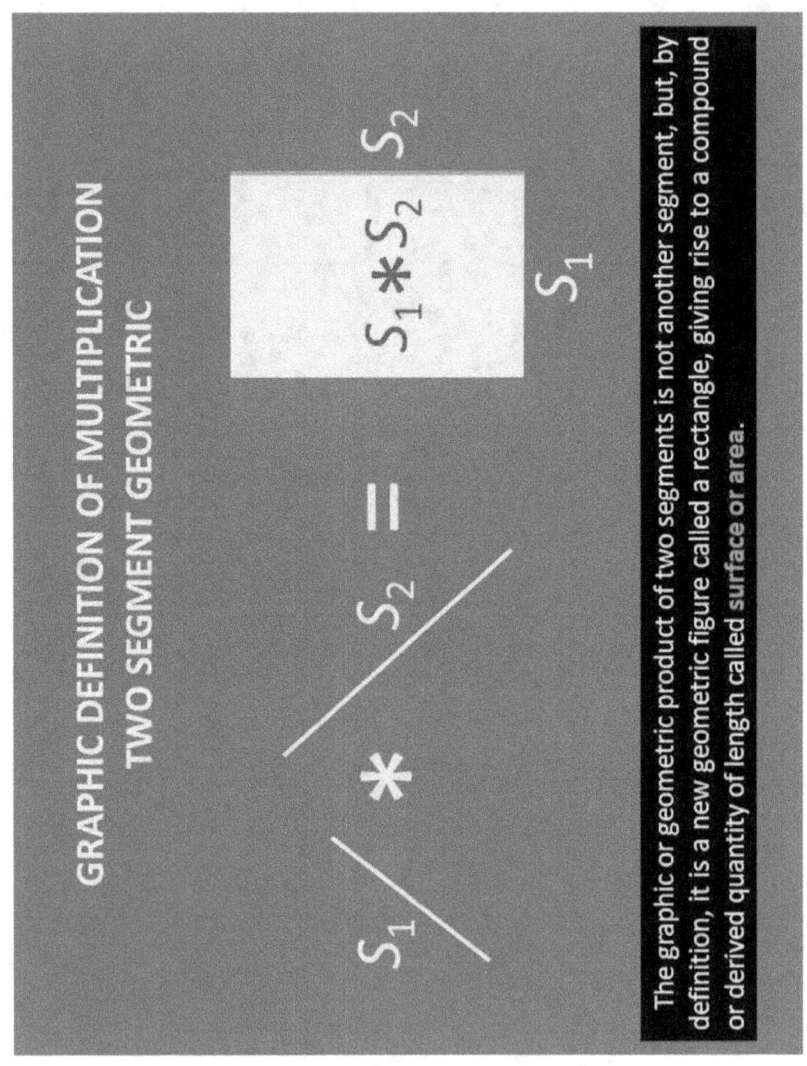

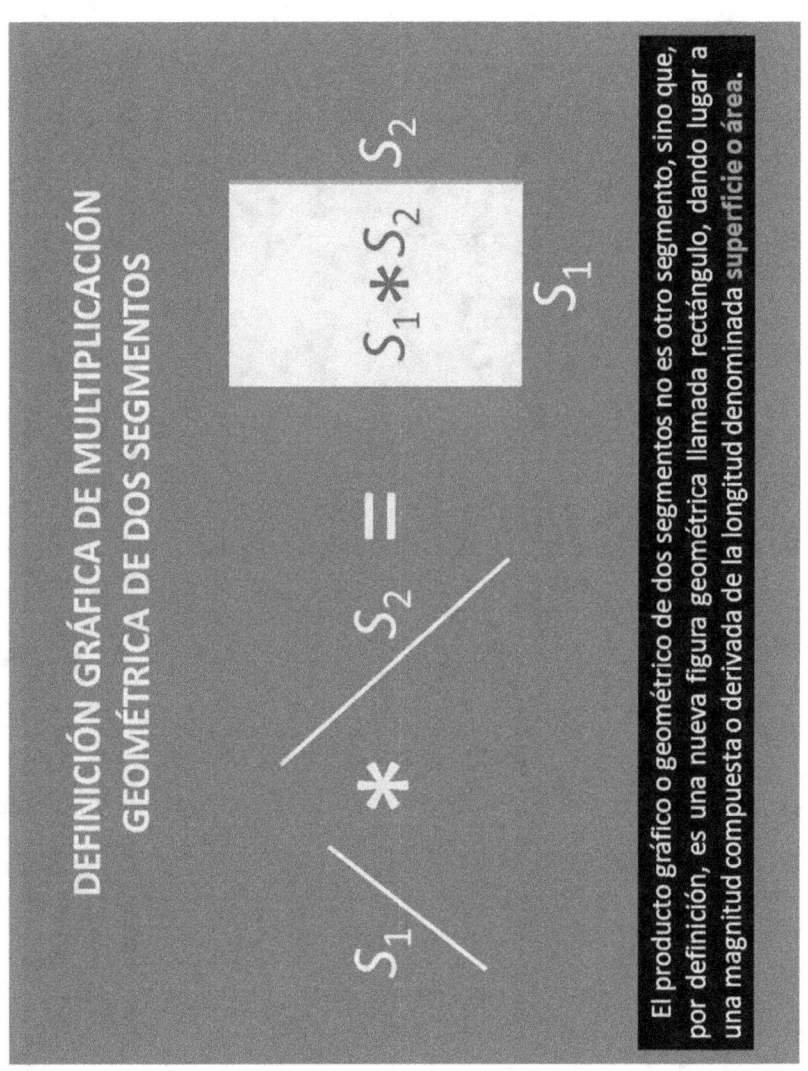

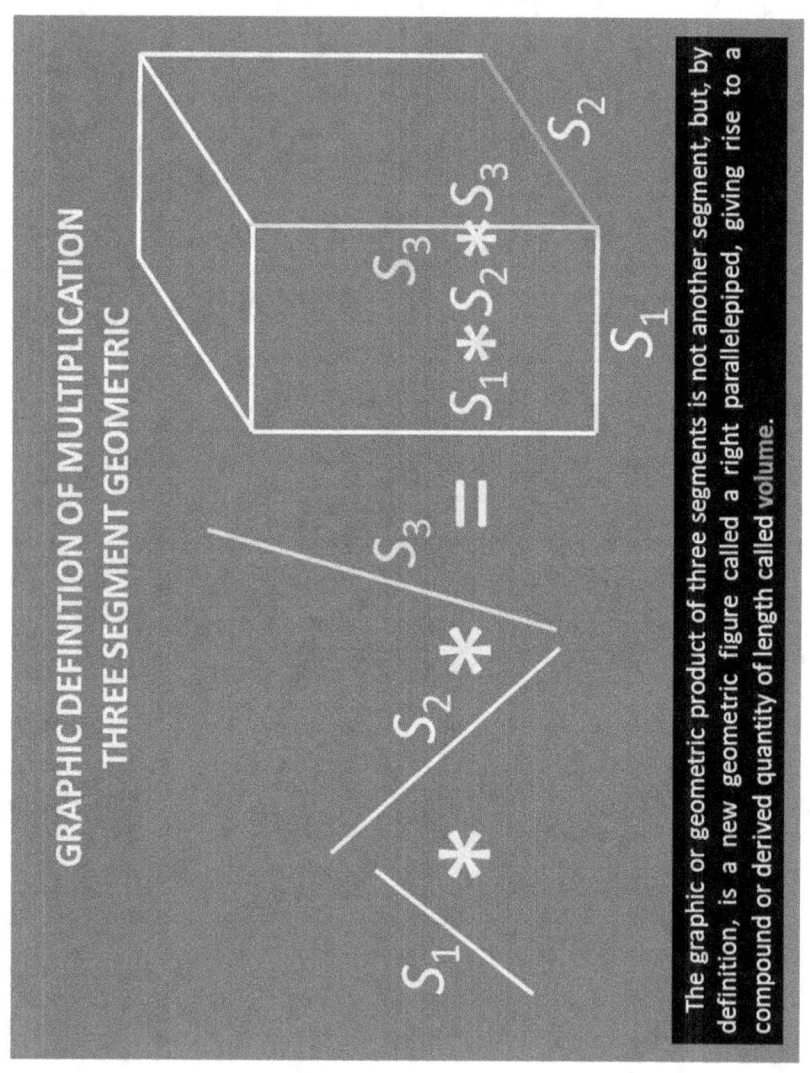

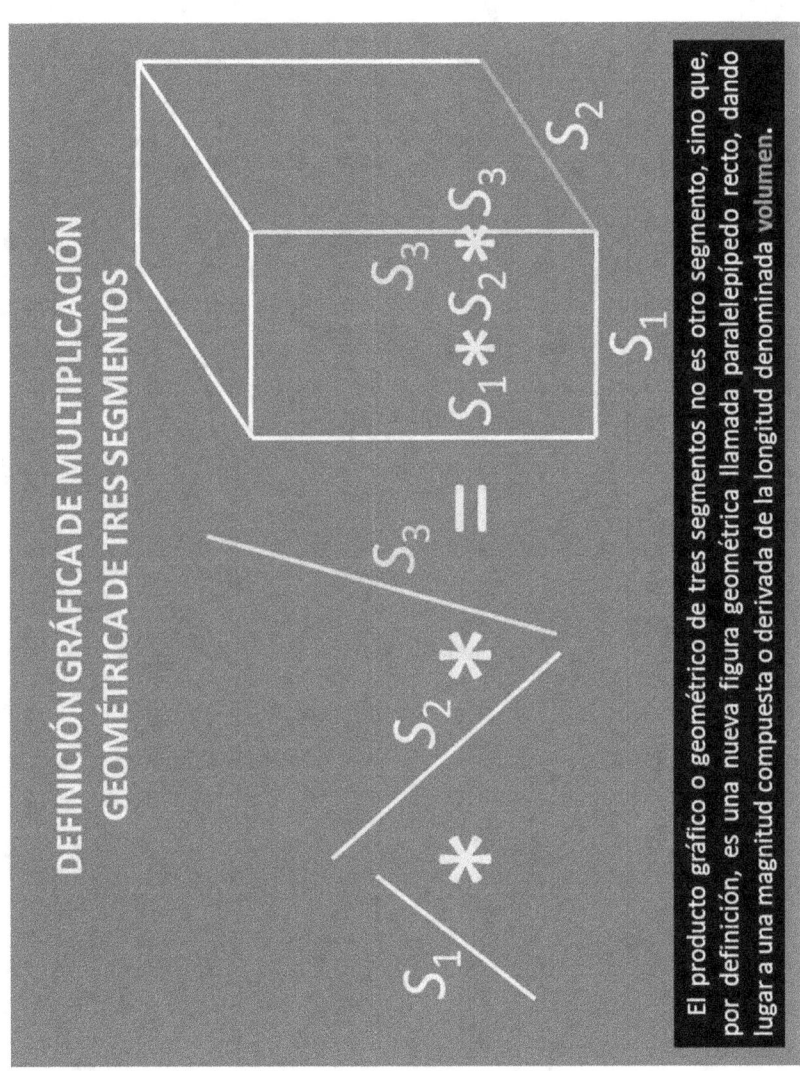

ALGEBRAIC CHARACTERIZATION OF MULTIPLICATION OF SEGMENTS BETWEEN YES

$\{S\}$ = set of all segments
$\{A\}$ = set of all rectangular areas
$\{V\}$ = set of all parallelepiped volumes

$$\{S\} \times \{S\} \longrightarrow \{A\}$$
$$\{S\} \times \{S\} \times \{S\} \longrightarrow \{V\}$$

THEY ARE EXTERNAL COMPOSITION LAWS

CARACTERIZACIÓN ALGEBRAICA DE LA MULTIPLICACIÓN DE SEGMENTOS ENTRE SÍ

{S}=conjunto de todos los segmentos
{A}=conjunto de todas la áreas rectangulares
{V}=conjunto de todos los volúmenes paralelepipédicos

$$\{S\} \times \{S\} \longrightarrow \{A\}$$

$$\{S\} \times \{S\} \times \{S\} \longrightarrow \{V\}$$

SON LEYES DE COMPOSICIÓN EXTERNAS

DEFINITION OF MAGNITUDE

The various physical properties <u>akin to length</u>

A physical quantity will be said to be akin to length if between its respective quantities, a one-to-one correspondence can be established

The classical definition refers to all physical property that can be measured

DEFINICIÓN DE MAGNITUD

Se llamarán así las diversas propiedades físicas afines a la longitud

Una magnitud física se dirá que es afín con la longitud si entre sus cantidades respectivas se puede establecer una correspondencia biunívoca

La definición clásica se refiere a toda propiedad física que pueda ser medida

ANALYTICAL DEFINITION OF DIADIC ENTITIES
INDICATORS OF QUANTITIES OF MAGNITUDES

Any segment AB contains a certain amount of indefinable length between its ends (indeterminacy principle). But, nothing prevents us from considering the segment as a unit of measure and symbolizing the amount of length that it empirically includes, for example, with the U_L sign.

$$A \underset{U_L}{\rule{3cm}{0.4pt}} B$$

Geometry allows any other segment to be measured as a function of the unit of length U_L by means of an integer or fractional number q, meaning that the amount of length of the segment measured by juxtaposition or division into equal parts of the unit is equal to q times the quantity of length of segment AB, arbitrarily adopted as unit of length. To express the result of the measurement, the parity entity (q, U_L) is used, which can be symbolized without superfluous parentheses with the equivalent notation $q U_L$.

In this practical way, the pitfall is overcome that the amount of length of the unit segment AB cannot be determined or specified, but it can be symbolized. However, it should not be forgotten that its U_L symbol is not a number, but a segment containing an empirical and indeterminable quantity of the magnitude length.

In general, since U is the unit quantity of a certain magnitude, defined empirically, the pair (q, U) is called a concrete entity or physical dyad. The first element of the pair is called measure or primary and the second unit or secondary.

DEFINICIÓN ANALÍTICA DE LOS ENTES DIÁDICOS INDICADORES DE LAS CANTIDADES DE MAGNITUDES

Un segmento cualquiera AB contiene una cierta cantidad de longitud indefinible entre sus extremos (principio de indeterminación). Pero, nada impide considerar el segmento como unidad de medida y simbolizar la cantidad de longitud que incluya empíricamente, por ejemplo, con el signo U_L.

$$A \underset{U_L}{\rule{3cm}{0.4pt}} B$$

La geometría permite medir cualquier otro segmento en función de la unidad de longitud U_L mediante un número entero o fraccionario q, con el significado de que la cantidad de longitud del segmento medido por yuxtaposición o división en partes iguales de la unidad sea igual a q veces la cantidad de longitud del segmento AB, adoptado arbitrariamente como unidad de longitud. Para expresar el resultado de la medición se utiliza el ente paritario (q,U_L), que se puede simbolizar sin paréntesis superfluos con la notación equivalente $q\,U_L$.

De este modo tan práctico se salva el escollo de que la cantidad de longitud del segmento unitario AB no se puede determinar ni especificar, pero sí se puede simbolizar. Sin embargo, no debe olvidarse que su símbolo U_L no es un número, sino un segmento que contiene una cantidad empírica e indeterminable de la magnitud longitud.

En general, siendo U la cantidad unitaria de cierta magnitud, definida empíricamente, el par (q,U) se denomina ente concreto o diada física. El primer elemento del par se llama medida o primario y el segundo unidad o secundario.

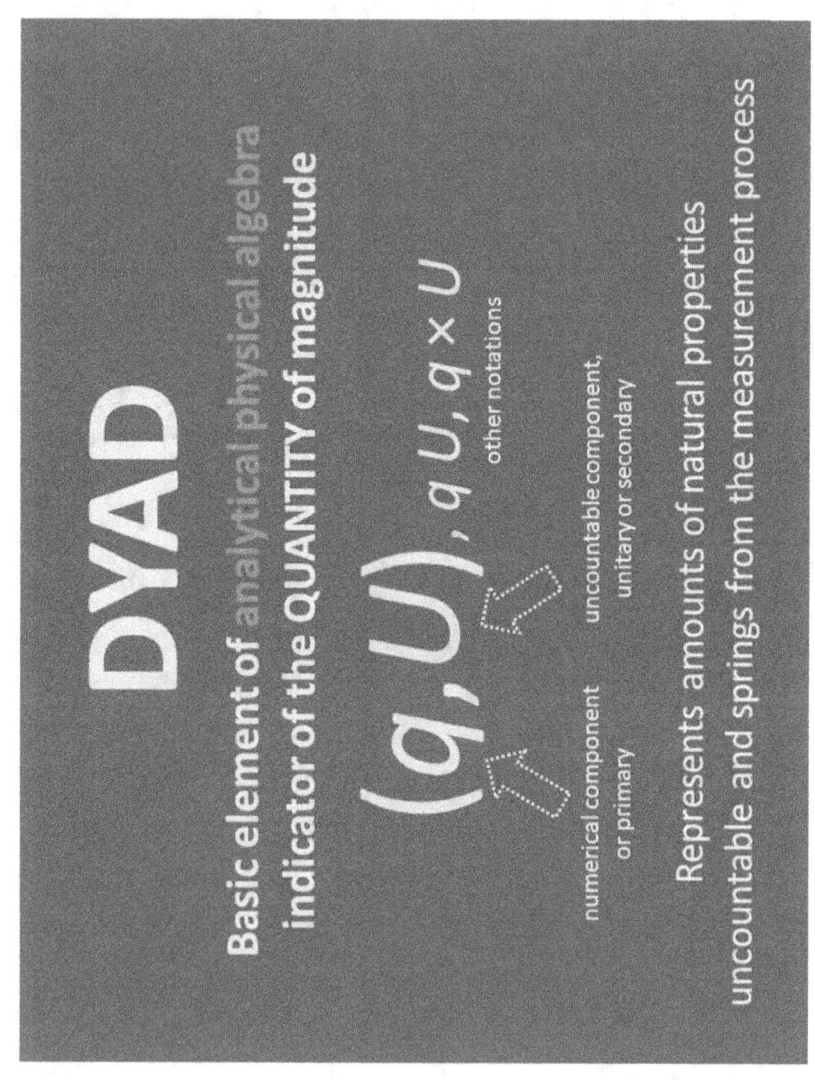

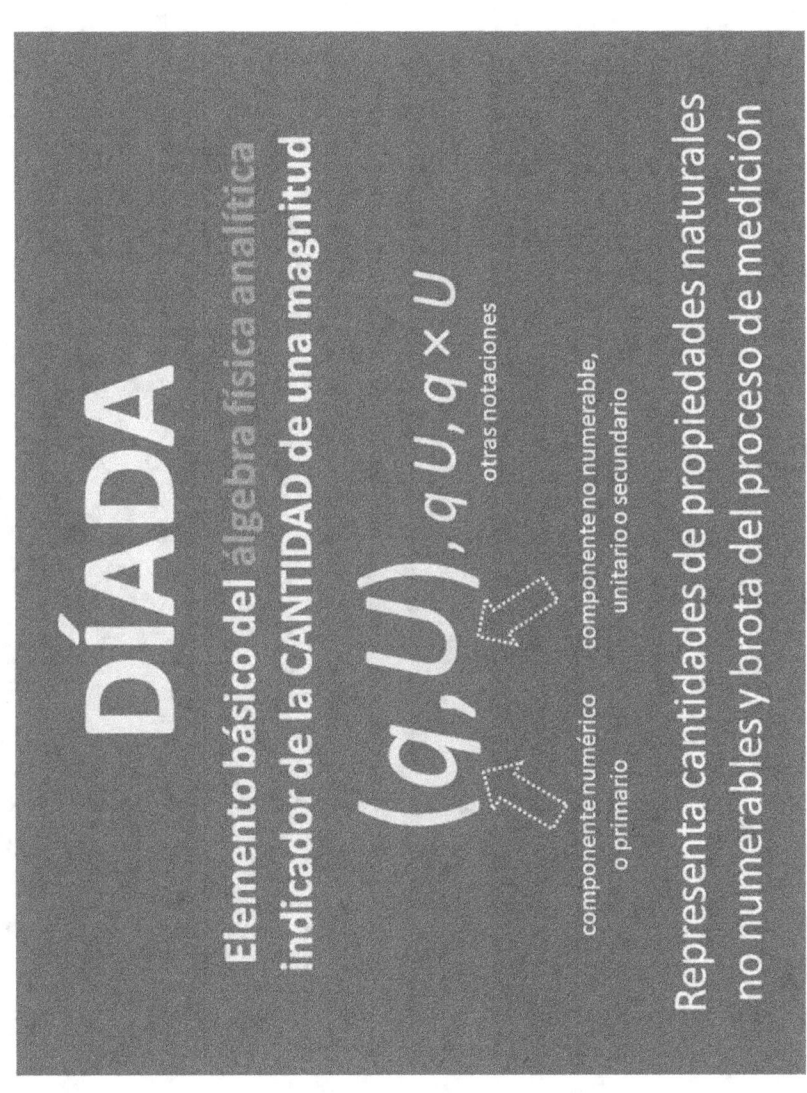

DEFINITION OF DYADIC SETS

Continuous magnitudes can be scalar or vector. In scalars the first element of the pair (q, U) is a real number r of the field R, in vectors it is a vector v of R^3.

Once an empirical unit U of a certain magnitude is established, all the quantities referred to it can be expressed with a pair (r,U), if it is scalar, or (v,U), if it is vector. The sets of all possible measures can be indicated with the respective notations $\{R,U\}$, $\{R^3,U\}$ or in general $\{R^n,U\}$. They are called dyadic sets.

Once the dyadic sets are defined, the next step in scientific logic is to configure their composition laws, to give them an algebraic structure.

The dyadic operations will be inspired by the algebra of the geometric segments and vectors of three-dimensional Euclidean space.

DEFINICIÓN DE LOS CONJUNTOS DIÁDICOS

Las magnitudes continuas pueden ser escalares o vectoriales. En las escalares el primer elemento del par (q,U) es un número real r del cuerpo R, en las vectoriales es un vector v de R^3.

Establecida una unidad empírica U de cierta magnitud, todas las cantidades referidas a ella se podrán expresar con un par (r,U), si es escalar, o (v,U), si es vectorial. Los conjuntos de todas las medidas posibles se pueden indicar con las notaciones respectivas $\{R,U\}$, $\{R^3,U\}$ o en general $\{R^n,U\}$. Se denominan conjuntos diádicos.

Definidos los conjuntos diádicos, el paso siguiente de lógica científica es configurar sus leyes de composición, para dotarlos de estructura algebraica.

Las operaciones diádicas se inspirarán en el álgebra de los segmentos y vectores geométricos del espacio euclídeo tridimensional.

DYADIC EQUALITY CRITERION

To establish any algebra it is necessary to previously establish a criterion of equality of the elements to compose, in this case physical dyads. Quantities of magnitudes can refer to different empirical units of each magnitude, so the equality criterion must consider this fact and can be formulated in this way:

Two scalar or vector dyads (q_1, U_1) and (q_2, U_2) of the same magnitude (homogeneous), expressed in different units U_1 and U_2, will be considered equal, when the quantities they represent of the given magnitude are the same, and it will be written analytically $(q_1, U_1) = (q_2, U_2)$.

In the particular case that the units coincide, with $U_1 = U_2$, it is admitted that equality supposes that q1=q2 is verified.

CRITERIO DE IGUALDAD DIÁDICA

Para establecer cualquier álgebra es preciso asentar previamente un criterio de igualdad de los elementos a componer, en este caso díadas físicas. Las cantidades de magnitudes pueden referirse a unidades empíricas diversas de cada magnitud, por lo que el criterio de igualdad debe considerar este hecho y puede formularse de esta manera:

Se considerará que dos díadas escalares o vectoriales (q_1, U_1) y (q_2, U_2) de la misma magnitud (homogéneas), expresadas en unidades distintas U_1 y U_2, son iguales, cuando las cantidades que representan de la magnitud dada sean la misma, y ello se escribirá analíticamente $(q_1, U_1) = (q_2, U_2)$.

En el caso particular de que las unidades coincidan, con $U_1 = U_2$, se admite que la igualdad supone que se verifique $q_1 = q_2$.

AXIOM OF CONTINUITY

The possibility of empirically establishing arbitrary units of the same magnitude (homogeneous) requires a criterion to compare them. Such will be the axiom of continuity and should be formulated in this way:

Every continuous magnitude, scalar or vector, is such that, given two units U_1 and U_2 referred to it, there will always be a scalar k that relates them through the dyadic equality $(1, U_1) = (k, U_2)$.

Note that every unit can be expressed simply with a symbol U or with a unit dyad $(1, U)$, so the symbolic equivalence $U=(1, U)$ is understood.

The axiom of continuity is but a technicality to represent the unequivocal fact that it is always possible to measure one of the units with the other and that such measure must be precisely the number k.

AXIOMA DE CONTINUIDAD

La posibilidad de establecer empíricamente unidades arbitrarias de la misma magnitud (homogéneas) requiere un criterio para compararlas. Tal será el axioma de continuidad y debe formularse de esta manera:

Toda magnitud continua, escalar o vectorial, es tal que, dadas dos unidades U_1 y U_2 referidas a ella, existirá siempre un escalar k que las relacione por medio de la igualdad diádica $(1, U_1) = (k, U_2)$.

Nótese que toda unidad se puede expresar simplemente con un símbolo U o con una díada unitaria $(1, U)$, por lo que se sobreentiende la equivalencia simbólica $U = (1, U)$.

El axioma de continuidad no es sino un tecnicismo para representar el hecho inequívoco de que es posible siempre medir una de las unidades con la otra y que tal medida ha de ser precisamente el número k.

POSTULATE OF AFFINITY

Nothing prevents associating each quantity of any magnitude to the quantity of length of a segment. To do this, it would be enough to identify the empirical unit of the magnitude considered with an arbitrary or abstract unit of length. In this way, a **one-to-one correspondence** could be established between the set of all quantities of the given magnitude and that of all abstract lengths, that is, without real scale.

The affinity postulate consists of admitting the previous operation and handling the quantities of magnitudes as if they were abstract geometric segments, which is equivalent to assuming that, although the quantities are different by nature, their quantities are affines to those of the length quantity.

This postulate, in combination with the composition of areas and volumes in Euclidean space, allows defining the dyadic multiplication between any scalar magnitudes.

POSTULADO DE AFINIDAD

Nada impide asociar cada cantidad de cualquier magnitud a la cantidad de longitud de un segmento. Para ello, bastaría con identificar la unidad empírica de la magnitud considerada con una unidad de longitud arbitraria o abstracta. De este modo se podría establecer una correspondencia biunívoca entre el conjunto de todas las cantidades de la magnitud dada y el de todas las longitudes abstractas, es decir, sin escala real.

El postulado de afinidad consiste en admitir la operativa anterior y manejar las cantidades de magnitudes como si fuesen segmentos geométricos abstractos, lo que equivale a suponer que, si bien las magnitudes son diferentes por naturaleza, sus cantidades son afines a las de la magnitud longitud.

Este postulado, en combinación con la composición de áreas y volúmenes en el espacio euclídeo, permite definir la multiplicación diádica entre cualesquiera magnitudes escalares.

ANALYTICAL DEFINITION OF DYADIC ADDITION

$\oplus$

Scalar dyadic addition: Given two segments of lengths (r_1, U_L) and (r_2, U_L), the geometric sum by juxtaposition is a segment whose length is given by the dyad $[(r_1+r_2), U_L]$, where r_1+r_2 is the addition of R. To distinguish this addition from arithmetic we assign to it its own symbol and write:

$$(r_1, U_L) \oplus (r_2, U_L) = [(r_1+r_2), U_L]$$

Vector dyadic addition: Given two vectors of lengths (v_1, U_L) and (v_2, U_L), the vector geometric sum is a vector that is given by the dyad $[(v_1+v_2), U_L]$, where v_1+v_2 is the vector addition in R^3. To distinguish this addition from the vector one, we assign to it its own symbol and write:

$$(v_1, U_L) \oplus (v_2, U_L) = [(v_1+v_2), U_L]$$

Despite having used the same sign $\oplus$ for the dyadic addition, the scalar sum differs from the vector sum, since the first one composes segments and the second one vectors.

Note that, in order to count the U_L units contained in the sum, **the addends must refer to the same U_L unit (uniformity axiom)**.

Generalizing to any magnitude, it is enough to assimilate its dyads to abstract segments or vectors, referred to the corresponding empirical unit U (affinity postulate).

DEFINICIÓN ANALÍTICA DE ADICIÓN DIÁDICA
$\oplus$

Adición diádica escalar: Dados dos segmentos de longitudes (r_1, U_l) y (r_2, U_l), la suma geométrica por yuxtaposición es un segmento cuya longitud viene dada por la diada $[(r_1+r_2), U_l]$, donde r_1+r_2 es la adición de R. Para distinguir esta adición de la aritmética le asignamos su propio símbolo y escribimos:

$$(r_1, U_l) \oplus (r_2, U_l) = [(r_1+r_2), U_l]$$

Adición diádica vectorial: Dados dos vectores de longitudes (v_1, U_l) y (v_2, U_l), la suma geométrica vectorial es un vector que viene dada por la diada $[(v_1+v_2), U_l]$, donde v_1+v_2 es la adición de vectores en R^3. Para distinguir esta adición de la vectorial le asignamos su propio símbolo y escribimos:

$$(v_1, U_l) \oplus (v_2, U_l) = [(v_1+v_2), U_l]$$

A pesar de haberse utilizado para la adición diádica el mismo signo $\oplus$, la suma escalar difiere de la vectorial, puesto que la primera compone segmentos y la segunda vectores.

Nótese que, para poder contar las unidades U_l que contiene la suma, **los sumandos deben referirse a la misma unidad U_l (axioma de uniformidad)**.

Generalizando a cualquier magnitud, basta asimilar sus diadas a segmentos o vectores abstractos, referidos a la unidad empírica correspondiente U **(postulado de afinidad)**.

NATURE AND PROPERTIES OF THE DYADIC ADDITION

For two addends, the scalar dyadic addition is a mapping of the Cartesian product $\{R,U\} \times \{R,U\}$ to $\{R,U\}$.

For two addends, the vector dyadic addition is a mapping of the Cartesian product $\{R^3,U\} \times \{R^3,U\}$ to $\{R^3,U\}$.

Both are, then, internal composition laws with the following properties, easily demonstrable:

- Associative (for more than two addends).
- Commutative.
- Existence of neutral or null element.
- Existence of symmetrical or opposite elements.

Therefore, the dyadic sets $\{R,U\}$ and $\{R^3,U\}$ with their respective additive composition laws $\oplus$ have **abelian group algebraic structure**.

NATURALEZA Y PROPIEDADES DE LA ADICIÓN DIÁDICA

Para dos sumandos, la adición diádica escalar es una aplicación del producto cartesiano $\{R,U\} \times \{R,U\}$ en $\{R,U\}$.

Para dos sumandos, la adición diádica vectorial es una aplicación del producto cartesiano $\{R^3,U\} \times \{R^3,U\}$ en $\{R^3,U\}$.

Ambas son, pues, leyes de composición internas con las propiedades siguientes, fácilmente demostrables:

- Asociativa (para más de dos sumandos).
- Conmutativa.
- Existencia de elemento neutro o nulo.
- Existencia de elementos simétrico u opuesto.

Por tanto, los conjuntos diádicos $\{R,U\}$ y $\{R^3,U\}$ con sus respectivas leyes de composición aditivas $\oplus$ tienen estructura algebraica de grupo abeliano.

DEDUCTION OF DIADIC SUBTRACTION

⊖

Considering the general criterion of subtraction and, to facilitate the analysis, using the subscripts M of minuend, S of subtrahend and D of difference, the scalar or vector dyadic subtraction $\ominus$ can be written with the following form:

$$(q_S, U) \oplus (q_D, U) = (q_M, U) \quad \Longleftrightarrow \quad (q_D, U) = (q_M, U) \ominus (q_S, U)$$

The definition of dyadic addition assumes that $q_S + q_D = q_M$. The additions in R and R^3 imply that we can write $q_D = q_M - q_S$, difference of real numbers or of vectors, expressed with the same sign of the hyphen, although they are different operations. Therefore, the dyadic difference verifies the equation:

$$(q_M, U) \ominus (q_S, U) = (q_D, U) = [(q_M - q_S), U]$$

DEDUCCIÓN DE LA SUSTRACCIÓN DIÁDICA ⊖

Considerando el criterio general de la sustracción y, para facilitar el análisis, utilizando los subíndices M de minuendo, S de sustraendo y D de diferencia, se puede escribir la sustracción diádica escalar o vectorial ⊖ con la forma siguiente:

$$(q_S, U) \oplus (q_D, U) = (q_M, U) \quad \Longleftrightarrow \quad (q_D, U) = (q_M, U) \ominus (q_S, U)$$

La definición de adición diádica supone que $q_S + q_D = q_M$. Las adiciones en R y R³ implican que se pueda escribir $q_D = q_M - q_S$, diferencia de números reales o de vectores, expresadas con el mismo signo del guion, aunque sean operaciones distintas. Por tanto, la diferencia diádica verifica la ecuación:

$$(q_M, U) \ominus (q_S, U) = (q_D, U) = [(q_M - q_S), U]$$

MULTIPLICATION BY A SCALAR

○

The successive dyadic addition of the same addend supports the definition of multiplication by a scalar, whether it is an integer or a fraction. Symbolizing this operation with the sign °, the multiplication of scalar or vector dyads by a real number λ is expressed analytically by the equations:

For scalar magnitudes: $\quad \lambda \circ (r,U) = (r,U) \circ \lambda = (\lambda \times r, U)$
For vector magnitudes: $\quad \lambda \circ (v,U) = (v,U) \circ \lambda = (\lambda \bullet v, U)$

Note that the multiplication of the term $\lambda \times r$ is that of R, while the multiplication of $\lambda \bullet v$ is that of a scalar by a vector in R^3.

Scalar dyadic multiplication is an external law that applies the Cartesian product $R \times \{R,U\}$ on $\{R,U\}$. The vector applies the Cartesian product $R \times \{R^3,U\}$ on $\{R^3,U\}$.

It is shown with relative ease that the sets $\{R,U\}$ and $\{R^3,U\}$ acquire with this operation the vector space structure on the field R of the real numbers.

MULTIPLICACIÓN POR UN ESCALAR
○

La sucesiva adición diádica del mismo sumando fundamenta la definición de multiplicación por un escalar, tanto si éste es entero como fraccionario. Simbolizando esta operación con el signo ○, la multiplicación de diadas escalares o vectoriales por un número real λ queda expresada analíticamente por las ecuaciones:

Para magnitudes escalares: $\quad \lambda \circ (r,U) = (r,U) \circ \lambda = (\lambda \times r, U)$
Para magnitudes vectoriales: $\quad \lambda \circ (v,U) = (v,U) \circ \lambda = (\lambda \bullet v, U)$

Nótese que la multiplicación del término $\lambda \times r$ es la de R, mientras que la multiplicación de $\lambda \bullet v$ es la de un escalar por un vector en R^3.

La multiplicación diádica escalar es una ley externa que aplica el producto cartesiano $R \times \{R,U\}$ en $\{R,U\}$. La vectorial aplica el producto cartesiano $R \times \{R^3,U\}$ en $\{R^3,U\}$.

Se demuestra con relativa facilidad que los conjuntos $\{R,U\}$ y $\{R^3,U\}$ adquieren con esta operación la estructura de espacio vectorial sobre el cuerpo R de los números reales.

UNIFORM DYADIC PROPORTIONALITY

$$// \quad \dot{\overline{\overline{}}} \, \cdot$$

Given two dyads (q_1,U) and (q_2,U) of the same magnitude (homogeneous), scalar or vector, referred to the unit U (uniform), the properties of R guarantee that there exists λ such that $q_2=\lambda\times q_1$. So the following reasoning can be chained:

$$(q_2,U)=(\lambda\times q_1,U)=\lambda\circ(q_1,U)$$

The common criterion of the fractional notation applied to the multiplication $\circ$, will allow to write the relationship between the first and the last member with the form of a dyadic fraction, distinguished by two horizontal lines:

$$\frac{(q_2,U)}{(q_1,U)}=\lambda=\frac{q_2}{q_1}$$

The first member is called the dyadic ratio among the indicated dyads. It is observed that it is equivalent to the ratio in R between the measures or primaries q_2 and q_1, which justifies the simplification of the common term U that appears in the numerator and denominator. All dyadic ratios equal to the same scalar λ will be said to be proportional to each other.

PROPORCIONALIDAD DIÁDICA UNIFORME

$$// \ \cdot \ \overline{\overline{}} \ \cdot$$

Dadas dos diadas (q_1, U) y (q_2, U) de la misma magnitud (homogéneas), escalares o vectoriales, referidas a la unidad U (uniformes), las propiedades de R garantizan que existe λ tal que $q_2 = \lambda \times q_1$. Así que se podrá encadenar el siguiente razonamiento:

$$(q_2, U) = (\lambda \times q_1, U) = \lambda \circ (q_1, U)$$

El criterio común de la notación fraccionaria aplicado a la multiplicación $\circ$, permitirá escribir la relación entre el primer y el último miembro con la forma de fracción diádica, distinguida con dos rayas horizontales:

$$\frac{(q_2, U)}{(q_1, U)} = \lambda = \frac{q_2}{q_1}$$

El primer miembro se denomina **razón diádica** entre las diadas indicadas. Se observa que equivale a la razón en R entre las medidas o primarios q_2 y q_1, lo que justifica la **simplificación** del término común U que aparece en numerador y denominador. Todas las razones diádicas iguales al mismo escalar λ se dirá que son **proporcionales entre sí**.

NOTABLE EXAMPLES OF UNIFORM DYADIC DIVISION

The radian (rad) is defined by Mathematics as the arc length equal to the radius, which allows to establish the measure of the magnitude of a plane angle expressed in radians through the dyadic ratio between the arc and the radius, that is, two lengths, so its quotient must be a real number, which makes the angle a unitless or dimensionless magnitude. This excludes any controversy about the real-number nature of the radian measure of the plane angular magnitude.

And the same can be said about the **solid angle**, the dyadic quotient between two surfaces. Its unit is the **steradian (sr)**.

Atomic and molecular weights, more properly **relative atomic or molecular masses**, are examples of uniform dyadic divisions that induce dimensionless magnitudes.

Compound quantities of this type, which are ratios of homogeneous quantities, are expressible through numbers, breaking the general condition of physical quantities as uncountable quantities.

EJEMPLOS NOTABLES DE DIVISIÓN DIÁDICA UNIFORME

El **radián** (*rad*) lo define la Matemática como la longitud de arco igual al radio, lo que permite establecer la medida de la magnitud de un **ángulo plano** expresado en radianes mediante la razón diádica entre el arco y el radio, es decir, dos longitudes, por lo que su cociente ha de ser un numero real, lo que convierte al ángulo en una magnitud sin unidades o adimensional. Con ello queda excluida toda controversia sobre la naturaleza de número real de la medida en radianes de la magnitud angular plana.

Y lo mismo cabe afirmar sobre el ángulo sólido, cociente diádico entre dos superficies. Su unidad es el **estereorradián** (*sr*).

Los pesos atómicos y moleculares, más propiamente **masas atómicas o moleculares relativas**, son ejemplos de divisiones diádicas uniformes que inducen magnitudes adimensionales.

Las magnitudes compuestas de este tipo, las que son razones de cantidades homogéneas, resultan expresables mediante números, rompiendo la condición general de las magnitudes físicas como cantidades no numerables.

DEFINITION OF DYADIC MULTIPLICATION

The multiplication of any two or more dyads will correspond by affinity with the geometric multiplication of segments, so it will only occur between scalar dyads.

It is an operation that generates new magnitudes, called composites, from the factors considered.

The two necessary precedents to generalize this operation are the geometric multiplication of segments and its experimental significance.

Once the geometric or graphical algebra is established, it will become analytical and the affinity postulate will generalize it to any magnitude.

DEFINICIÓN DE MULTIPLICACIÓN DIÁDICA

La multiplicación de dos o más diadas cualesquiera se corresponderá por afinidad con la multiplicación geométrica de segmentos, por lo que sólo se presentará entre diadas escalares.

Se trata de una operación que genera nuevas magnitudes, llamadas compuestas, a partir de los factores considerados.

Los dos precedentes necesarios para generalizar esta operación son la multiplicación geométrica de segmentos y su significado experimental.

Establecida el álgebra geométrica o gráfica, se transformará en analítica y el postulado de afinidad la generalizará a cualesquiera magnitudes.

Definition of the geometric product of two segments and its experimental meaning

Given two lengths expressed in the same unit U_l, if an abstract rectangle without scale is formed with its numerical parts, it is observed that, dividing it into ideal squares with sides equal to one, the number of these is equal to the product of the measures of the lengths given relative to the unit. This observation of geometry allows us to define the product of two lengths (a, U_l) and (b, U_l), two concrete numbers with the same unit, interpreting it as an area that is symbolized:

$(a, U_l) * (b, U_l) = [(a \times b), (U_l * U_l)] = [(a \times b), U_l^2]$

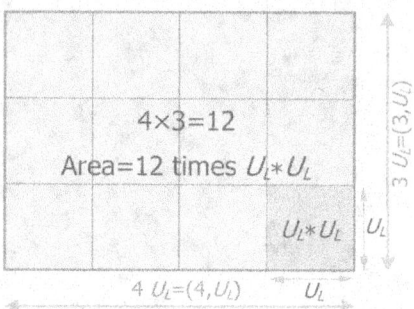

On the left, the case in which the lengths or concrete are not expressed in the same unit (a, U_{l1}) and (b, U_{l2}), in the abstract rectangle built with them it is observed that their product can be associated with the magnitude called area, which is measured by means of rectangles equal to the unit of area symbolized $U_{l1} * U_{l2}$, justifying the same product definition:

$(a, U_{l1}) * (b, U_{l2}) = [(a \times b), (U_{l1} * U_{l2})]$

$[(3/5), U_{l1}] * [(2/3), U_{l2}] =$
$= [(6/15), (U_{l1} * U_{l2})]$

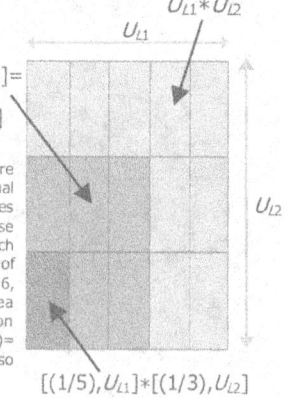

On the right the product of two lengths with fractional measure $[(3/5), U_{l1}] * [(2/3), U_{l2}]$. Dividing one of the dimensions into five equal segments and the other into three, results in a set of equal rectangles whose sides measure 1/5 of UL1 and 1/3 of U_{l2}, the number of these equal elements that make up the unit is equal to 5×3=15, which coincides with the product of the denominators, and the number of equal elements that fit in the assumed fractional measure is 3×2=6, which coincides with the product of the numerators; the fractional area will be 3×2 elements of the 5×3 total rectangles, which is the fraction (2×3)/(3×5), which is equal to the product of fractions (3/5)×(2/3)= 6/15, so here the form of the definition of concrete multiplication also holds.

Definición del producto geométrico de dos segmentos y su significado experimental

Dadas dos longitudes expresadas en la misma unidad U_L, si se forma un **rectángulo abstracto sin escala** con sus partes numéricas, se observa que, dividiéndolo en cuadrados ideales de lado igual a la unidad, el número de éstos resulta igual al producto de las medidas de las longitudes dadas respecto de la unidad. Esta observación de la geometría permite definir el producto de dos longitudes (a, U_L) y (b, U_L), dos números concretos con la misma unidad, interpretándola como un área que se simboliza:

$$(a,U_L)*(b,U_L)=[(a\times b),(U_L*U_L)]=[(a\times b),U_L^2]$$

[Figura: rectángulo con $4\times 3=12$, Área=12 veces U_L*U_L, $4\,U_L=(4,U_L)$, $3\,U_L=(3,U_L)$]

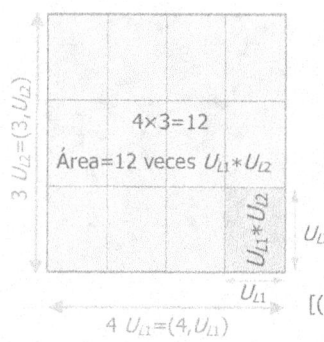

A la izquierda el caso en que las longitudes o concretos no se expresan en la misma unidad (a,U_{L1}) y (b,U_{L2}), en el rectángulo abstracto construido con ellas se observa que su producto se puede asociar a la magnitud denominada área, que queda medida por medio de rectángulos iguales a la unidad de área simbolizada $U_{L1}*U_{L2}$, justificándose la misma definición de producto:

$$(a,U_{L1})*(b,U_{L2})=[(a\times b),(U_{L1}*U_{L2})]$$

$$[(3/5),U_{L1}]*[(2/3),U_{L2}]=$$
$$=[(6/15),(U_{L1}*U_{L2})]$$

A la derecha el producto de dos longitudes con medida fraccionaria $[(3/5),U_{L1}]*[(2/3),U_{L2}]$. Dividiendo una de las dimensiones en cinco segmentos iguales y en tres la otra, resulta un conjunto de rectángulos iguales cuyos lados miden 1/5 de U_{L1} y 1/3 de U_{L2}, el número de estos elementos iguales que componen la unidad es igual a 5×3=15, que coincide con el producto de los denominadores, y el número de elementos iguales que caben en la medida fraccionaria supuesta es de 3×2=6, que coincide con el producto de los numeradores; el área fraccionaria será 3×2 elementos de los 5×3 rectángulos totales, que es la fracción (2×3)/(3×5), que resulta igual al producto de fracciones (3/5)×(2/3)=6/15, conque aquí también se cumple la forma de la definición de la multiplicación concreta.

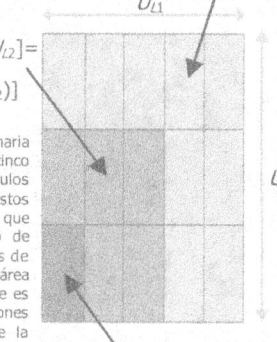

$[(1/5),U_{L1}]*[(1/3),U_{L2}]$

Definition of the geometric product of three segments and its experimental meaning

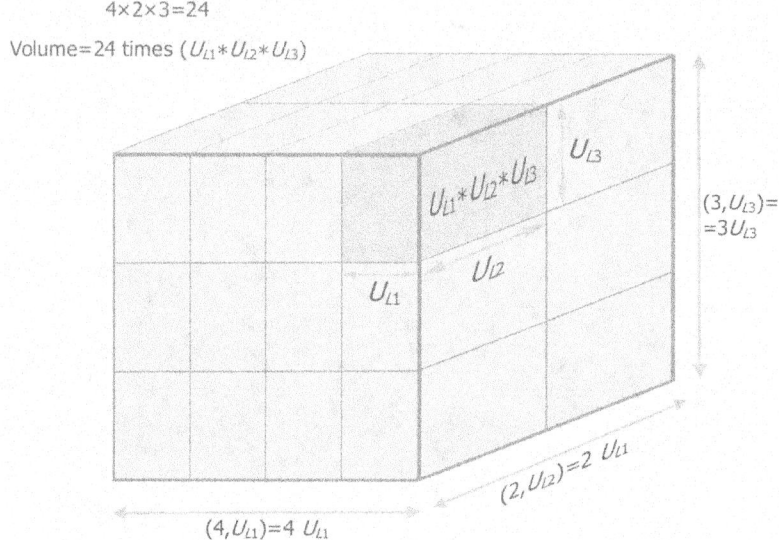

Given three lengths $(4, U_{L1})$, $(2, U_{L2})$ and $(3, U_{L3})$, an abstract straight parallelepiped without scale can be formed with them and ideally decomposed by delimiting the corresponding symbolic length on each edge. Thus, they result in a series of parallelepipeds with the same ideal unit measurements, so they are congruent and equal. The new magnitude that results from composing three lengths is called volume, and the fact that the number of elementary parallelepipeds is equal to 24 makes it possible to refer to the quantity of volume indicating that one of these elements measures 24 times, which nothing prevents symbolizing with the notation similar to the algebraic $U_{L1} * U_{L2} * U_{L3}$, writing this result $[24, (U_{L1} * U_{L2} * U_{L3})]$. With this, the operation of composing three lengths consisting of forming a straight parallelepiped with them can be called multiplication of the concrete numbers or initial dyads given by three lengths, and this operation is symbolized $(4, U_{L1}) * (2, U_{L2}) * (3, UU_{L3}) = [(4 \times 2 \times 3), (U_{L1} * U_{L2} * U_{L3})]$, resulting in that the numerical part is equal to $4 \times 2 \times 3 = 24$. So it can be defined that multiplying lengths is to obtain another quantity of the magnitude called volume whose measure is the arithmetic product of the numerical parts of the factors and whose unit of volume is expressed as the geometric product of the units of the factors. Since the unit elements are composed in the same way regardless of the order in which the factor units are composed, the commutative and associative properties of geometric multiplication must be axiomatized.

Definición del producto geométrico de tres segmentos y su significado experimental

$4 \times 2 \times 3 = 24$

Volumen=24 veces $(U_{L1}*U_{L2}*U_{L3})$

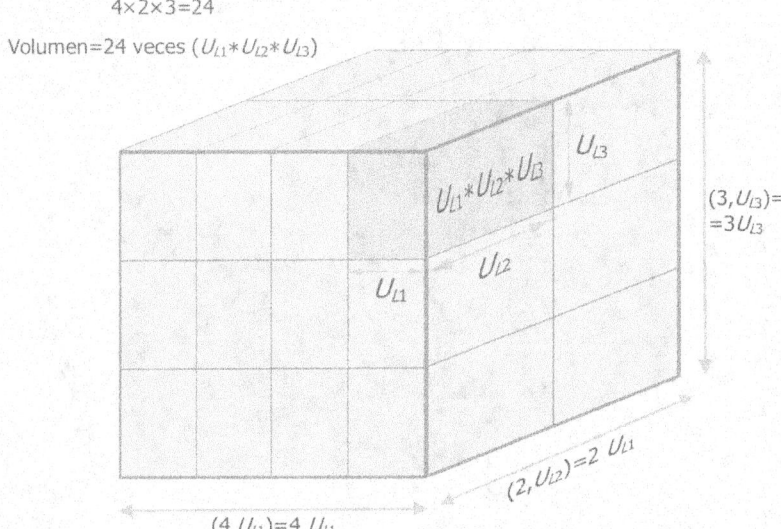

Dadas tres longitudes $(4,U_{L1})$, $(2,U_{L2})$ y $(3,U_{L3})$, se puede formar con ellas un **paralelepípedo recto abstracto sin escala** y descomponerlo idealmente delimitando en cada arista la longitud simbólica que corresponda. Resultan así una serie de paralelepípedos con las mismas medidas unitarias ideales, por lo que son congruentes e iguales. La nueva magnitud que resulta de componer tres longitudes se denomina volumen, y el hecho de que el número de paralelepípedos elementales resulte igual a 24 permite referirse a la cantidad de volumen indicando que mide 24 veces uno de esos elementos, que nada impide simbolizar con la notación semejante a la algebraica $U_{L1}*U_{L2}*U_{L3}$, escribiendo este resultado $[24,(U_{L1}*U_{L2}*U_{L3})]$. Con ello, la operación de componer tres longitudes consistente en formar con ellas un paralelepípedo recto se puede denominar multiplicación de los números concretos o díadas iniciales dados por tres longitudes, y esta operación se simboliza $(4,U_{L1})*(2,U_{L2})*(3,U_{L3})=[(4\times2\times3),(U_{L1}*U_{L2}*U_{L3})]$, resultando que la parte numérica es igual a $4\times2\times3=24$. De modo que se puede definir que multiplicar longitudes es obtener otra cantidad de la magnitud llamada volumen cuya medida sea el producto aritmético de las partes numéricas de los factores y cuya unidad de volumen se exprese como producto geométrico de las unidades de los factores. Como los elementos unitarios quedan compuestos de la misma manera con independencia del orden en que se compongan las unidades de los factores, deben axiomatizarse las propiedades conmutativa y asociativa de la multiplicación geométrica.

ANALYTICAL DEFINITION OF DYADIC MULTIPLICATION BETWEEN SCALAR MAGNITUDES (two factors)

Geometric segments serve to generalize dyadic multiplication when the factors are quantities of scalar magnitudes, because the segment is defined by distinguishing it with a sense, but without direction, an attribute that turns the segment into a vector, resulting in the addition of segments by juxtaposition and the addition of vectors by the parallelogram rule.

With two factors, given the dyads (r_1, U_1) and (r_2, U_2) of two magnitudes that can be different or whatever, the **affinity postulate** allows defining its dyadic product, which can be symbolized with a **mathematical asterisk**, giving rise to a **abstract or affine area** with its equivalent analytic form:

$$(r_1, U_1) * (r_2, U_2) = [(r_1 \times r_2), (U_1 * U_2)]$$

DEFINICIÓN ANALÍTICA DE MULTIPLICACIÓN DIÁDICA ENTRE MAGNITUDES ESCALARES (dos factores)

Los segmentos geométricos sirven para generalizar la multiplicación diádica cuando los factores sean cantidades de magnitudes escalares, porque el segmento se define distinguiéndolo con un sentido, pero sin dirección, atributo que convierte al segmento en vector, resultando distintas la adición de segmentos por yuxtaposición y la adición de vectores por la regla del paralelogramo.

Con dos factores, dadas las díadas (r_1, U_1) y (r_2, U_2) de dos magnitudes que pueden ser distintas o cualesquiera, el **postulado de afinidad** permite definir su producto diádico, que puede simbolizarse con un asterisco matemático, dando lugar a un área abstracta o afín con su forma analítica equivalente:

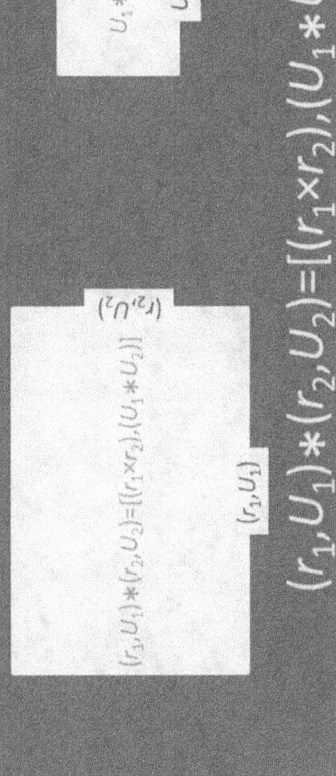

$$(r_1, U_1) * (r_2, U_2) = [(r_1 \times r_2), (U_1 * U_2)]$$

ANALYTICAL DEFINITION OF DIADIC MULTIPLICATION BETWEEN SCALAR MAGNITUDES (three or more factors)

For three factors, there will be an abstract or affin volume with its analytical form:

$$(r_1, U_1) * (r_2, U_2) * (r_3, U_3) =$$
$$= [(r_1 \times r_2 \times r_3), (U_1 * U_2 * U_3)]$$

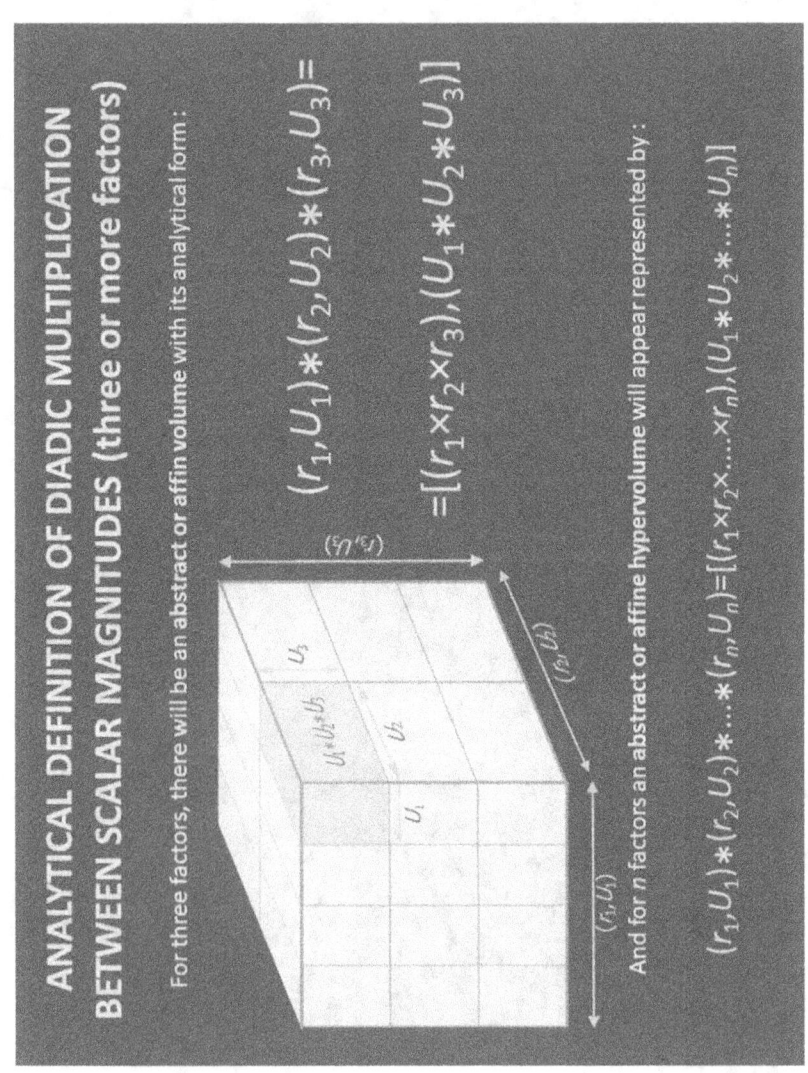

And for n factors an abstract or affine hypervolume will appear represented by:

$$(r_1, U_1) * (r_2, U_2) * \ldots * (r_n, U_n) = [(r_1 \times r_2 \times \ldots \times r_n), (U_1 * U_2 * \ldots * U_n)]$$

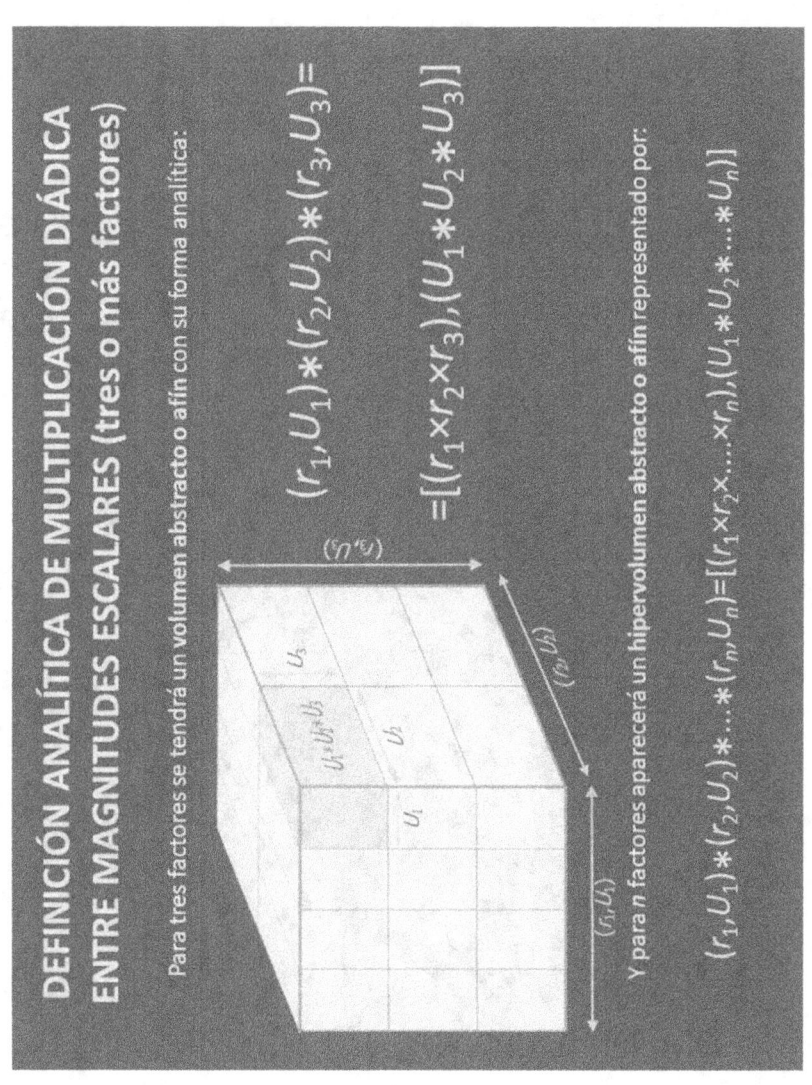

PROPERTIES OF THE DYADIC MULTIPLICATION

This operation, with two factors, is an application of the Cartesian product $\{R,U_1\} \times \{R,U_2\}$ in $\{R,(U_1*U_2)\}$. It is, therefore, a **law of external composition**.

With three factors applies $\{R,U_1\} \times \{R,U_2\} \times \{R,U_3\}$ en $\{R,(U_1*U_2*U_3)\}$.

With n factors applies $\{R,U_1\} \times \{R,U_2\} \times ... \times \{R,U_n\}$ en $\{R,(U_1*U_2*...*U_n)\}$.

Check the properties :

- Associative (for more than two factors).
- Commutative.

Does not meet the properties :

- Existence of neutral element or unit.
- Existence of symmetric or inverse element.

PROPIEDADES DE LA MULTIPLICACIÓN DIÁDICA

Esta operación, con dos factores es una aplicación del producto cartesiano $\{R,U_1\} \times \{R,U_2\}$ en $\{R,(U_1*U_2)\}$. Se trata, pues, de una ley de composición externa.

Con tres factores aplica $\{R,U_1\} \times \{R,U_2\} \times \{R,U_3\}$ en $\{R,(U_1*U_2*U_3)\}$.

Con n factores aplica $\{R,U_1\} \times \{R,U_2\} \times ... \times \{R,U_n\}$ en $\{R,(U_1*U_2*...*U_n)\}$.

Verifica las propiedades:

- Asociativa (para más de dos factores).
- Conmutativa.

No cumple las propiedades:

- Existencia de elemento neutro o unidad.
- Existencia de elemento simétrico o inverso.

DEDUCTION OF THE DYADIC DIVISION

$$\frac{\cdot}{\cdot} // \frac{\cdot}{\cdot}$$

With the initials D for dividend, d for divisor and c for quotient, you can write any dyadic multiplication with the notation $(r_d, U_d)*(r_c, U_c)=(r_D, U_D)$, and then apply the general criterion of division, resulting in the following reasoning:

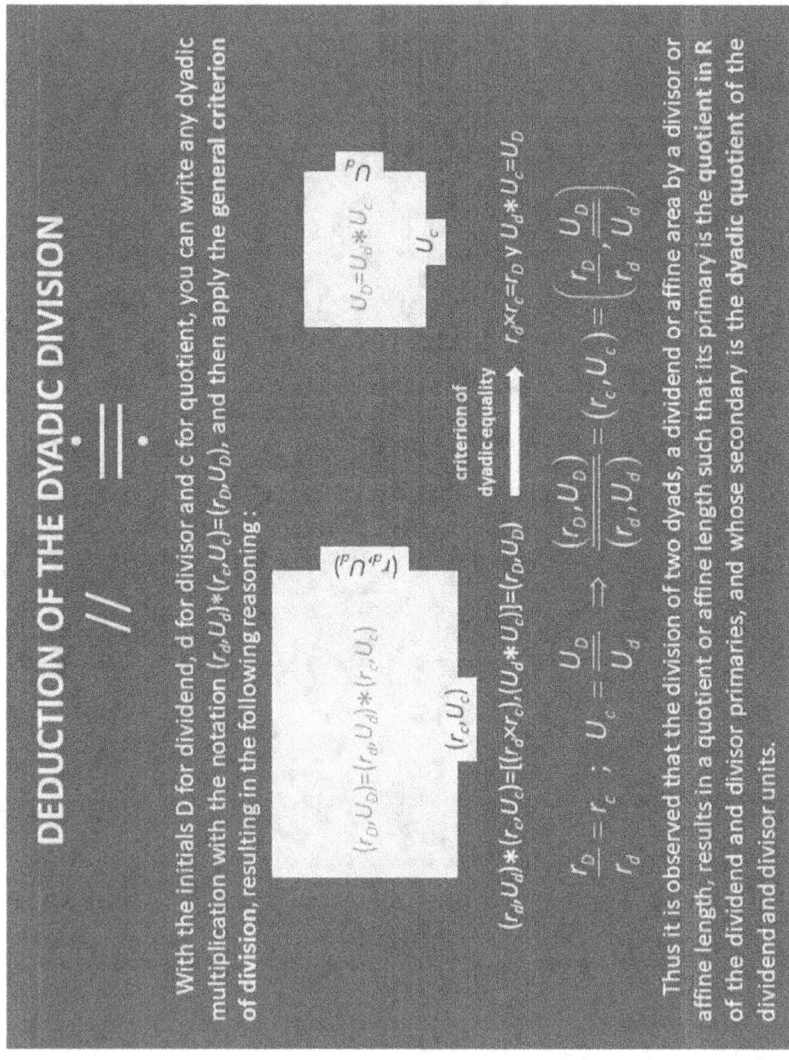

$(r_D, U_D) = (r_d, U_d)*(r_c, U_c)$

(r_c, U_c)

$(r_d, U_d)*(r_c, U_c) = [(r_d \times r_c),(U_d*U_c)] = (r_D, U_D)$

$$\frac{r_D}{r_d}=r_c \; ; \; U_c=\frac{U_D}{U_d} \;\Rightarrow\; \frac{(r_D, U_D)}{(r_d, U_d)}=(r_c, U_c)=\left(\frac{r_D}{r_d},\frac{U_D}{U_d}\right)$$

$U_D = U_d * U_c$

U_c

criterion of dyadic equality

$r_d \times r_c = r_D \; y \; U_d * U_c = U_D$

Thus it is observed that the division of two dyads, a dividend or area by a divisor or affine length, results in a quotient or affine length such that its primary is the quotient in R of the dividend and divisor primaries, and whose secondary is the dyadic quotient of the dividend and divisor units.

DEDUCCIÓN DE LA DIVISIÓN DIÁDICA

$$\frac{\cdot}{\cdot} // \frac{\cdot}{\cdot}$$

Con las iniciales D de dividendo, d de divisor y c de cociente, se puede escribir una multiplicación diádica cualquiera con la notación $(r_d,U_d)*(r_c,U_c)=(r_D,U_D)$, y aplicar luego el criterio general de la división, resultando el siguiente razonamiento:

$(r_D,U_D)=(r_d,U_d)*(r_c,U_c)$

(r_c,U_c)

(r_d,U_d)

$U_D=U_d*U_c$

U_c

U_d

$(r_d,U_d)*(r_c,U_c)=[(r_d\times r_c),(U_d*U_c)]=(r_D,U_D)$

← criterio de igualdad diádica → $r_d\times r_c=r_D$ y $U_d*U_c=U_D$

$$\frac{r_D}{r_d}=r_c \;\; ; \;\; U_c=\frac{U_D}{U_d} \;\;\Rightarrow\;\; \frac{(r_D,U_D)}{(r_d,U_d)}=(r_c,U_c)=\left(\frac{r_D}{r_d},\frac{U_D}{U_d}\right)$$

Se observa así que la división de dos diadas, un dividendo o área afín entre un divisor o longitud afín, da como resultado un cociente o longitud afín tal que su primario es el cociente en R de los primarios de dividendo y divisor, y cuyo secundario es el cociente diádico de las unidades de dividendo y divisor.

PROPORTIONALITY BETWEEN NON-HOMOGENEOUS DYADS

Given any three scalar dyads related by dyadic multiplication, the division between the affine area and one of the affine lengths forms a ratio of value equal to the other length.

All ratios equal to one of the affine lengths are said to form a proportion.

$$\frac{r_D}{r_d} = r_c \; ; \; U_c = \frac{U_D}{U_d} \; \Rightarrow \; \frac{(r_D, U_D)}{(r_d, U_d)} = (r_c, U_c) = \left(\frac{r_D}{r_d}, \frac{U_D}{U_d} \right)$$

It thus turns out that all dyadic ratios whose primaries are in the ratio r_c are said to be proportional. They correspond to the infinite affine rectangles in which the side coincides (r_c, U_c):

PROPORCIONALIDAD ENTRE DÍADAS NO HOMOGÉNEAS

Dadas tres díadas escalares cualesquiera relacionadas por las multiplicación diádica, la división entre el área afín y una de las longitudes afines forman una razón de valor igual a la otra longitud.

Todas las razones iguales a una de las longitudes afines se dice que forman proporción.

$$\frac{r_D}{r_d} = r_c \; ; \; U_c = \frac{U_D}{U_d} \Rightarrow \frac{(r_D, U_D)}{(r_d, U_d)} = (r_c, U_c) = \left(\frac{r_D}{r_d}, \frac{U_D}{U_d}\right)$$

Resulta así que todas las razones diádicas cuyos primarios estén en la razón r_c se dicen proporcionales. Corresponden a los infinitos rectángulos afines en los que coincida el lado (r_c, U_c):

(r_c, U_c)

DYADIC ALGEBRAIC STRUCTURE

Just as the set of real numbers is endowed with the body structure by arithmetic addition and multiplication, symbolizing such structure with the letter:

The non-arithmetic algebraic structure of dyadic sets, endowed with the above operations, can be generically symbolized with the letter:

ISOMORPHISM

The Euclidean algebra of magnitudes teaches that the operations of R and 𝒟 manifest isomorphic affinity.

La nueva Física II • Resumen de la *Primera álgebra de magnitudes*

ESTRUCTURA ALGEBRAICA DIÁDICA

Así como el conjunto de los números reales es dotado de la estructura de cuerpo por la adición y la multiplicación aritméticas, simbolizando tal estructura con la letra:

La estructura algebraica no aritmética de los conjuntos diádicos, dotados de las operaciones anteriores, puede simbolizarse genéricamente con la letra:

ISOMORFISMO

El álgebra de magnitudes euclidiana enseña que las operaciones de R y $\mathscr{D}$ manifiestan afinidad isomorfa.

157

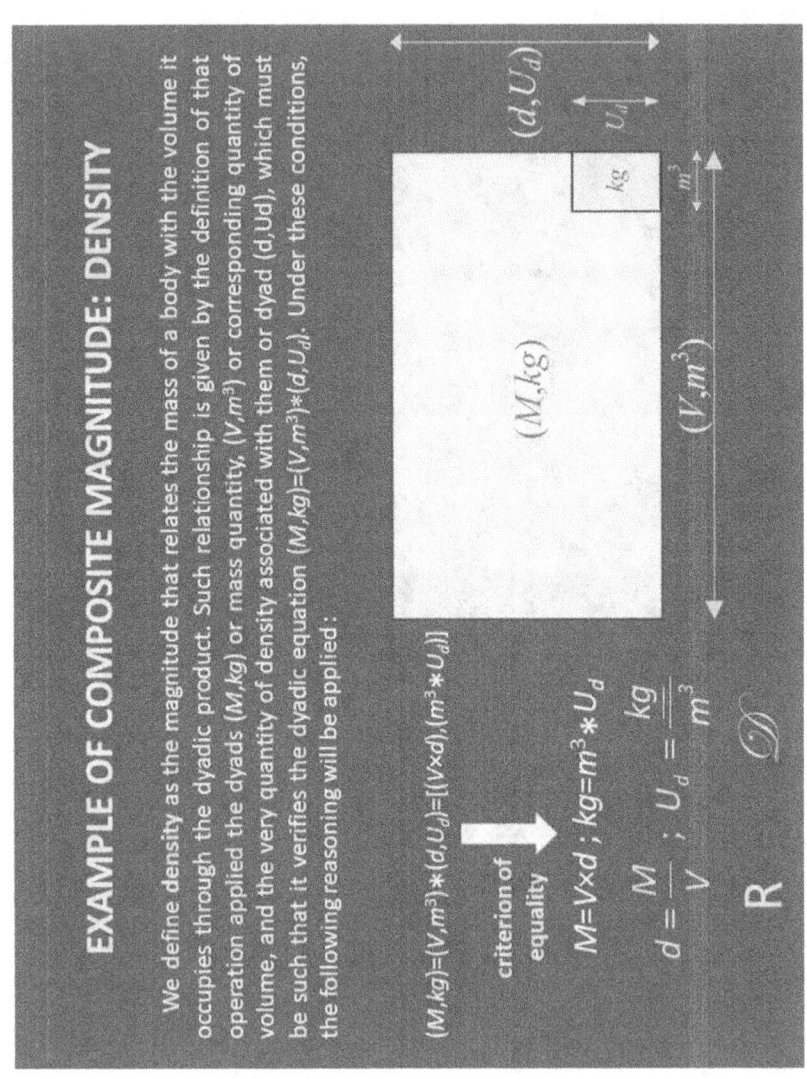

EJEMPLO DE MAGNITUD COMPUESTA: LA DENSIDAD

Definimos la densidad como la magnitud que relaciona mediante el producto diádico la masa de un cuerpo con el volumen que ocupa. Tal relación es dada por la definición de esa operación aplicada las díadas (M,kg) o cantidad de masa, (V,m^3) o cantidad de volumen que le corresponda, y la propia cantidad de densidad asociada a ellas o díada (d,U_d), que habrá de ser tal que verifique la ecuación diádica $(M,kg)=(V,m^3)*(d,U_d)$. En estas condiciones se tendrá el razonamiento siguiente:

$(M,kg)=(V,m^3)*(d,U_d)=[(V\times d),(m^3 * U_d)]$

criterio de igualdad ⟶

$M = V \times d \; ; \; kg = m^3 * U_d$

$d = \dfrac{M}{V} \; ; \; U_d = \dfrac{kg}{m^3}$

R 𝒟

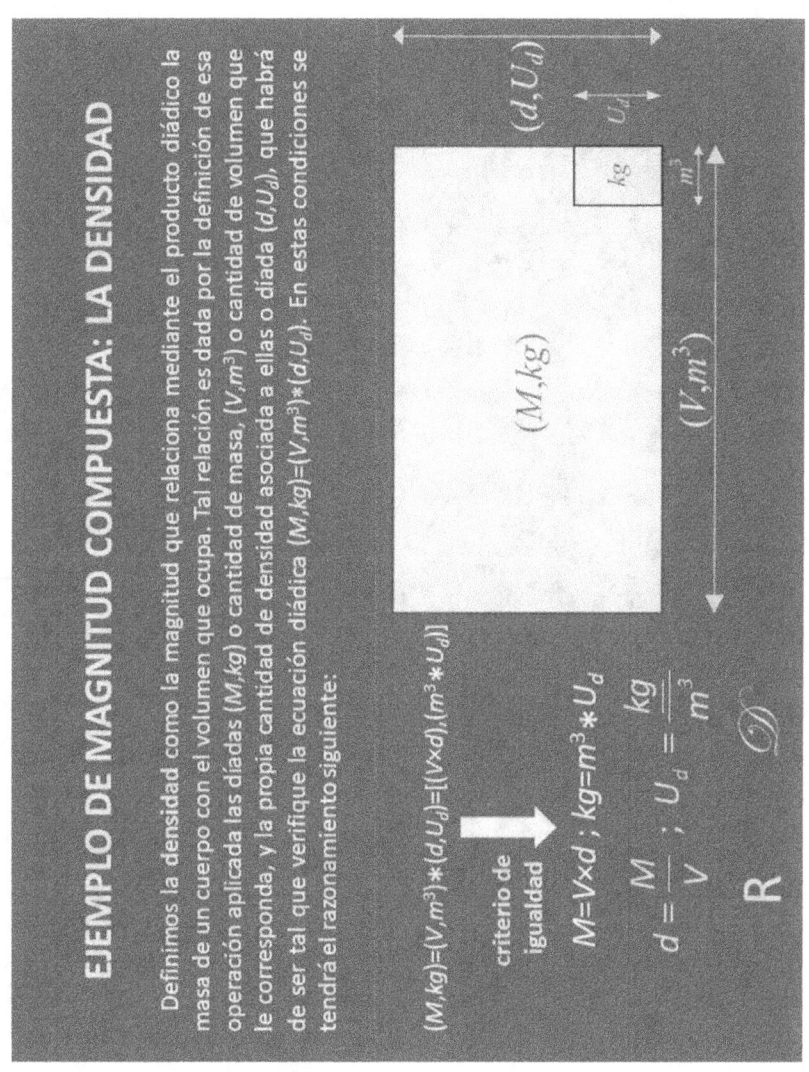

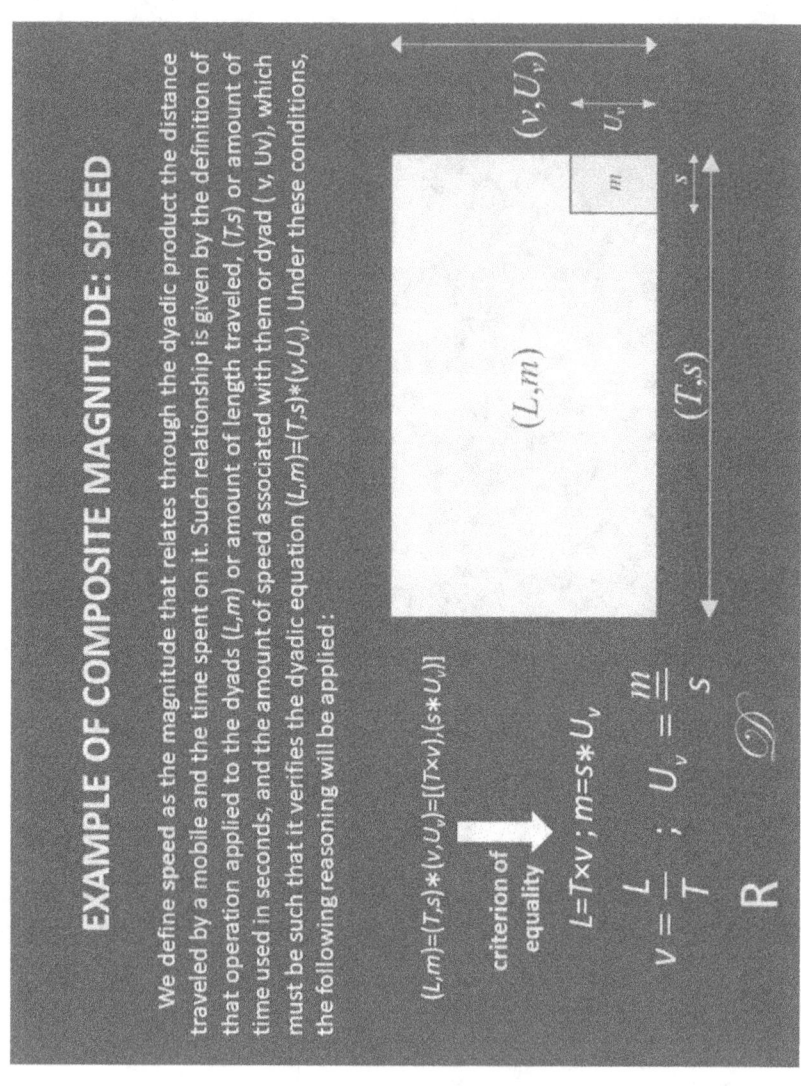

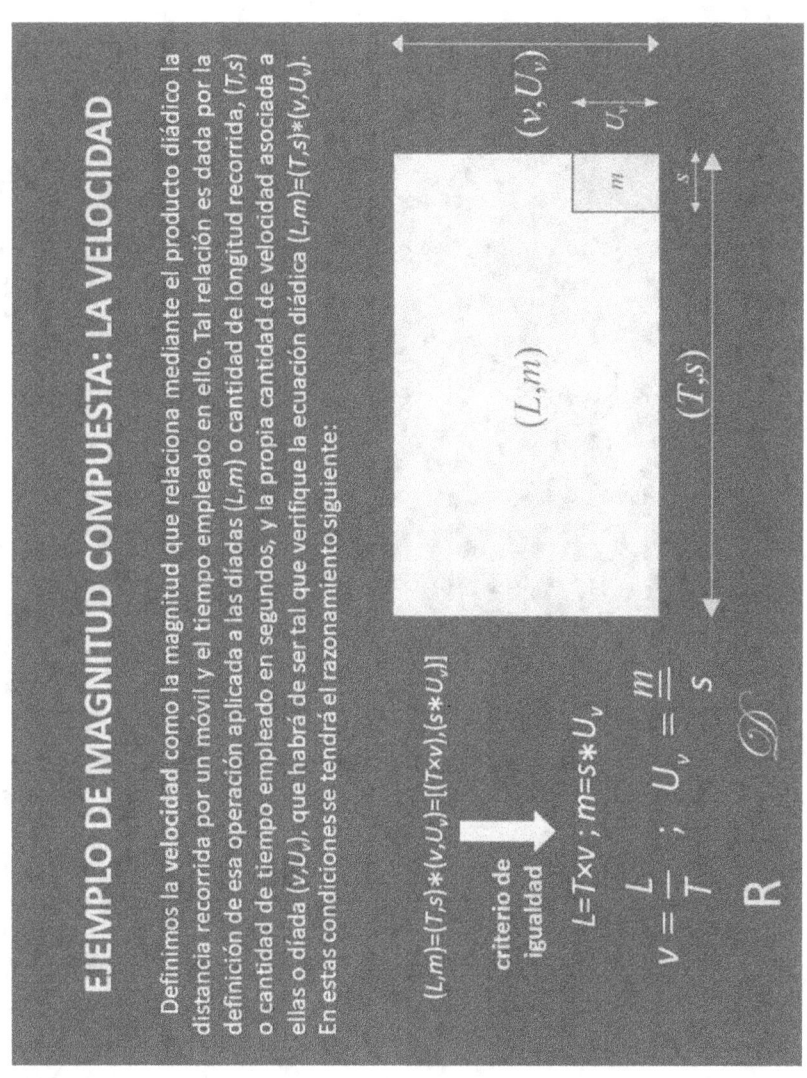

EJEMPLO DE MAGNITUD COMPUESTA: LA VELOCIDAD

Definimos la velocidad como la magnitud que relaciona mediante el producto diádico la distancia recorrida por un móvil y el tiempo empleado en ello. Tal relación es dada por la definición de esa operación aplicada a las diadas (L,m) o cantidad de longitud recorrida, (T,s) o cantidad de tiempo empleado en segundos, y la propia cantidad de velocidad asociada a ellas o díada (v,U_v), que habrá de ser tal que verifique la ecuación diádica $(L,m)=(T,s)*(v,U_v)$. En estas condiciones se tendrá el razonamiento siguiente:

$(L,m)=(T,s)*(v,U_v)=[(T\times v),(s*U_v)]$

criterio de igualdad →

$L = T\times v \; ; \; m = s * U_v$

$$v = \frac{L}{T} \; ; \; U_v = \frac{m}{s}$$

R 𝒟

The new Physics II • Summary of the First Algebra of Magnitudes

MAIN CONCLUSIONS

The conventional symbolic economy masks the omission of the algebra of magnitudes, making it almost invisible. That is why the paradox of «arithmetization» of Physics has come hidden and unsolved to this day.

But it turns out that dyadic algebra is not identical to arithmetic, as Physics mystically presupposes.

Therefore, it is a fact that Physics is trapped because of ignoring what we do when operating with magnitudes.

So it is momentous and unavoidable to implement proper physical algebras.

Type of composition law	Usual numerical algebra		Dyadic algebra	With the principle of symbolic economy
	En R y C	En R²	En $\mathscr{D}$	
Addition	+	+	⊕	+
Subtraction	−	−	⊖	−
Multiplication by a scalar	×	•	○	×
Uniform division	/ ÷	/ ÷	⫽	/ ÷
Scalar multiplication	×	×	∗	×
Scalar division			⫽	/ ÷
Mixed dyadic product			◎	×
Scalar product		•	⊙	•
Vector product		∧	⊛	×

PRINCIPALES CONCLUSIONES

La convencional economía simbólica enmascara la omisión del álgebra de magnitudes, haciéndola casi invisible.

Por eso la paradoja de «aritmetización» de la Física ha llegado oculta y sin resolverse hasta nuestros días.

Pero resulta que el álgebra diádica no es idéntica a la aritmética, como la Física presupone místicamente.

Por tanto, es un hecho que la Física está entrampada a causa de ignorar lo que hacemos al operar con magnitudes.

Así que es trascendental e inevitable implementar álgebras físicas adecuadas.

Tipo de ley de composición	Álgebra numérica usual		Álgebra diádica o física		Con el principio de economía simbólica
	En R y C	En R³	En $\mathscr{D}$		
Adición	+	+	$\oplus$		+
Sustracción	−	−	$\ominus$		−
Multiplicación por un escalar	×	·	$\circ$		×
División uniforme	/ ÷		$\cdot \!\!=\!\!$		/ ÷
Multiplicación escalar	×		$\ast$		×
División escalar			$\cdot \!\!=\!\!$		/ ÷
Producto diádico mixto			$\odot$		·
Producto escalar		·	$\odot$		·
Producto vectorial		$\wedge$	$\circledast$		×

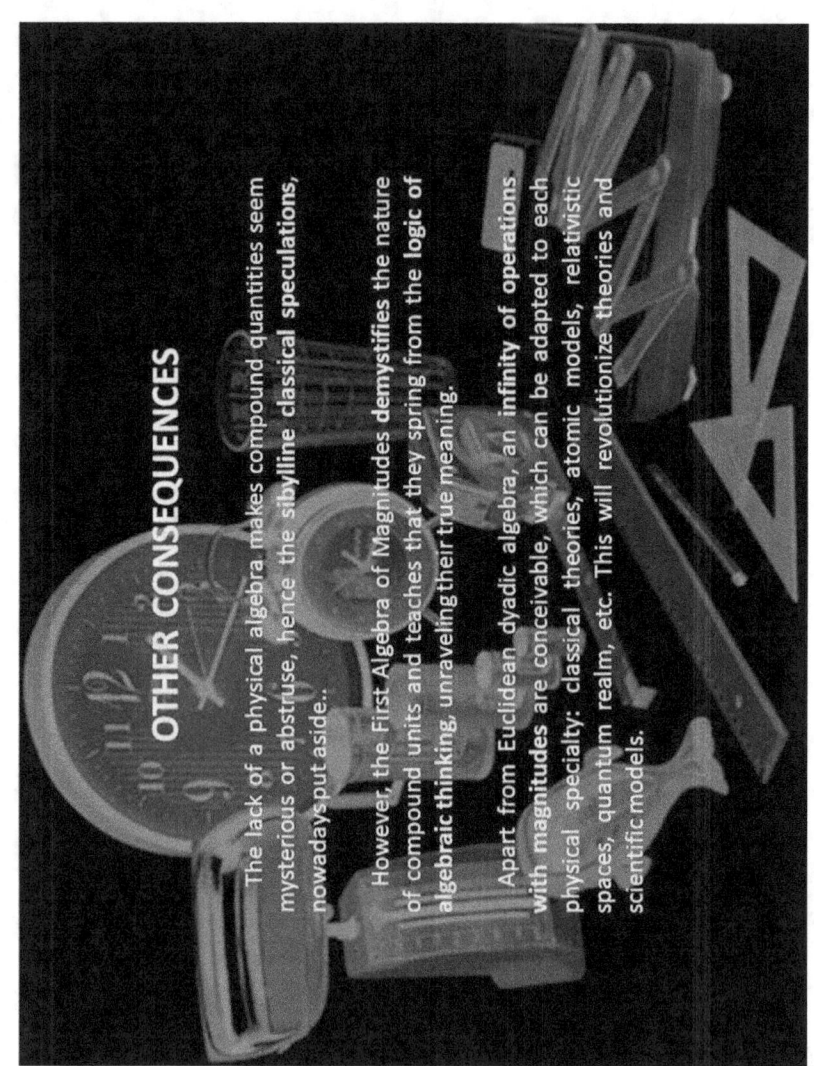

OTHER CONSEQUENCES

The lack of a physical algebra makes compound quantities seem mysterious or abstruse, hence the sibylline classical speculations, nowadays put aside.

However, the First Algebra of Magnitudes demystifies the nature of compound units and teaches that they spring from the logic of algebraic thinking, unraveling their true meaning.

Apart from Euclidean dyadic algebra, an infinity of operations with magnitudes are conceivable, which can be adapted to each physical specialty: classical theories, atomic models, relativistic spaces, quantum realm, etc. This will revolutionize theories and scientific models.

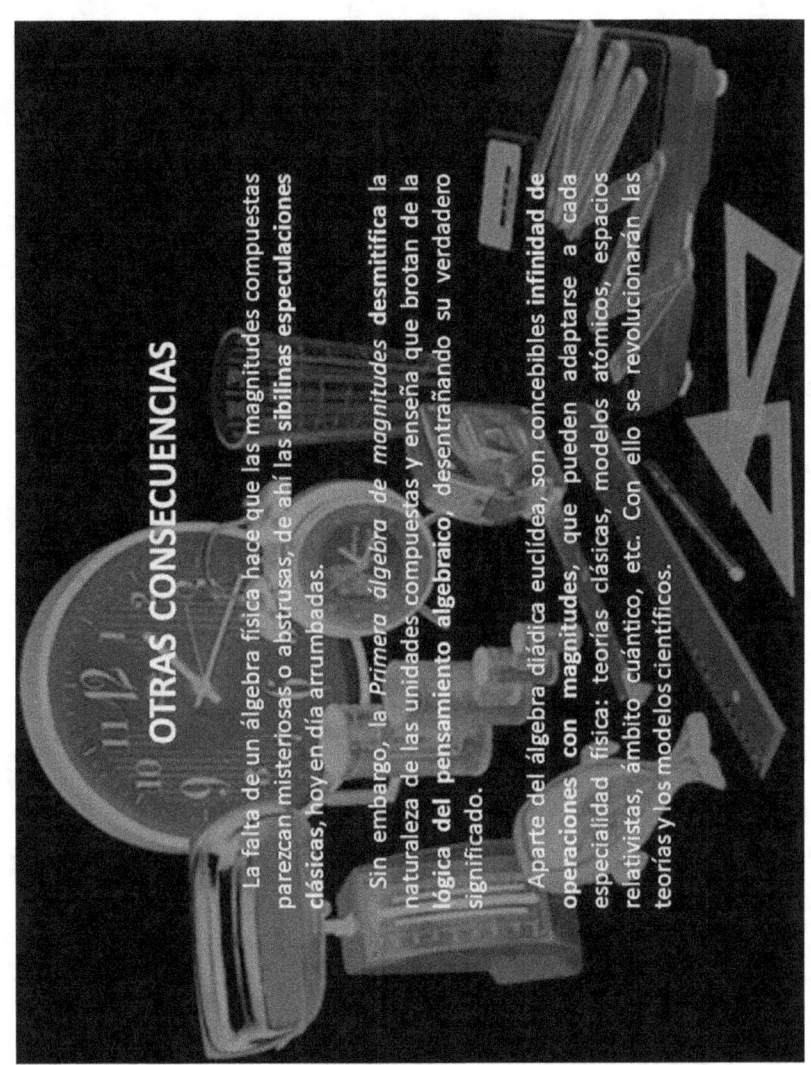

OTRAS CONSECUENCIAS

La falta de un álgebra física hace que las magnitudes compuestas parezcan misteriosas o abstrusas; de ahí las sibilinas especulaciones clásicas, hoy en día arrumbadas.

Sin embargo, la *Primera álgebra de magnitudes* desmitifica la naturaleza de las unidades compuestas y enseña que brotan de la lógica del pensamiento algebraico, desentrañando su verdadero significado.

Aparte del álgebra diádica euclídea, son concebibles infinidad de operaciones con magnitudes, que pueden adaptarse a cada especialidad física: teorías clásicas, modelos atómicos, espacios relativistas, ámbito cuántico, etc. Con ello se revolucionarán las teorías y los modelos científicos.

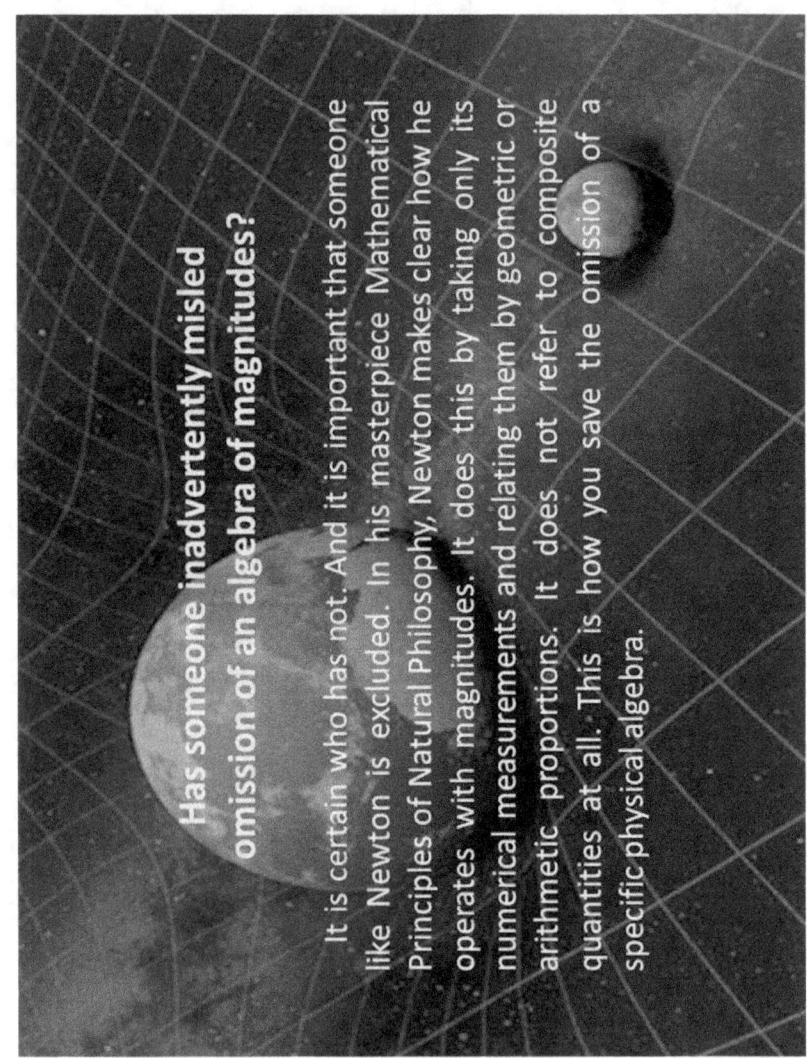

Has someone inadvertently misled omission of an algebra of magnitudes?

It is certain who has not. And it is important that someone like Newton is excluded. In his masterpiece Mathematical Principles of Natural Philosophy, Newton makes clear how he operates with magnitudes. It does this by taking only its numerical measurements and relating them by geometric or arithmetic proportions. It does not refer to composite quantities at all. This is how you save the omission of a specific physical algebra.

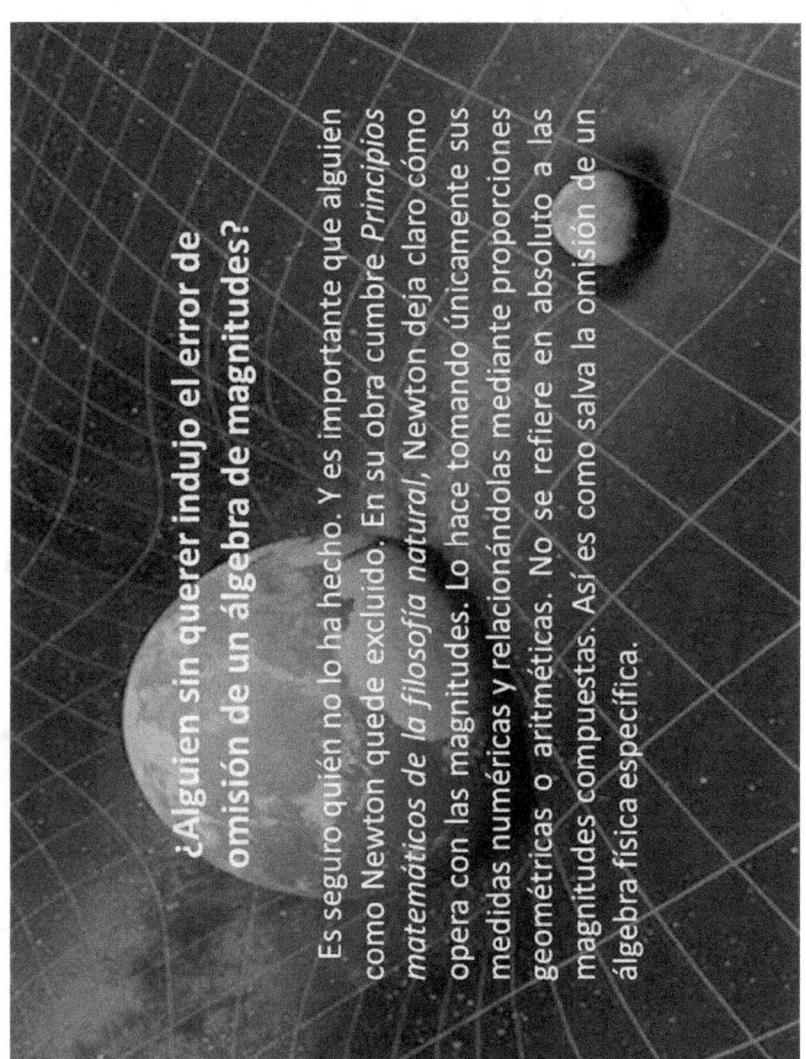

¿Alguien sin querer indujo el error de omisión de un álgebra de magnitudes?

Es seguro quién no lo ha hecho. Y es importante que alguien como Newton quede excluido. En su obra cumbre *Principios matemáticos de la filosofía natural*, Newton deja claro cómo opera con las magnitudes. Lo hace tomando únicamente sus medidas numéricas y relacionándolas mediante proporciones geométricas o aritméticas. No se refiere en absoluto a las magnitudes compuestas. Así es como salva la omisión de un álgebra física específica.

Some of Newton's definitions (1643-1727)

Principios matemáticos de la filosofía natural, Alianza Editorial (2016)

Definition One (p. 121). The amount of matter is the measure of the same originating from its density and volume together.

Definition II (p. 122). The momentum is the measure of the same obtained from the speed and the quantity of matter together.

Definition VI (p. 125). Absolute magnitude of the centripetal force is the greater or lesser measure of it according to the efficacy of the cause that expands it from a center in all directions around.

Definition VII (p. 125). The accelerative magnitude of the centripetal force is its measure proportional to the speed it generates in a given time.

Definition VIII (p. 125). The driving magnitude of the centripetal force is the measure of it proportional to the movement it generates in a given time.

La nueva Física II • Resumen de la *Primera álgebra de magnitudes*

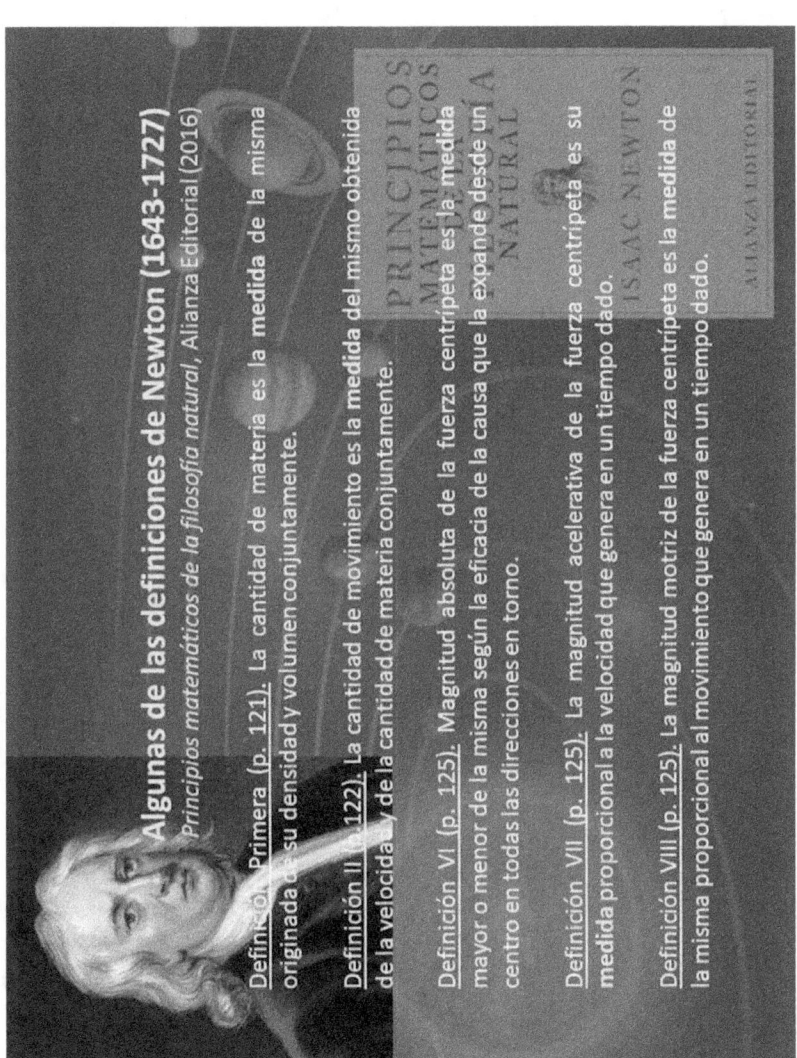

Algunas de las definiciones de Newton (1643-1727)
Principios matemáticos de la filosofía natural, Alianza Editorial (2016)

<u>Definición Primera</u> (p. 121). La cantidad de materia es la medida de la misma originada de su densidad y volumen conjuntamente.

<u>Definición II</u> (p. 122). La cantidad de movimiento es la medida del mismo obtenida de la velocidad y de la cantidad de materia conjuntamente.

<u>Definición VI</u> (p. 125). Magnitud absoluta de la fuerza centrípeta es la medida mayor o menor de la misma según la eficacia de la causa que la expande desde un centro en todas las direcciones en torno.

<u>Definición VII</u> (p. 125). La magnitud acelerativa de la fuerza centrípeta es su medida proporcional a la velocidad que genera en un tiempo dado.

<u>Definición VIII</u> (p. 125). La magnitud motriz de la fuerza centrípeta es la medida de la misma proporcional al movimiento que genera en un tiempo dado.

The new Physics II • Summary of the First Algebra of Magnitudes

Could the paradoxical vice have been infused by a convention tacit? This is how it would be for Julio Palacios

In its *Análisis dimensional* (Espasa Calpe, segunda edición, 1964, p. 37), the following can be read:

The verbal statement of the equation $F=m.a$ would be: at every material point, the measure of the amount of force acting on it is equal to the measure of the amount of mass of the point multiplied by the measure of the amount of acceleration. The pounding repetition of the underlined phrase would turn physical language into an unbearable and pedantic cantilena, which is why it is very correctly deleted, understanding that the same name serves to designate the magnitude as an abstract entity and the measures of its quantities in each particular case.

¿Podría el vicio paradójico haber sido infundido por un convencionalismo tácito? Así sería para Julio Palacios

En su *Análisis dimensional* (Espasa Calpe, segunda edición, 1964, p. 37), puede leerse lo siguiente:

El enunciado verbal de la ecuación $F=m.a$ sería: en todo punto material, la medida de la cantidad de fuerza que sobre él actúa es igual a la medida de la cantidad de masa del punto multiplicada por la medida de la cantidad de aceleración. La machacona repetición de la frase subrayada convertiría el lenguaje físico en cantilena insoportable y pedantesca, por lo que se suprime muy acertadamente, entendiéndose que un mismo nombre sirve para designar la magnitud como ente abstracto y las medidas de sus cantidades en cada caso particular.

Jean Batiste Joseph Fourier (1768-1830)
Théorie analytique de la chaleur

The mystical conventionalism that Julio Palacios speaks of was inoculated by Fourier, considered the father of dimensional analysis. The legendary Theory of Dimensions assumes that each magnitude has its own dimension and that, in order to compare the two terms of an equation, they must have the same dimensional exponents.

Thus, for example, it is said that force is mass times acceleration and, ignoring that physical magnitudes are not countable, so that they cannot assume the function of numerical multipliers, it is erroneously assumed that this multiplication is the arithmetic, so that the dimensions of the force magnitude are represented in the dimensional equation that relates the fundamental magnitudes with the following form:

$$[F] = M \times L \times T^{-2}$$

M, L y T indicate the magnitudes mass, length and time. $[F]$ symbolizes the dimensions of the compound magnitude force, defined by the exponents 1, 1 and −2 with respect to length, mass, and time. But these so-called multiplication and empowerment are meaningless, because the magnitudes are operated as if they were countable, and they are not. So to make sense of dimensional analysis it is obvious that a non-arithmetic algebra is needed.

Jean Batiste Joseph Fourier (1768-1830)
Théorie analytique de la chaleur

El místico convencionalismo de que habla Julio Palacios fue inoculado involuntariamente por Fourier, considerado el padre del análisis dimensional. La legendaria *Teoría de las dimensiones* supone que cada magnitud tiene una dimensión que le es propia y que, para poder comparar los dos términos de una ecuación han de tener los mismos exponentes de dimensiones.

Así, por ejemplo, se dice que la fuerza es masa por aceleración y, pasando por alto que las cantidades físicas no son numerables, por lo que no pueden asumir la función de multiplicadores numéricos, se supone erróneamente y sin reparos que esa multiplicación sea la aritmética, para que las dimensiones de la magnitud fuerza queden representadas en la ecuación dimensional que relaciona las magnitudes fundamentales con la forma siguiente:

$$[F] = M \times L \times T^{-2}$$

M, L y *T* indican las magnitudes masa, longitud y tiempo. [*F*] simboliza las dimensiones de la magnitud compuesta fuerza, definidas por los exponente 1, 1 y –2 respecto de la longitud, la masa y el tiempo. Pero esas pretendidas multiplicación y potenciación carecen de significado, porque se opera con las magnitudes como si fuesen numerables, y no lo son. Así que para dar sentido al análisis dimensional es obvio que se necesita un álgebra no aritmética.

The negative exponents of the equations Fourier dimensions cannot have the sense of inverses that are assumed

Dyadic multiplication and division are external laws of composition. For this reason, they lack a unit element and an inverse element. Therefore, the negative exponents of the dimensional equations cannot indicate powers of any inverse element, but rather they must mean their condition as divisors in some dyadic quotient that relates them to a certain necessary dividend.

In any case, powers cannot symbolize arithmetic, but rather dyadic or geometric multiplication.

Los exponentes negativos de las ecuaciones dimensionales de Fourier no pueden tener el sentido de inversos que se les presupone

La multiplicación y la división diádicas son leyes de composición externas. Por ello carecen de elemento unidad y de elemento inverso. Por tanto, los exponentes negativos de las ecuaciones dimensionales no es posible que indiquen potencias de ningún elemento inverso, sino que es obligado que signifiquen su condición de divisores en algún cociente diádico que los relacione con cierto dividendo necesario.

En todo caso, las potencias no pueden simbolizar las aritméticas, sino multiplicaciones diádicas o geométricas.

So it was Fourier who with his Theory of Dimensions inadvertently contaminated Physics

Newton saved the absence of an algebra of magnitudes by using only the measures to establish arithmetic or geometric proportions between them. The conventionalism described by Julio Palacios does the same. But it brings as a consequence that, thus restricting Physics to Mathematics, operations with units would lack any foundation and meaning, they would only be an auxiliary notation to compose the measures relevant to each equation, depriving the compound units of all meaning, and This cuts off Physics from the start. This being the case, if the composite units only serve to indicate how their measurements are composed and nothing else, **the composite magnitudes would not exist** and, as Giorgi stated, they would become mere arbitrary conventions without any physical meaning.

Fourier tried with the best intention to give some explanation to the compound magnitudes and invented the notion of dimensional equation and dimensions of the magnitudes, operating with them as if they were numbers. He did not realize that this required the establishment and justification of specific composition laws. But his flawed theory was not questioned and Physics got caught up in it.

Así que fue Fourier quien con su *Teoría de las dimensiones* contaminó sin querer la Física

Newton salvó la ausencia de un álgebra de magnitudes sirviéndose únicamente de las medidas para establecer entre ellas proporciones aritméticas o geométricas. El convencionalismo descrito por Julio Palacios hace lo mismo. Pero trae como consecuencia que, restringiendo así la Física a la Matemática, a las operaciones con unidades les faltaría cualquier fundamento y significado, sólo serían una notación auxiliar para componer las medidas atinentes a cada ecuación, privando de todo sentido a las unidades compuestas, y esto cercena la Física desde el principio. Siendo así, si las unidades compuestas sólo sirvieran para indicar cómo se componen sus medidas y nada más, **las magnitudes compuestas no existirían y**, como sentenció Giorgi, se convertirían en meras convenciones arbitrarias sin ningún sentido físico.

Fourier intentó con la mejor intención dar alguna explicación a las magnitudes compuestas e inventó la noción de ecuación dimensional y dimensiones de las magnitudes, operando con ellas como si fuesen números. No advirtió que para ello era preciso establecer y justificar leyes de composición específicas. Pero su defectuosa teoría no fue cuestionada y la Física se entrampó.

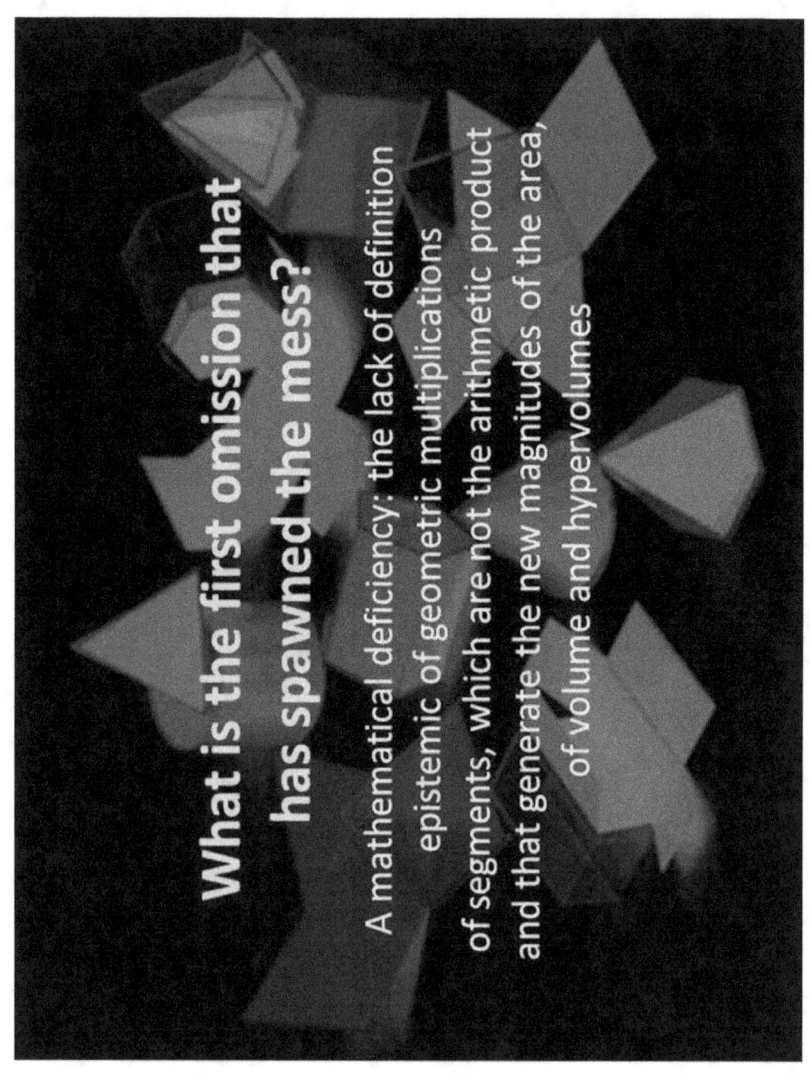

It is inexcusable to purge the Physics of this lawlessness

Not implementing physical algebras, abdicating to expand the pure mathematical horizon with them, would be absurd and erroneous. It is essential to give a precise meaning to the compound units, especially when it is already known from the First Algebra of Magnitudes that it is possible to do so and that it is very clarifying.

Es inexcusable purgar la física de este desafuero

No implementar álgebras físicas, abdicando de ampliar con ellas el horizonte matemático puro, sería absurdo y erróneo. Es indispensable dar sentido preciso a las unidades compuestas, sobre todo cuando ya se sabe por la *Primera álgebra de magnitudes* que es posible hacerlo y que resulta muy clarificador.

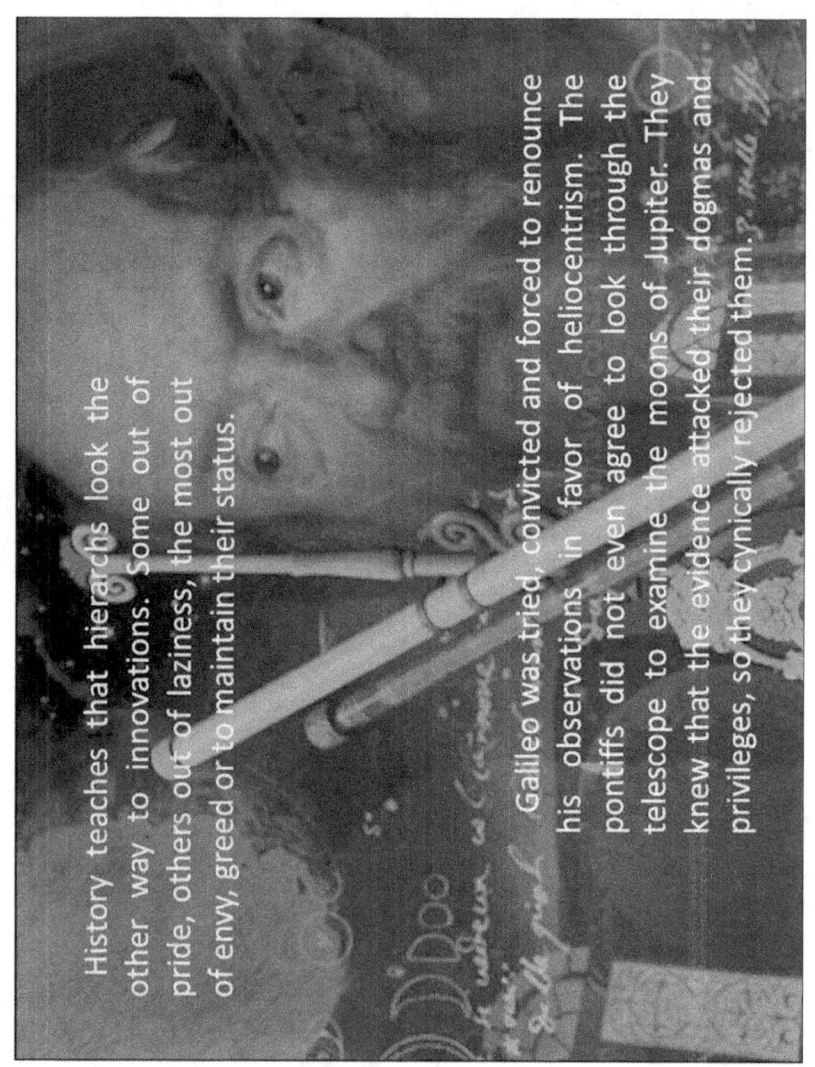

History teaches that hierarchs look the other way to innovations. Some out of pride, others out of laziness, the most out of envy, greed or to maintain their status.

Galileo was tried, convicted and forced to renounce his observations in favor of heliocentrism. The pontiffs did not even agree to look through the telescope to examine the moons of Jupiter. They knew that the evidence attacked their dogmas and privileges, so they cynically rejected them.

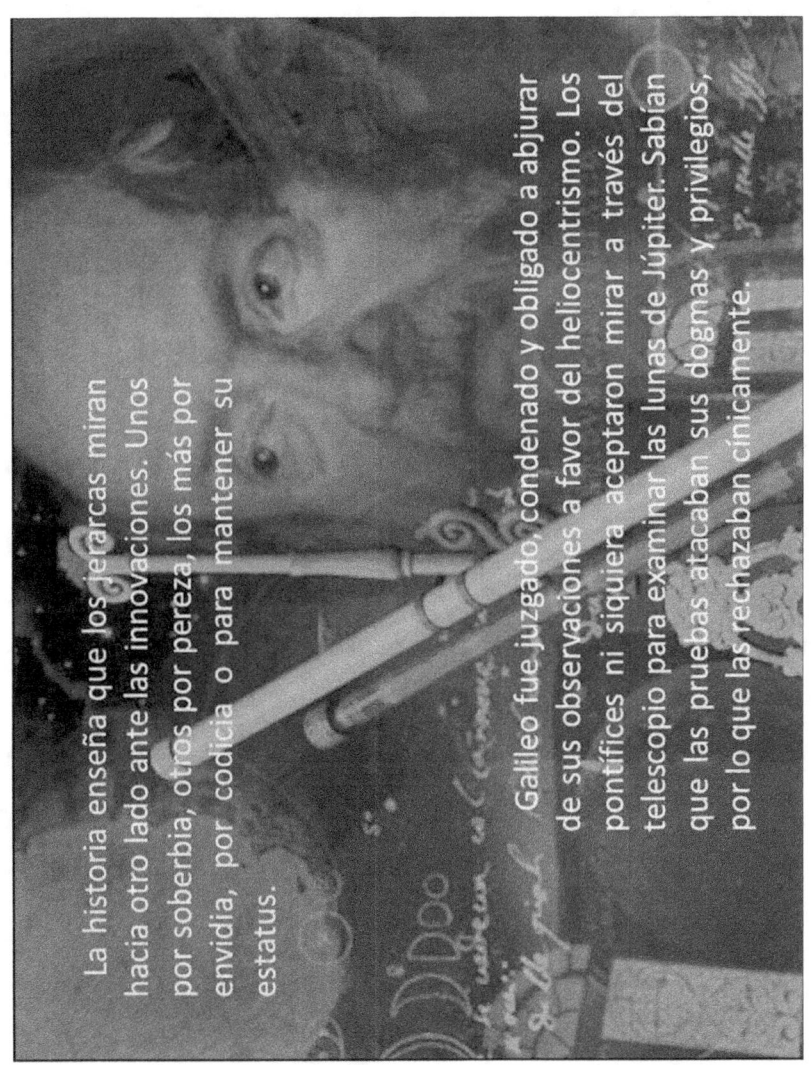

La historia enseña que los jerarcas miran hacia otro lado ante las innovaciones. Unos por soberbia, otros por pereza, los más por envidia, por codicia o para mantener su estatus.

Galileo fue juzgado, condenado y obligado a abjurar de sus observaciones a favor del heliocentrismo. Los pontífices ni siquiera aceptaron mirar a través del telescopio para examinar las lunas de Júpiter. Sabían que las pruebas atacaban sus dogmas y privilegios, por lo que las rechazaban cínicamente.

Robert Hooke, famous for his contribution to the mechanics of deformable solids, sabotaged Isaac Newton at the Royal Society and tried to hack into his Theory of Universal Gravitation.

With the death of Hooke, Edmund Halley, famous for being the first to calculate the orbit of a comet, the Halley, finally made it easier for Newton to stay at the Royal Society.

Robert Hooke, famoso por su contribución a la mecánica de los sólidos deformables, saboteó a Isaac Newton en la *Royal Society* e intentó piratearle la *Teoría de la gravitación universal*.

Muerto Hooke, Edmund Halley, célebre por ser el primero en calcular la órbita de un cometa, el Halley, facilitó finalmente a Newton su permanencia en la *Royal Society*.

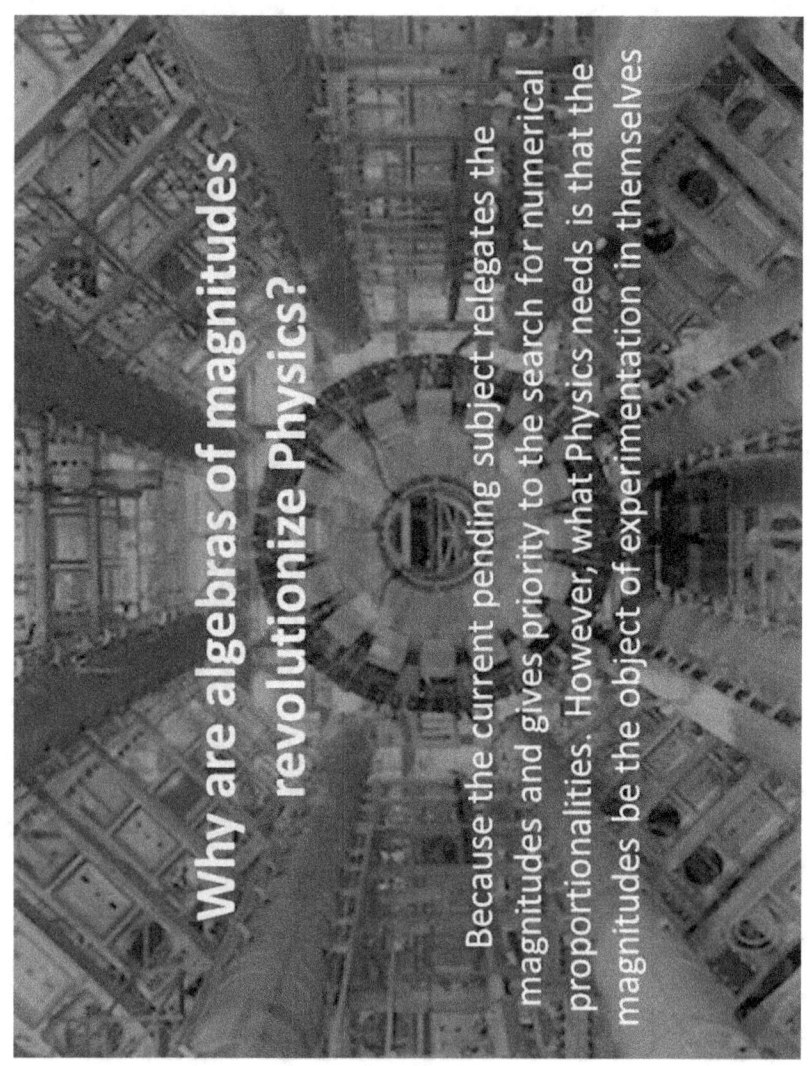

Why are algebras of magnitudes revolutionize Physics?

Because the current pending subject relegates the magnitudes and gives priority to the search for numerical proportionalities. However, what Physics needs is that the magnitudes be the object of experimentation in themselves

¿Por qué las álgebras de magnitudes revolucionarán la Física?

Porque la asignatura pendiente vigente relega las magnitudes y da prioridad a la búsqueda de proporcionalidades numéricas. Sin embargo, lo que la Física necesita es que las magnitudes sean objeto de experimentación en sí mismas

An example of prodigious innovation: THE «DYSMETRIC» SPACES

So far, without realizing it, it has been assumed that in the dyadic quantities (q, U) only the numerical primary q varies, so that the quantity of magnitude of the unit U is the same at any point in space that could be called isometric. This amounts to assuming that geometric congruence is synonymous with equality. However, there is nothing to prevent us from imagining that, for various reasons, the congruence of segments does not mean that they have the same amount of length, and that is how the **dysmetric** spaces are born from the First Algebra of Magnitudes, which will constitute an inexhaustible hotbed of physical innovations.

Un ejemplo de innovación prodigiosa: LOS ESPACIOS «DISMÉTRICOS»

Hasta aquí, sin advertirlo, se ha supuesto que en las cantidades diádicas (q,U) sólo varíe el primario numérico q, de modo que la cantidad de magnitud de la unidad U sea la misma en cualquier punto del espacio que podría llamarse isométrico. Ello equivale a suponer que la congruencia geométrica sea sinónimo de igualdad. No obstante, nada impide imaginar que, por diversas causas, la congruencia de segmentos no signifique que tengan la misma cantidad de longitud, y así nacen de la *Primera álgebra de magnitudes* los espacios «dismétricos», que constituirán un inagotable semillero de innovaciones físicas.

FIVE CAPITAL POINTS

DYAD
Algebraic element that symbolizes the uncountable quantities of magnitudes

GEOMETRIC OR NON-ARITHMETIC ALGEBRA OF SEGMENTS
Matrix of composite magnitudes

AFFINITY
The physical magnitudes seem affines to the geometric ones

ISOMORPHISM
Physical algebra is isomorphic with mathematics

«DYSMETRY»
New concept that arises from the dyads in which the secondaries are not constant at all points in space, so that the geometric congruence of the segments does not imply that they have the same amount of length

CINCO PUNTOS CAPITALES

DÍADA
Elemento algebraico que simboliza las cantidades no numerables de magnitudes

ÁLGEBRA GEOMÉTRICA O NO ARITMÉTICA DE SEGMENTOS
Matriz de las magnitudes compuestas

AFINIDAD
Las magnitudes físicas parecen afines a las geométricas

ISOMORFISMO
El álgebra física resulta isomorfa con la matemática

«DISMETRÍA»
Nuevo concepto que nace de las díadas en que los secundarios no sean constantes en todos los puntos del espacio, de modo que la congruencia geométrica de segmentos no implique que tengan la misma cantidad de longitud

Modern definitions of length and mass standards

Modern metrology tries to establish the fundamental units so that they are absolutely invariable, since it is inevitable that the physical patterns undergo accidental variations, even if they are minimal. To do this, the methodology used is to try to relate them through physical evidence.

With this desirable epistemic ambition, since 1983 the current definition for the standard meter is that it is the amount of length traveled by light in vacuum during the fraction of a second 1/299,792,458, on the basis that it seems to have been proven that the speed of light in a vacuum would be invariable and equal to 299,792,458 meters per second. With this, the meter would no longer be independent and would be related to the second through the speed of light.

In turn, the new definition of the unit of mass uses the dimensional reference of Planck's constant, setting it at $h=6.6260715\times10-34$ $kg\times m2\times s-1$. The kilogram would no longer be independent and thus, clearing it, it would be exactly defined in terms of the meter and the second in a constant and invariable way, solving the observed defect of the minimum variability of the material pattern.

Las modernas definiciones de los patrones de longitud y de masa

La metrología moderna pretende establecer las unidades fundamentales de modo que sean absolutamente invariables, dado que es inevitable que los patrones físicos experimenten variaciones accidentales, aunque sean mínimas. Para ello, la metodología empleada es intentar relacionarlos mediante constates físicas.

Con esta deseable ambición epistémica, desde 1983 la definición vigente para el metro patrón es que sea la cantidad de longitud recorrida por la luz en el vacío durante la fracción de segundo 1/299.792.458, en base a que parece haberse comprobado que la velocidad de la luz en el vacío sería invariable e igual a 299.792.458 metros por segundo. Con ello, el metro ya no sería independiente y se relacionaría con el segundo mediante la velocidad de la luz.

A su vez, la nueva definición de la unidad de masa utiliza la referencia dimensional de la constante de Planck, estableciéndola en $h=6,62607015 \times 10^{-34}$ $kg \times m^2 \times s^{-1}$. El kilogramo ya no sería independiente y así, despejándolo, quedaría exactamente definido en función del metro y del segundo de manera constante e invariable, solventando el defecto observado de la mínima variabilidad del patrón material.

Some reasonable doubts that raises the metrological methodology

The definition of the meter as a function of the speed of light requires a previous length standard to measure this speed. It seems logically incoherent that the defined pattern is part of the definition. This could be saved by referring to the time fraction 1/299,792,458, but in any case this previous invariable pattern is necessary to measure the speed of light and check its constant value in all inertial systems. So this method suffers from a circular definition flaw. In addition, length and speed are physical quantities and, therefore, they are not countable. To which must be added the «dysmetry» of space, which would make the notion of a physical constant illusory.

To establish the mass pattern as a function of the meter and the second, the kilogram must be solved in the expression $h=6,62607015\times10^{-34}\ kg\times m^2\times s^{-1}$, but the term $kg\times m^2\times s^{-1}$ results without it makes sense if an algebra of magnitudes is omitted, because without it we know that multiplication of units is missing, which is not arithmetic, and inverses like s^{-1} have no numerical meaning.

Therefore, the desirable accuracy and invariance of modern definitions of the standards of length and mass, which relate the units of length, mass, and time together, are a mere illusion, as long as a coherent algebra of magnitudes is not applied and omitted the «dysmetry» of space.

Algunas dudas razonables que suscita la metodología metrológica

La definición de metro en función de la velocidad de la luz requiere de un patrón previo de longitud para medir dicha velocidad. Parece incoherente lógicamente que el patrón definido forme parte de la definición. Esto podría salvarse haciendo referencia a la fracción de tiempo 1/299.792.458, pero en todo caso es necesario ese patrón previo invariable para medir la velocidad de la luz y comprobar su valor constante en todos los sistemas inerciales. Así que este método adolece de un defecto de definición circular. A ello se suma que la longitud y la velocidad son cantidades físicas y, por tanto, no son numerables. A lo que hay que añadir la «dismetría» del espacio, que convertiría en ilusoria la noción de constante física.

Para establecer el patrón de masa en función del metro y del segundo, debe despejarse el kilogramo en la expresión $h=6,6260715 \times 10^{-34}$ $kg \times m^2 \times s^{-1}$, pero el término $kg \times m^2 \times s^{-1}$ resulta sin sentido si se omite un álgebra de magnitudes, porque sin ella sabemos que falta la multiplicación de unidades, que no es la aritmética, y los inversos como s^{-1} no tienen significado numérico.

Por tanto, las deseables exactitud e invariancia de las modernas definiciones de los patrones de longitud y masa, que relacionan entre sí las unidades de longitud, masa y tiempo, son una mera ilusión, mientras no se aplique un álgebra de magnitudes coherente y se omita la «dismetría» del espacio.

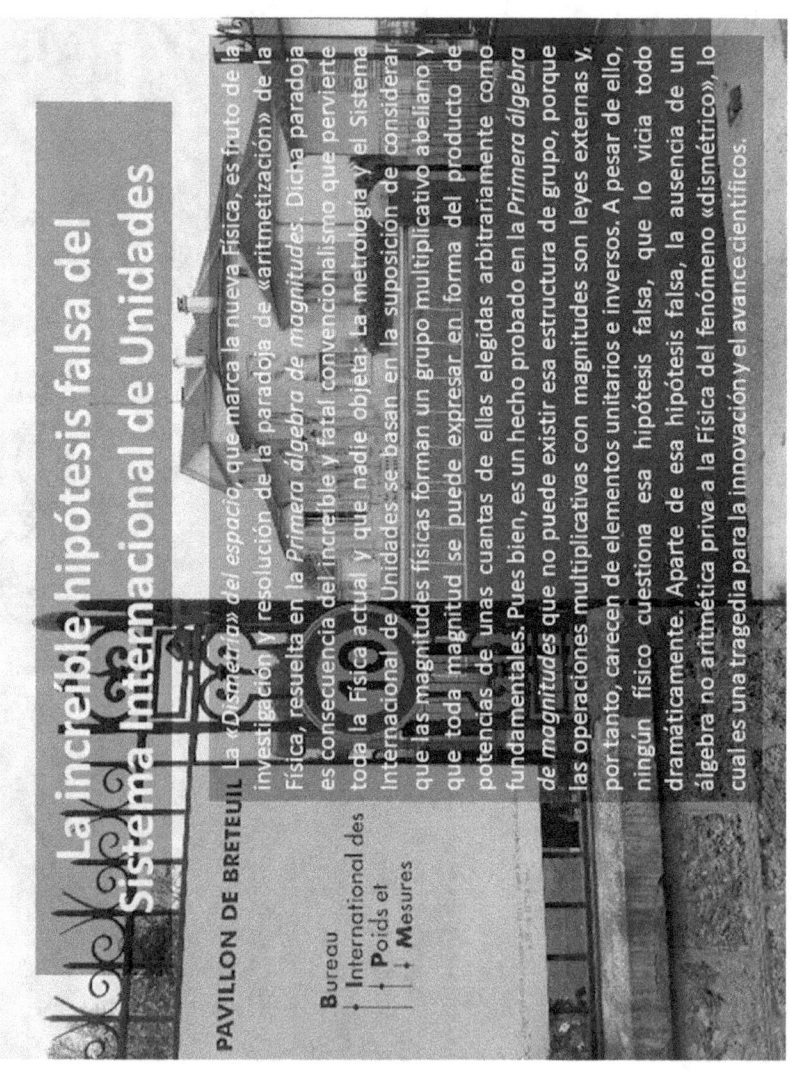

La increíble hipótesis falsa del Sistema Internacional de Unidades

PAVILLON DE BRETEUIL La «*Dismetría del espacio*», que marca la nueva Física, es fruto de la investigación y resolución de la paradoja de «aritmetización» de la Física, resuelta en la *Primera álgebra de magnitudes*. Dicha paradoja es consecuencia del increíble y fatal convencionalismo que pervierte toda la Física actual y que nadie objeta: La metrología y el Sistema Internacional de Unidades se basan en la suposición de considerar que las magnitudes físicas forman un grupo multiplicativo abeliano y que toda magnitud se puede expresar en forma del producto de potencias de unas cuantas de ellas elegidas arbitrariamente como fundamentales. Pues bien, es un hecho probado en la *Primera álgebra de magnitudes* que no puede existir esa estructura de grupo, porque las operaciones multiplicativas con magnitudes son leyes externas y, por tanto, carecen de elementos unitarios e inversos. A pesar de ello, ningún físico cuestiona esa hipótesis falsa, que lo vicia todo dramáticamente. Aparte de esa hipótesis falsa, la ausencia de un álgebra no aritmética priva a la Física del fenómeno «dismétrico», lo cual es una tragedia para la innovación y el avance científicos.

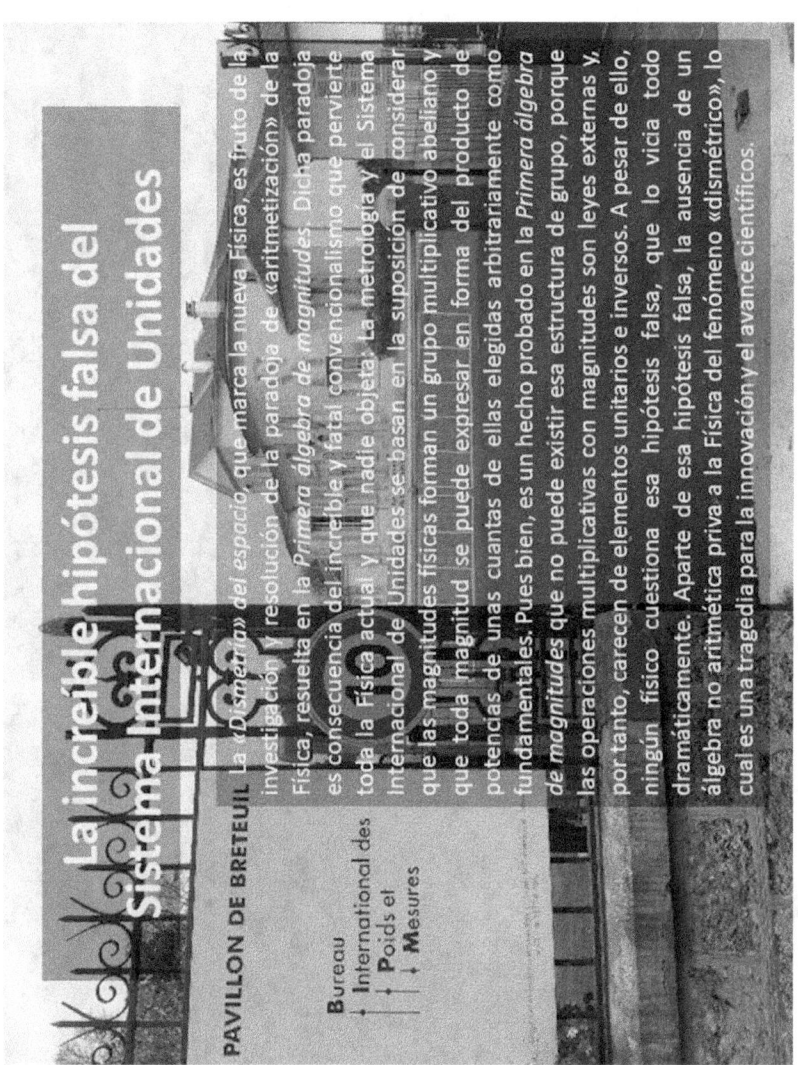

La increíble hipótesis falsa del Sistema Internacional de Unidades

La «*Dismetría*» del espacio, que marca la nueva Física, es fruto de la investigación y resolución de la paradoja de «aritmetización» de la Física, resuelta en la *Primera álgebra de magnitudes*. Dicha paradoja es consecuencia del increíble y fatal convencionalismo que pervierte toda la Física actual y que nadie objeta. La metrología y el Sistema Internacional de Unidades se basan en la suposición de considerar que las magnitudes físicas forman un grupo multiplicativo abeliano y que toda magnitud se puede expresar en forma del producto de potencias de unas cuantas de ellas elegidas arbitrariamente como fundamentales. Pues bien, es un hecho probado en la *Primera álgebra de magnitudes* que no puede existir esa estructura de grupo, porque las operaciones multiplicativas con magnitudes son leyes externas y, por tanto, carecen de elementos unitarios e inversos. A pesar de ello, ningún físico cuestiona esa hipótesis falsa, que lo vicia todo dramáticamente. Aparte de esa hipótesis falsa, la ausencia de un álgebra no aritmética priva a la Física del fenómeno «dismétrico», lo cual es una tragedia para la innovación y el avance científicos.

ἐπιστήμη
Episteme or knowing versus believing

The episteme is exact, complete, perfect knowledge, without omissions. It is the knowledge constructed methodologically and rationally. It is opposed to sophistry, to speculation, to mere imagination, to wandering with the appearance of truth.

Physics, as a scientific discipline, cannot do without the episteme. On the contrary, this is its fundamental pillar.

It offends the episteme that Physics ignores its algebra. This omission is a flagrant violation of the scientific method that the episteme cannot accept.

Science must know how to distinguish between the shadows cast by reality and reality itself, as Plato already warned in his Myth of the Cave.

Technique may be indifferent to episteme, and it is highly doubtful, but for science it is essential to obey its mandate of rigorous precision.

ἐπιστήμη

Episteme o saber frente a creer

La episteme es conocimiento exacto, completo, perfecto, sin omisiones. Es el saber construido metodológica y racionalmente. Se opone al sofisma, a la elucubración, a la mera imaginación, a la divagación con apariencia de verdad.

La Física, como disciplina científica, no puede prescindir de la episteme. Al contrario, ésta es su pilar fundamental.

Ofende a la episteme que la Física ignore su álgebra. Esta omisión es una flagrante violación del método científico que la episteme no puede aceptar.

La ciencia debe saber distinguir entre las sombras que proyecta la realidad y la propia realidad, tal como ya advirtió Platón en su *Mito de la caverna*.

Puede que a la técnica le sea indiferente la episteme, y es harto-dudoso, pero para la ciencia es imprescindible obedecer su mandato de precisión rigurosa.

The first chapter of the Physics is blank

The scientific elites, installed in their privileged watchtowers of NASA, CERN and other powerful institutions, are engrossed, engrossed in the competition to write fascinating new chapters of Physics. They are unable to look down to the basics and observe that the first chapter is unwritten.

On the other hand, the modest teachers, those of us who are not a Newton or an Einstein, can and must correct any observed defect, writing in the brains of our students that first empty chapter, so that they learn to save pending subjects like this, immunizing their minds against all kinds of epistemic gaps, and so they can, yes, become like those geniuses.

El capítulo primero de la Física está en blanco

Las élites científicas, instaladas en sus privilegiadas atalayas de la NASA, el CERN y otras poderosas instituciones, están absortas, ensimismadas por la competición de escribir nuevos y fascinantes capítulos de la Física. Son incapaces de mirar abajo, a las bases, y observar que el capítulo primero está sin escribir.

En cambio, los modestos docentes, los que no somos un Newton ni un Einstein, podemos y debemos corregir cualquier defecto observado, escribiendo en los cerebros de nuestros alumnos ese primer capítulo vacío, para que aprendan a salvar asignaturas pendientes como ésta, inmunizando sus mentes contra todo tipo de lagunas epistémicas, y así puedan, ellos sí, llegar a ser como esos genios.

The «dysmetry»

The **dysmetry** is a natural product of the algebra of magnitudes. Every physical unit represents a certain quantity of magnitude and there are only two logical possibilities: that quantity is immutable or that it is not.

Science has so far tacitly and childishly assumed that physical units are intrinsically invariable, which is the **isometric hypothesis**, forgetting the undeniable contrary logical possibility, which is «dysmetry».

Isometric simplification is an anachronism inappropriate for the current age. For this reason, sooner or later the «dysmetry» of space will prevail and revolutionize Physics with an inexhaustible torrent of creative and realistic innovations.

La «dismetría»

La «dismetría» es un producto natural del algebra de magnitudes. Toda unidad física representa una cierta cantidad de magnitud y sólo hay dos posibilidades lógicas: que esa cantidad sea inmutable o que no lo sea.

La ciencia ha supuesto tácita y puerilmente hasta ahora que las unidades físicas sean intrínsecamente invariables, que es la **hipótesis isométrica**, olvidando la innegable posibilidad lógica contraria, que es la «dismetría».

La simplificación isométrica es un anacronismo impropio de la era actual. Por ello, antes o después la «dismetría» del espacio se impondrá y revolucionará la Física con un inagotable torrente de innovaciones creativas y realistas.

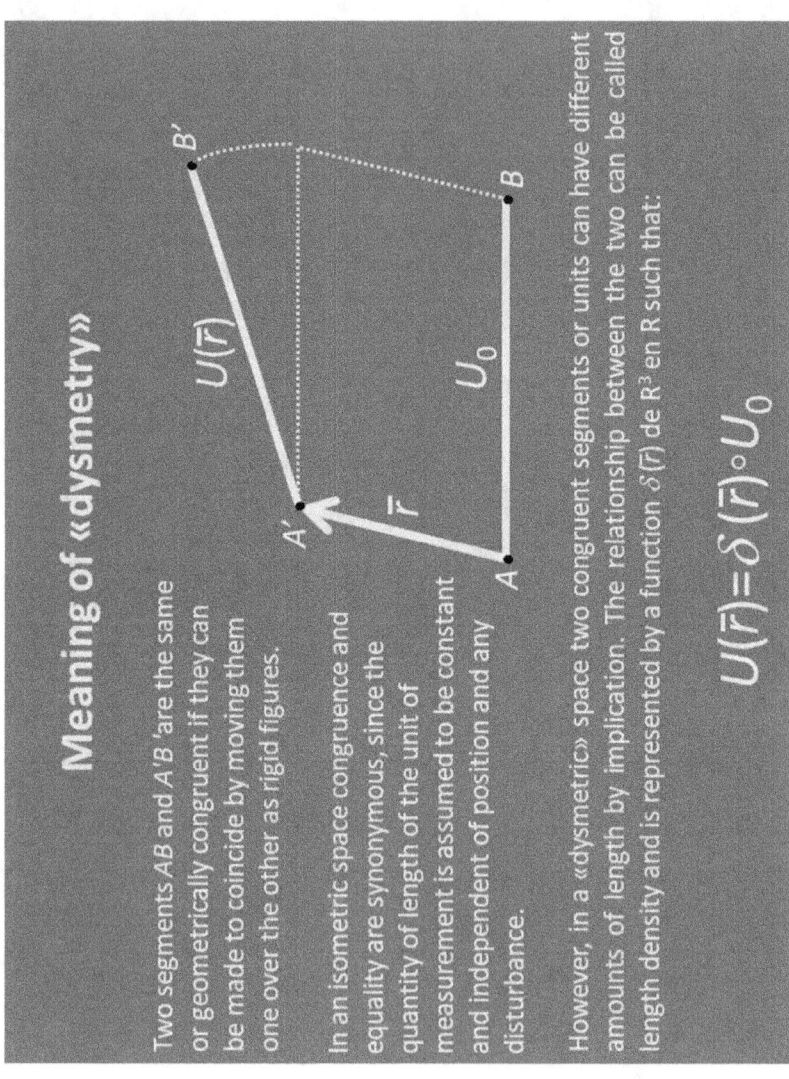

Meaning of «dysmetry»

Two segments AB and A'B' are the same or geometrically congruent if they can be made to coincide by moving them one over the other as rigid figures.

In an isometric space congruence and equality are synonymous, since the quantity of length of the unit of measurement is assumed to be constant and independent of position and any disturbance.

However, in a «dysmetric» space two congruent segments or units can have different amounts of length by implication. The relationship between the two can be called length density and is represented by a function $\delta(\overline{r})$ de R^3 en R such that:

$$U(\overline{r}) = \delta(\overline{r}) \circ U_0$$

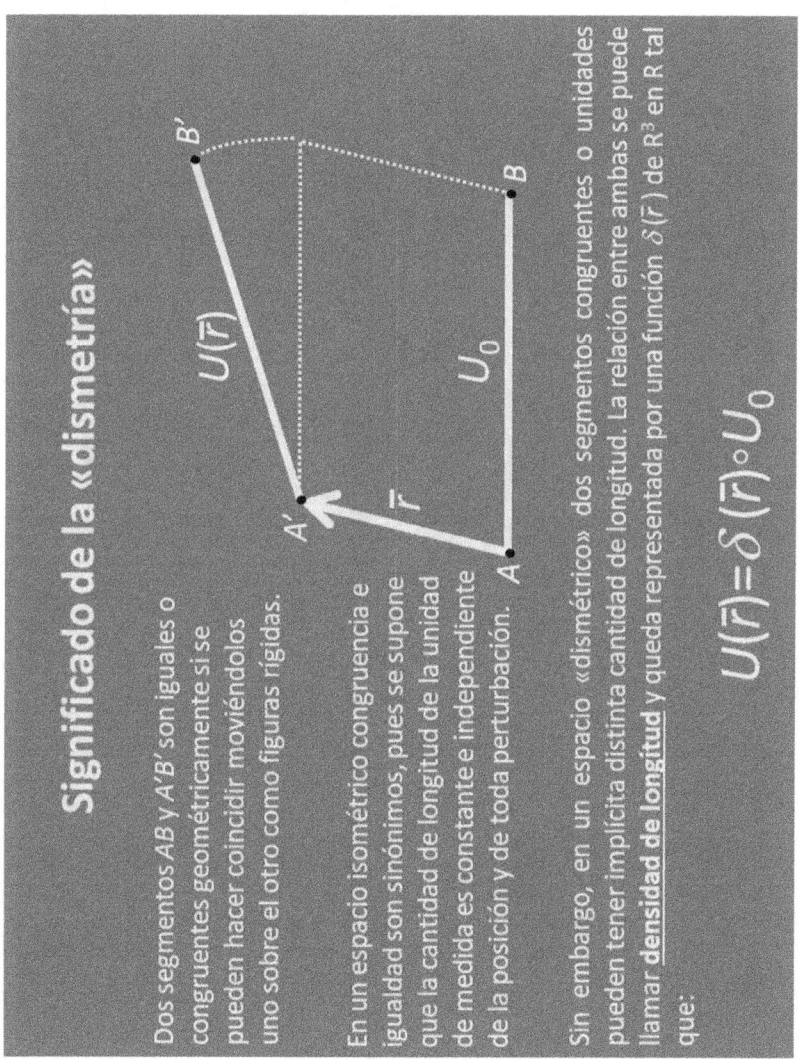

Significado de la «dismetría»

Dos segmentos AB y A'B' son iguales o congruentes geométricamente si se pueden hacer coincidir moviéndolos uno sobre el otro como figuras rígidas.

En un espacio isométrico congruencia e igualdad son sinónimos, pues se supone que la cantidad de longitud de la unidad de medida es constante e independiente de la posición y de toda perturbación.

Sin embargo, en un espacio «dismétrico» dos segmentos congruentes o unidades pueden tener implícita distinta cantidad de longitud. La relación entre ambas se puede llamar **densidad de longitud** y queda representada por una función $\delta(\vec{r})$ de R^3 en R tal que:

$$U(\vec{r}) = \delta(\vec{r}) \circ U_0$$

«Dysmetric density»

It comes naturally from the algebra of magnitudes. Classical Physics tacitly assumes that the length quantities of congruent segments are constant: **rigidity of the magnitudes**. Thus, the other logical alternative, the **flexibility of the magnitudes**, is omitted, such that the congruent segments can have different quantities of length implicit, as a function of various causes, whose dyadic ratio will determine the density of length.

Flexibility is the generic option, it is logically irrefutable and physically necessary, because it reveals an unlimited horizon of physical innovations. Taking into account the infinite natural variability, the universe must be «dysmetric» rather than isometric. Not surprisingly, isometry is a particular case of «dysmetry» in which the density of length is constant.

The **«dysmetric» density** is thus exhibited to us and, upon observing it, the «dysmetry» is indispensable for its irresistible appeal. Fortunately, it is not difficult to mathematize it, resulting in **dimensionless**:

$$\delta(\bar{r}) = U(\bar{r})/U_0 \in \mathbb{R}$$

Densidad «dismétrica»

Nace con naturalidad del álgebra de magnitudes. La Física clásica supone tácitamente que las cantidades de longitud de segmentos congruentes sea constante: **rigidez de las magnitudes**. Se omite así la otra alternativa lógica, la **flexibilidad de las magnitudes**, tal que los segmentos congruentes puedan tener implícitas distintas cantidades de longitud, en función de diversas causas, cuya razón diádica determinará la densidad de longitud.

La flexibilidad es la opción genérica, es lógicamente irrecusable y físicamente necesaria, porque revela un horizonte ilimitado de innovaciones físicas. Teniendo en cuenta la infinita variabilidad natural, el universo ha de ser «dismétrico» antes que isométrico. No en vano la isometría es una caso particular de «dismetría» en que la densidad de longitud sea constante.

La **densidad «dismétrica»** se exhibe así ante nosotros y, tras observarla, la «dismetría» resulta indispensable por su irresistible atractivo. Por suerte, no es difícil matematizarla, resultando adimensional:

$$\delta(\overline{r}) = U(\overline{r})/U_0 \in R$$

Key idea of «dysmetry»

Geometric or mathematical equality of segments established by congruence does not equal physical equality. This distinction consists of «dysmetry», so that two geometrically equal segments can be physically different if they contain implicitly different amounts of length, or two geometrically different segments can be physically equal if they contain the same amount of length.

Idea clave de la «dismetría»

La igualdad geométrica o matemática de segmentos establecida por congruencia no equivale a igualdad física. En esta distinción consiste la «dismetría», de modo que dos segmentos geométricamente iguales pueden ser físicamente distintos si contienen implícitas diferentes cantidades de longitud, o también, dos segmentos geométricamente distintos pueden resultar físicamente iguales si acogen la misma cantidad de longitud.

Effect of density of increasing length when the distance decreases to a mass

The «dysmetry» is compatible with the eclipse experiment result designed by Sir Frank Watson Dyson in 1919.

And it is clearly disruptive with physical constants in general and specifically with the hypothesis relativistic speed of light invariable, based on experiment Michelson and Morley.

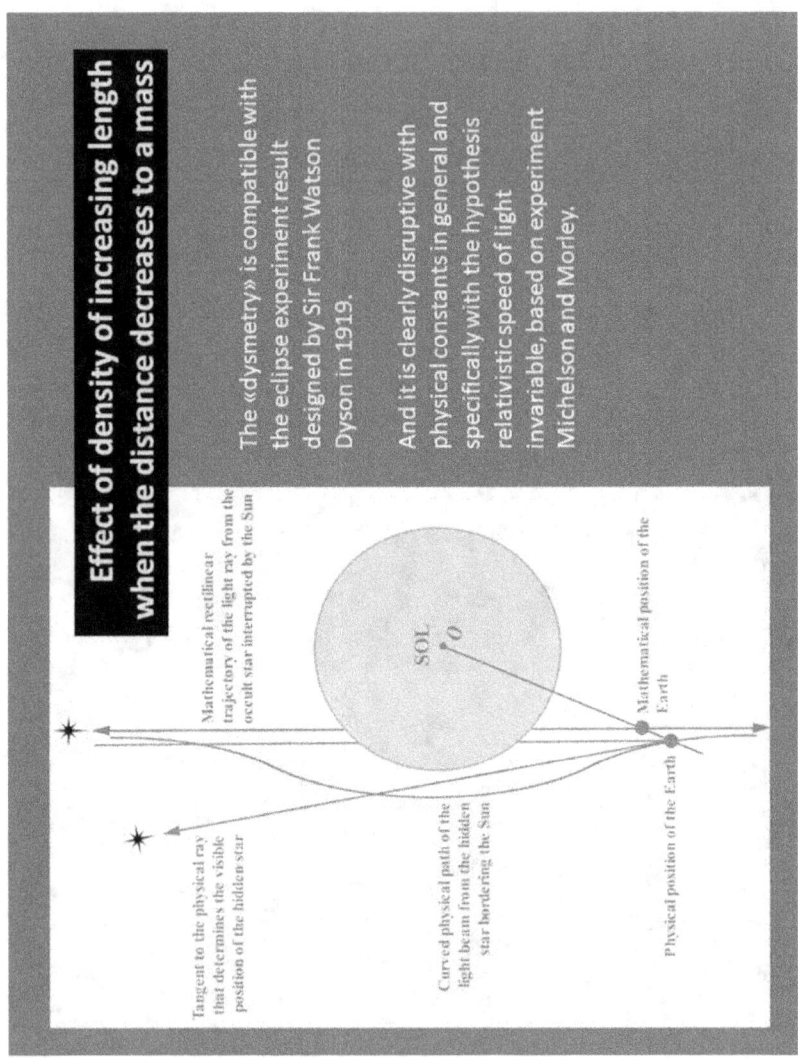

Mathematical rectilinear trajectory of the light ray from the occult star interrupted by the Sun

Tangent to the physical ray that determines the visible position of the hidden star

Curved physical path of the light beam from the hidden star bordering the Sun

Mathematical position of the Earth

Physical position of the Earth

SOL
O

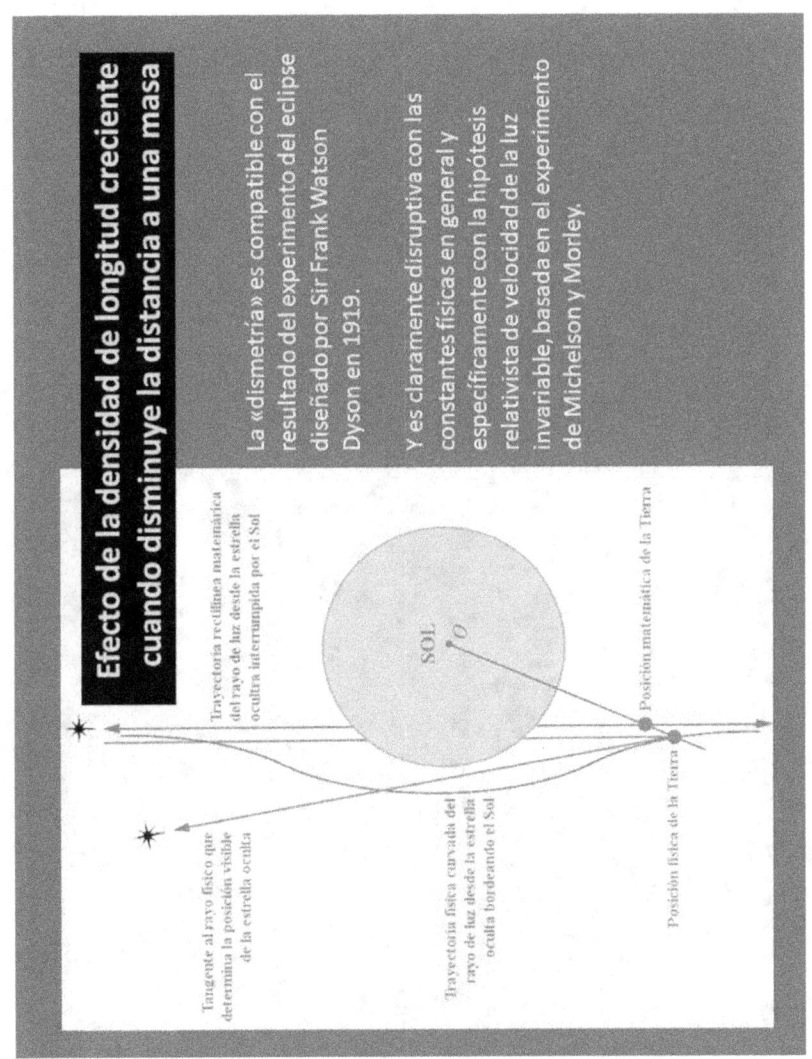

Quantity of magnitude or DYAD

(q, U)

The quantity of magnitude of a dyad depends on the value of q and the quantity implicit in the unit U. Physics has so far tacitly assumed that the quantity implicit in every unit U is invariable (isometry). With this, the other logical option has been omitted: that it should not be so, and that is what «dysmetry» consists of, which is a generic and complete system of representation. That is why «dysmetry» is unobjectionable and inalienable, because it is a complete way to represent natural phenomena.

Cantidad de magnitud o DÍADA

$$(q, U)$$

La cantidad de magnitud de una díada depende del valor de q y de la cantidad implícita en la unidad U. La Física ha supuesto tácitamente hasta ahora que la cantidad implícita en toda unidad U sea invariable (isometría). Con ello, se ha omitido la otra opción lógica: que no sea así, y en eso consiste la «dismetría», que es un sistema de representación genérico y completo. Por eso la «dismetría» es inobjetable e irrenunciable, porque es un modo completo para representar los fenómenos naturales.

Variation of the quantity of magnitude or DYAD

$$(q, U)$$

The «dysmetry» respects and reproduces the two forms of variation of any quantity of magnitude or physical dyad:

1. Because the numeric element q varies.

2. Because I change the implied quantity in the unit U.

Variación de la cantidad de magnitud o DÍADA

$$(q, U)$$

La «dismetría» respeta y reproduce las dos formas de variación de toda cantidad de magnitud o díada física:

1.ª Porque varíe el elemento numérico q.

2.ª Porque cambie la cantidad implícita en la unidad U.

The Copernican turn of «dysmetry»

Current silent isometry is based on the tacit assumption that the quantity of magnitude implicit in every unit U is constant. This is equivalent to assuming that the density of all magnitudes is invariable and equal to unity.

On the other hand, «dysmetry» allows the quantity of magnitude implicit in every U unit to vary and allows the density of every magnitude to be any.

Isometry is a rigid representation system of the properties of nature. This is the particular case of «dysmetry» with a density equal to one.

«Dysmetry» is a totally flexible representation system of natural properties. Includes Isometry.

¿Qué sistema de representación es más potente y deseable?

El giro copernicano de la «dismetría»

La silente isometría actual se basa en la hipótesis tácita de que la cantidad de magnitud implícita en toda unidad U sea constante. Equivale a suponer que la densidad de toda magnitud sea invariable e igual a la unidad.

En cambio, la «dismetría» permite que varíe la cantidad de magnitud implícita en toda unidad U y consiente que la densidad de toda magnitud pueda ser cualquiera.

La isometría es un sistema de representación rígido de las propiedades de la naturaleza. Es el caso particular de «dismetría» con densidad igual a uno.

La «dismetría» es un sistema de representación totalmente flexible de las propiedades naturales. Incluye la isometría.

¿Qué sistema de representación es más potente y deseable?

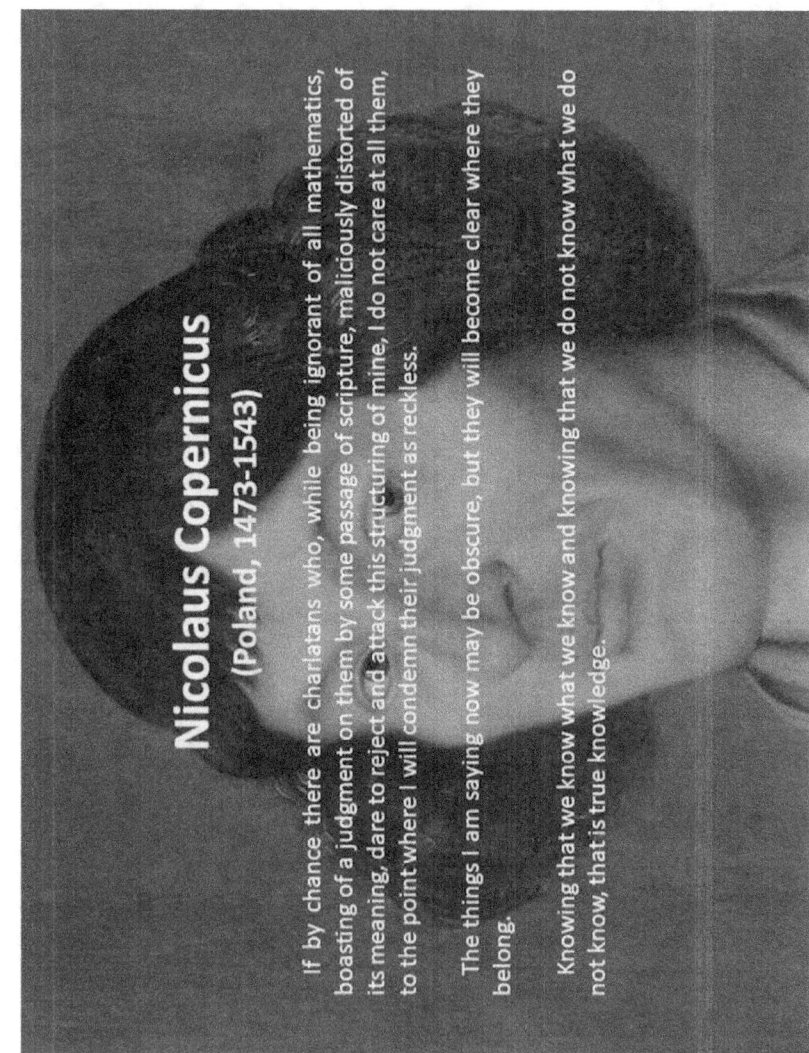

La nueva Física II • Nace la «dismetría»

Nicolás Copérnico
(Polonia, 1473-1543)

Si por casualidad hay charlatanes que, aún siendo ignorantes de todas las matemáticas, presumiendo de un juicio sobre ellas por algún pasaje de las escrituras, malignamente distorsionado de su sentido, se atrevieran a rechazar y atacar esta estructuración mía, no hago en absoluto caso de ellos, hasta el punto de que condenaré su juicio como temerario.

Es posible que las cosas que estoy diciendo ahora sean oscuras, pero se aclararán en el lugar que les corresponde.

Saber que sabemos lo que sabemos y saber que no sabemos lo que no sabemos, ése es el verdadero conocimiento.

René Thom: «Science is stuck»
(France, 1923-2002, medal *Fields* in 1958)

Our parents and grandparents experienced more changes than we did. Between 1880 and 1940 his life was concretely modified by the appearance of electricity, radio, telephone, motor, automobile, airplane, and antibiotics. Since then we have made quantitative progress, but no qualitative progress of a similar extent. Since 1940 the real innovation has been the atomic bomb. The developments in information technology have been important, but more for communities and companies than for individuals. In medicine, technical progress since antibiotics has not been revolutionary at all; genetic manipulations are only useful, in human clinic, for rare diseases. In short, after childhood, our life expectancy does not increase.

This brake on «lived progress» has only one explanation: the exhaustion of theories. No major theoretical progress has been made in Physics since quantum mechanics in the 1920s. In astrophysics, the Bing Bang is little more than a hypothesis.

In the history of science, what has made it possible to formulate physical laws is the prior invention of concepts. Since the seventeenth century, modern science has only been possible to the extent that theoretical progress has preceded experimentation. The great scientific advances have not been due to the discovery of new facts, but have emerged as a new way of thinking and formulating known facts. Today the opposite is happening: the computer merchants drive the world of research in search of more and more experiences and data collection, towards observation without reflection. Modern science suffocates, because the sages call true what is only a set of technical successes.

René Thom: «La ciencia está atascada»
(Francia, 1923-2002, medalla *Fields* en 1958)

Nuestros padres y nuestros abuelos conocieron más cambios que nosotros. Entre 1880 y 1940 su vida fue concretamente modificada por la aparición de la electricidad, la radio, el teléfono, el motor, el automóvil, el avión y los antibióticos. Desde entonces hemos realizado progresos cuantitativos, pero ninguno cualitativo de una amplitud semejante. Desde 1940 la verdadera innovación ha sido la bomba atómica. Los desarrollos de la informática han sido importantes, pero más para las colectividades y empresas que para los individuos. En medicina, los progresos técnicos, desde los antibióticos, no han tenido nada de revolucionarios; las manipulaciones genéticas sólo sirven, en clínica humana, para enfermedades raras. En resumen, pasada la infancia, nuestra esperanza de vida no aumenta.

Ese freno del «progreso vivido» tiene una sola explicación: el agotamiento de las teorías. Ningún progreso teórico capital se ha realizado en Física desde la mecánica cuántica de los años veinte. En astrofísica, el *Bing Bang* es poco más que una hipótesis.

En la historia de las ciencias, lo que ha permitido formular las leyes físicas es la invención previa de los conceptos. Desde el siglo XVII, la ciencia moderna sólo ha sido posible en la medida en que el progreso teórico ha precedido a la experimentación. Los grandes avances científicos no se han debido al descubrimiento de nuevos hechos, sino que han surgido como una nueva manera de pensar y formular hechos conocidos. Hoy se produce lo contrario: los mercaderes de la informática impulsan el mundo de la investigación a la búsqueda de cada vez más experiencias y recogida de datos, hacia la observación sin reflexión. La ciencia moderna se asfixia, porque los sabios llaman verdad a lo que sólo es un conjunto de éxitos técnicos.

The «dysmetry» is unobjectionable

Physics is dreaming in the comfort of the silent and precarious isometry. And you haven't woken up yet.

Fortunately, the «dysmetry» is unstoppable: Physics more before later he will wake up and embrace her, it is inevitable. Thus, powerful innovative theories will emerge, that will soon lead to the longed-for Theory of Everything.

How will you do it? Discovering density functions for the various quantities that describe the differences phenomena between the different physical realms.

La «dismetría» es inobjetable

La Física está soñando en la comodidad de la silente y precaria isometría. Y aún no se ha despertado.

Por suerte la «dismetría» es imparable: la Física más antes que después se espabilará y la abrazará, es inevitable. Así emergerán poderosas teorías innovadoras, que pronto conducirán a la anhelada *Teoría de todo*.

¿Cómo lo conseguirá? Descubriendo funciones de densidad para las diversas magnitudes que describan las diferencias fenoménicas entre los distintos ámbitos físicos.

Section XXXI

HOW TO MATHEMATIZE THE «DYSMETRY» OF MAGNITUDES

Culmination of the First Algebra of Magnitudes and inexhaustible hotbed of physical innovations

We know that the fundamental elements of Physics are the quantities of magnitudes, whose representation is established by means of dyads with the form (μ, U), where the primary call μ represents the measure of the quantity of magnitude resulting from comparing it with the unit U or secondary. The affinity postulate allows any quantity of magnitude to be represented by a segment in which the unit of length associated with U is arbitrarily adopted.

The traditional way of classifying quantities is based on the mathematical nature of the primary μ, concluding that they can be scalars, vector or tensorial depending on whether μ is a real number, a vector or a tensor. However, Physics tacitly assumes that the units adopted in any measurement are invariant, that is, that they do not depend on the position in space or on any other agent that can act in it. Thus, the measurement would consist of comparing a certain quantity of the measured magnitude with a certain standard unit and the dyad thus formed would analytically represent the measurement carried out. However, the assumption that the units always contain the same quantity omits consideration of another plausible variant, which could be more realistic: the units could include different quantities of a certain magnitude due to various causes. To understand us, the traditional hypothesis of units with constant quantities could be called **isometry**, and the opposite general variant **«dysmetry»**.

To focus ideas, and given the affinity postulate, let's focus on the geometric segments. The geometric equality of segments is established by **congruence**, so that two segments that are congruent or, in vulgar terms, that can be superimposed, are assumed equal and silently admitted to be the same quantity of length. These would be the isometric conditions that have always been considered inconclusive. But this vulgar and puerile hypothesis admits the generalization that arises naturally from the concept of dyad (μ,U), since in these elements the unit U does not have to contain the same quantity of length in any circumstance. On the contrary, at least from a logical point of view, the idea that this is not the case, that it is «dysmetry», is very understandable.

The variation of the quantities of magnitude implicit in the same unit entails a very transcendent consequence: that **the geometric congruence of segments is not synonymous with equality**, but rather that two congruent segments can have different quantities of length as a result of different causes of a physical nature. not mathematical or axiomatic. With this, the equality of two dyads of the same magnitude does not have to refer to the mere congruence of their affine segments, but to the equality of the quantities of magnitude implicit in them.

On the other hand, the measurement in a «dysmetric» space will consist of counting the number of congruent segments that fit in a certain length and this would be the **mathematical measure** by congruence; while the **physical measure**, which would determine the natural properties, would be established by the total quantity of length of those segments that, although congruent, would not be equal, as in an isometric space; and so it would be that the «dysmetric» measure does not have to be the same as the isometric. The «dysmetry» opens up an infinity of possibilities for new physical spaces, which is why it must constitute an inexhaustible hotbed of scientific innovations.

The omission of this transcendent observation has been caused by the traditional and simple «arithmetization» of Physics, forgetting that this science not only handles mathematical elements, such as real numbers, vectors or tensors, but also composes dyadic entities, which can vary not only because the primary ones do it, but also the secondary ones. This simple approach to tradition has been initially taken up with humility and self-denial in this investigation, described in the First Algebra of Magnitudes, which has limited itself to exposing, developing and solving the **paradox of «arithmetization» of Physics** by means of a dyadic algebra or not arithmetic, assuming in this first phase that the physical units are invariant or, what is the same, that the physical space is isometric. But, once this dyadic algebra has been accurately described, it is impossible to escape the temptation to postulate that the dyadic secondaries are not constant, a fact that is logically essential and that Physics has always ignored and cannot ignore now. However, fortunately the dyadic algebra presented here is easily generalizable to «dysmetric» spaces without more than putting into play the **density functions δ** that will be defined next.

So it is inevitable to culminate this work with an introduction to «dysmetric» spaces, which will be the subject of future and more complete research and publications. Let's start with a simple didactic formulation:

Imagine a magnitude such that, given its unit U_o in a vacuum, it is affected by the influence of a mass M, so that in the neighborhood of any point in the space $P \in E^3$, E^3 being the ordinary affine point space, positioned by the vector with respect to the point mass, the unit in P, designated $U(P)$ or $U(\overline{r})$, congruent with U_o, contains implicitly a certain quantity of magnitude determined by a certain function $\delta(M, \overline{r})$ of $R \times E^3$ in R, such that $U(P) = \delta(M, \overline{r}) \circ U_o$, so that en $\overline{r} = \overline{o}$ let $\delta(M, \overline{o}) = 0$ and with tending to infinity let $\delta(M, \overline{r}) = 1$, where r is the modulus of. A magnitude like this, to understand us, could be said to be elastic; at a point far enough from the mass, it would act as in a vacuum, but in the environment of the mass it would be as if it were emptied of quantity. Note that the multiplication «$\circ$» is the one in section IX of the First Algebra of Magnitudes or product of a magnitude and a scalar, briefly described on page 124 here.

The «dysmetry» is manifested as well as the phenomenon that congruent segments appear to have different **density of length**. This concept would clash with the ordinary notion of density; but that in this type of space it acquires specific meaning. In **«dysmetric» spaces** the density of length would not be constant and the variation could be indicated by functions of the type δ, hence this Greek letter has been chosen to distinguish them. And nothing prevents us from suspecting that magnitudes of this nature could be length, mass, time or others such as temperature, electric charge, electromagnetic fields, and other physical magnitudes; hence the brand new innovation announced by these structures.

What characterizes «dysmetric» spaces is that, given a dyadic form (μ,U) indicative of the measurement of any magnitude, the **«dysmetric» equality criterion** would depart from the ordinary one, since two dyads could be equal with different μ measures even though the units are congruent, unlike what happens in isometry. Indeed, given two dyads (μ_1,U_1) and (μ_2,U_2), where $\delta_1 \circ U_0$ and $\delta_2 \circ U_0$ are the quantities implicit in two congruent units U_1 and U_2 and U_0 the reference standard to establish the «dismetric» density δ, the equality $(\mu_1,U_1)=(\mu_2,U_2)$ requires by dyadic algebra that $U_1=(\mu_2/\mu_1)\circ U_2$. In turn, the ratio of the congruent segments $U_1 /\!/ U_2$ would have to be δ_1/δ_2, and thus it turns out that $\delta_1/\delta_2 = \mu_2/\mu_1$. On the other hand, in isometry, since U_1 and U_2 are congruent, as the «dysmetric» density δ is always unity, it would have that $U_1 /\!/ U_2 = 1$, and thus it would result $\mu_2/\mu_1 = 1$, with $\mu_2 = \mu_1$, concluding that it is impossible that congruent segments can produce different µ measures. Isometry is, therefore, a particular case of «asymmetry», when $\delta=1$ in any case.

The previous hypothesis that the masses are the cause of the physical «dysmetry», so that the dyadic secondaries vary at each point in space while maintaining their congruence, which would mean that this space, which we could call mathematical or abstract, would remain unchanged, It can be contrasted with another hypothesis that attributes the «dysmetry» to empty space itself. Under these conditions the length or «dysmetric» density of the congruent segments could be represented by a function $\overline{\delta(r)}$ of E^n in R, where the Euclidean space has been generalized to n dimensions, such that $U(P) = \overline{\delta(r)} \circ U_0$, where U_0 could represent the unit of magnitude at the origin of coordinates or any other certain point.

Under these conditions, the algebra of magnitudes seems to bet on a different principle of relativity than the established one, since relativity here would consist of the positional difference of the quantities of magnitudes in a mathematical space that maintains congruence in any case.

Another warning that the algebra of magnitudes gives us is the possible incorrectness of certain myths such as the constancy of the speed of light in all inertial systems, established on the basis of the «arithmetization» of Physics, which only considers the possible invariance of certain measurements, but tacitly or expressly admitting that the various units used in the measurement remain unchanged in any physical environment. And precisely this assumption has a good chance of not being true. This would occur in a «dysmetric» universe in which the quantities of congruent unit magnitudes are influenced by acting fields or position, as outlined in the preceding assumptions.

The algebra of magnitudes shows that the quantities of physical magnitudes are not reduced to a simple arithmetic number, which indicates the measure in relation to a certain unit, but must be described with physical dyads in which the second element is the corresponding unit. Therefore, physical environments could be found in which, the measurement being constant, what varies is the unit or second dyadic element, which would indicate variation in the quantity of magnitude described by the dyad.

Obviously, as with the speed of light, all physical constants are exposed to the risk of not being invariant, so the algebra of magnitudes could be warning us that the current physical constants do not reflect true invariant properties of the material world. And well thought, since physical measurements are made in a very small human environment of space, it is natural that some may seem invariable, but this observation does not guarantee at all that even the arithmetic part of such dyads will not remain constant in all spatial position. So the current claim of the International System of Units to refer the patterns to physical constants, seeking their invariance, could well be a chimerical aspiration, as the logic of the algebra of magnitudes shows without great difficulty.

This opens a new debate, very similar to the one that once pitted geocentrism against heliocentrism with dramatic noise. Now the algebra of magnitudes seems to be opposed to Einsteinian relativism, offering his innovative thesis that the mathematical or abstract space maintains its congruence and rigidity, the classical hypothesis, and that relativity consists of the variation by multiple causes of the congruent dyadic secondaries, according to to the «dysmetric» density functions δ, such that each magnitude can have its own, inevitably engaging us in the investigation of its different possible forms.

In short, up to now Physics, having «arithmetized», has only paid attention to the dyadic primaries, assuming that the units are imperturbable. On the contrary, the great contribution of the algebra of magnitudes is to direct the investigations to the secondary ones, warning that **mathematical congruence** does not have to be synonymous with **physical equality**, which would entail variations of the geometrically congruent units in the material space.

Recapitulating, in the process of measuring a length and, by affinity, of any magnitude, what you do is count the number of congruent segments that fit between two points whose distance you want to establish. Thus, a real number q is obtained that indicates the distance, understood as the number of times that the unit of measurement U comprises. In an isometric space the dyad resulting from the measurement (q,U) will indicate the quantity of length of the distance as multiple of that implicit in the unit U, which is tacitly assumed to be invariant or constant at all points in space; but in a «dysmetryc» one it would not be so, because each segment congruent with the standard unit U will have a different quantity of length depending on its spatial position. In other words, the classical measurement procedure conceals a hidden hypothesis, which is the assumption that the congruence of segments is equivalent to the equality of length quantities, and thus limits itself to establishing the number of segments congruent with the standard unit, but nothing is indicated about the true physical quantity of the measured magnitude.

Therefore, it is imperative to consider the «dysmetry», hitherto illogically ignored, and admit the more than **plausible distinction between congruence and equal quantity of length**. Thus, in the radial direction from the origin, the quantity of infinitesimal magnitude will be represented by the dyad $dQ = [dq, U(\overline{r})]$, where dq is the infinitesimal measure in the unit $U(\overline{r})$ congruent with the unit U_0 in the origin. The fundamental «dysmetric» relationship between congruent units will have the form $U(\overline{r}) = \delta(\overline{r}) \circ U_0$, simply activating the **«dysmetric» density function** $\delta(\overline{r})$, where $\overline{r}$ it indicates the position by mere congruence of the infinitesimal element measured with respect to a given origin in which the unit of length is U_0. Thus we quickly arrive at the expression $dQ = [dq, U(\overline{r})] = dq \times \delta(\overline{r}) \circ U_0$ and conclude with this other equivalent:

$$\frac{dQ}{dq} = \delta(\overline{r}) \circ U_0 \qquad [31.1]$$

Note that the indicated «dysmetryc» ratio is symbolized by two horizontal lines because it is not an arithmetic ratio, since the element dQ indicates a quantity of magnitude and, therefore, represents a dyad, specifically the $[dq, U(\overline{r})]$. This is the division derived from multiplication by a scalar in section XI of the First

Algebra of Magnitudes or the division described on page 126 of this volume.

Insisting on the distinctive characteristic of «dysmetric» spaces, that is, that congruence does not equal segment equality, see how a distance can be established in them with the following scheme:

Let us be an «dysmetric» space and take two points of the same A and B. Suppose that the «dysmetry» of this space is characterized by the «dysmetric» density function $\bar{\delta(r)}$, wher $\bar{r}$ it represents the position vector of any point. Let $d\bar{r}$ be the generic differential variation in the direction of segment AB. The quantity of length that this segment includes can be indicated by S_{AB} and will be given by the integral expression that adds all the differential elements included between A and B, that is:

$$S_{AB} = \int_A^B \left[dr \circ U(\bar{r}) \right]$$

$U(\bar{r})$ indicates the unit of length congruent with the unit U_o for the $\bar{r}$ position and dr refers to the modulus of the differential vector $d\bar{r}$. Therefore, U_o and $U(\bar{r})$ are congruent unit segments, the first located in the surroundings of the origin of coordinates and the second in the surroundings of the position; but, being a «dysmetric» space, these segments do not have the same quantity of length, but their respective lengths are related by a certain «dysmetric» density function $U(\bar{r}) = \bar{\delta(r)} \circ U_o$.

Under these conditions, the quantity of length S_{AB} of segment AB is described by the expression:

$$S_{AB} = \int_A^B \left[dr \circ U(\bar{r}) \right] = \left[\int_A^B dr \circ \bar{\delta(r)} \right] \circ U_o$$

The «dysmetrc» density function of length $\bar{\delta(r)}$ reproduces the physical fact that two geometrically congruent segments turn out to have different lengths or, what is the same, different distances between their end points. This quality, it is emphasized once again, is what characterizes «dysmetric» spaces and differentiates them from isometric ones. In these, congruence is synonymous with equal quantity of magnitude, while in the «dysmetric» it is not. For example, by identifying U_0 with the standard meter at the origin, in ordinary physics it will be possible to find congruent segments of 6 m, and all segments congruent with another 6 m will also measure 6 m, regardless of their location. On the other hand, in a «dysmetric» space, given a 6 m segment at the origin, others positioned at different points and congruent with it may have measures of 5 m, 3 m, 2 m or any other that is compatible with the function of «dysmetric» density $\delta(\bar{r})$.

Having established the distance between the points of an «dysmetric» space, the resulting mechanics of magnitudes should then be thought about. To do this, let us analyze the case of a radial movement with respect to a point mass M within a space in which the mass affects the density of length and not time. The kinematics of this problem would be like this:

Let $\bar{r}$ the position vector of the point whose radial motion is analyzed in relation to the position of the point mass M, which is taken as the origin. Let dS be the quantity of vector length in unit L for the $\bar{r}$ position of an equipment-lens vector (synonymous with congruence in the case of vector quantities) with $(d\bar{r}, L_0)$ or with the equivalent notation $d\bar{r}\, L_0$, where Lo is the unit of length in the void. The «dysmetry» of space will be indicated by a certain «dysmetric» density function $\delta(M, \bar{r})$ such that, as we have seen, $L(M, \bar{r}) = \delta(M, \bar{r}) \circ L_0$. The differential «dysmetric» ratio [31.1] allows us to establish the following:

$$\frac{dS}{d\bar{r}} = \delta(M, \bar{r}) \circ L_0$$

Suppose that the time magnitude is isometric, so it will not be affected by the mass and its unit in vacuum T_0 will also serve in the presence of the mass M, and thus the quantity of time in any case would be given by the dyad (t, T_0) or its equivalent notation

$t\,T_0$. Given that the dyadic operations are isomorphic with those of R, the laws of differentiation would allow us to reach the conclusion indicated by the following analytical expression, which links several equalities, multiplying and dividing by $d\overline{r}$:

$$\frac{dS}{dt\,T_0} = \frac{dS}{d\overline{r}} \circ \frac{d\overline{r}}{dt\,T_0} = \left[\delta(M,\overline{r}) \circ L_0\right] \circ \frac{d\overline{r}}{dt\,T_0}$$

Taking into account that $dS = d\overline{r}\,L$, or what is equal, dS indicates the dyad $(d\overline{r}, L)$, the first member represents the physical velocity $\overline{v}$ at the point $\overline{r}$ at time $t\,T_0$ and that the last factor $d\overline{r}/dt$ is the measure of the speed in vacuum $\overline{v}_0$, we will have:

$$\overline{v}\,\frac{L}{T_0} = \left[\delta(M,\overline{r}) \bullet \overline{v}_0\right]\frac{L_0}{T_0} \qquad [31.2]$$

Thus it turns out that the density function of length δ relates not only the quantities of vector length, but also the physical and vacuum velocities. On the other hand, in the particular case of an isometric space, they will be $L = L_0$ y $\delta(M,\overline{r}) = 1$ at all points and the physical speed will coincide with that of a vacuum, also being $\overline{v} = \overline{v}_0$. It could also be understood $\overline{v}$ to indicate the «dysmetric» speed and $\overline{v}_0$ the isometric. But this expression [31.2] still hides a singular consequence. Observing it, it is not difficult to reach the conclusion that it must always be $\overline{v} = \overline{v}_0$, a result that could have been established directly in this way:

$$\overline{v}\,\frac{L}{T_0} = \left[\delta(M,\overline{r}) \bullet \overline{v}\right]\frac{L_0}{T_0} \Rightarrow \overline{v}\,\frac{L}{T_0} \neq \overline{v}\,\frac{L_0}{T_0} \quad \text{si } \delta(M,\overline{r}) \neq 1$$

Remembering that L and L_0 are congruent lengths that, however, implicitly carry different quantities of length, in common parlance this means that in a «dysmetric» space the same measure of velocity will correspond to different quantities of velocity depending on the situation, since the unit of measure contains different quantities depending on the position.

The logical and mathematical confirmation of this result poses a very serious threat to the survival of the Theory of Relativity. This mythical theory is based on the constancy of the speed of light, a postulate that is based on measurements made in experiments in the terrestrial environment. And it is not necessary to have many lights to warn with the «dysmetric» algebra that the same measurements can indicate different speeds, since the secondaries of the dyads are not constant, despite the fact that they are the same standard unit, since their quantity of implicit length varies in the ratio that marks the density function, which in turn is the parameter indicated by a real number that relates the dyadic quantities to each other.

With all this it is observed that the algebra of magnitudes teaches that the «dysmetric» variations affect the kinematics of the movement, which opens up great possibilities to describe new physical phenomena until now unexplained. It even allows us to glimpse that the still pending unification of natural forces could be resolved in this way. We thus arrive at a more than probable Copernican turn of science, which could be summarized in these terms:

Given any two points in space, they would not change, they would be mere abstract references and congruent in any case with each other; what could vary would be the quantityies of magnitudes between the two, such as the quantity of length that comprises the distance that separates them. So an «dysmetric» space will be geometrically isometric and Euclidean, if the number of congruent segments between two points are simply counted in it, which would be equivalent to the classical measurement; but physically, for the purposes of natural phenomena, congruent segments can incorporate different quantities of length, thereby changing the laws that govern these spaces. With this background, some basic principles could be established that would characterize «dysmetric» spaces:

Empty space would be an abstract mathematical entity. It would not be a physical entity. It would be represented, by definition, by the three-dimensional Euclidean affine point space, which arises from the application of the hypothetico-deductive method of mathematics. The points in this space would be mere invariant positions of a non-physical nature and, therefore, independent of any material disturbance. Given any two points, their positions would be fixed, they would not change, they would be simple spatial references of that immaterial, abstract and immutable sphere; however, the quantities of magnitudes present at these points and their variations between them could be sensitive to physical phenomena. For example, the quantity of length that encompasses the distance between any two points could depend on gravitational or electromagnetic fields or other physical actions. Admitting this perfectly plausible possibility, the effects of the different actions present in nature could be compounded by the principle of superposition of effects. Although the mathematical space did not change and remained congruent, the quantities of length and other magnitudes between its points could change due to the action of different physical disturbances. This immutable mathematical space could be the one observed when making measurements by congruence, so it could be called apparent space. On the other hand, the physical space, related to the mathematical one by means of the «dysmetric» density functions δ, could be taken for the real space; although it could also be seen the other way around: the mathematical space could be the real one and the physical one could appear as apparent. In any case, it would be necessary to know how to distinguish between reality and appearance, and to investigate which δ functions would be appropriate to represent the correspondences between the two.

In this way, the algebra of magnitudes takes a significant leap, because from being a mere logical instrument to give consistency to current Physics, revealing and solving the paradox of «arithmetization» of Physics, it becomes a fertile hotbed of physical innovations, which is a Copernican turn in the formulation of scientific laws that exceeds the limits of this manual on the First Algebra of Magnitudes, so this is limited with this article to provide some basic and general ideas of the tremendous novelty found, giving I move on to new research and publications that will deal with the nascent algebra of «dysmetric» spaces, characterized by their specific equality criterion, which departs from mere geometric congruence and focuses on the quantity of variable length for various reasons, so that «dysmetric» equality admits that congruent segments have different quantities of length, leading to the concept, something shocking and unusual, of density of length and their corresponding «dysmetric» density functions δ.

Continuing with these preliminary ideas, see how «dysmetric» spaces affect the classical classification of magnitudes. Traditionally, as the units are tacitly assumed to be constant, a hypothesis that here has been called isometry, the magnitudes are classified as scalars, vector or tensor, attending only to the mathematical element that the measure represents. On the other hand, under «dysmetric» conditions the same unit or affin segment will present different quantities of magnitudes depending on its position and depending on the various causes that determine such variation.

Without the intention of being exhaustive, simply to show the phenomenon, the «dysmetric» magnitudes can be classified as rigid and elastic. Rigid ones can be defined as those insensitive to position and any physical disturbance, in short they are isometric. The elastic ones would be those that change by position or by other acting agents. Recalling the definition of «dysmetry», given two congruent units of a certain magnitude U_0 and U, relative to any different positions, they will be represented by superimposable segments when transported as rigid bodies, as the canons of geometry command; but the quantities of magnitude they represent will not be equal, so their dyadic ratio will not be unitary, but a number other than one, which will express the density of length relative to U_0. Doing this operation at each point in the space positioned by the vector $\overline{r}$ with respect to the position of U_o, we will have the «dysmetric» density function $\delta(\overline{r})$, such that the dyadic ratio is $U/\!/U_o = \delta(\overline{r})$. Obviously, in an isometric space $\delta(\overline{r}) = 1$ at all points, it will always be $U = U_o$ and the congruence will also mean equal quantity of length or in general of affine magnitude.

Another question to clarify is the concept of **simultaneity**. Look at figure 21. It assumes the production of a flash of light in all directions from a point O. In an isometric space, considering that such characteristic also includes the property of isotropy, the light would propagate at the same speed in all directions and the surfaces of temporal simultaneity from the moment of the flash would be perfectly symmetrical concentric spheres in O. This situation is the one that should occur in empty space in the absence of any disturbance. However, in a space that presents «dysmetry» for any reason, either by its own nature or by the presence of fields of different forces, the speed of light would vary from one point to another and the equitemporal surfaces would be irregular or asymmetric. Well, nothing is opposed to the consideration that the universe presents «dysmetries» due to multiple causes, which opens inexhaustible horizons of research and innovation for Physics.

The experiment carried out during an eclipse on May 29, 1919, conceived by Sir Frank Watson Dyson, is believed to confirm Einsteinian relativity versus Newton's classical gravitation. Well, the «dysmetric» spaces would allow the same phenomenon to be explained, that is, the curvature of the rays of light and, therefore, the visibility of a star hidden by the Sun. To verify this, let us consider that material space can refer to abstract to the three-dimensional Euclidean affine space, which would become its mathematical representation, assuming the criterion of segment congruence as the basis for measurements in this space. It can be associated biunivocally with a certain «dysmetric» density function $\delta(M, \overline{r})$ its transformed space in which physical

SIMULTANEITY
Difference between equitemporal surfaces in an isometric space and in another dysmetric one

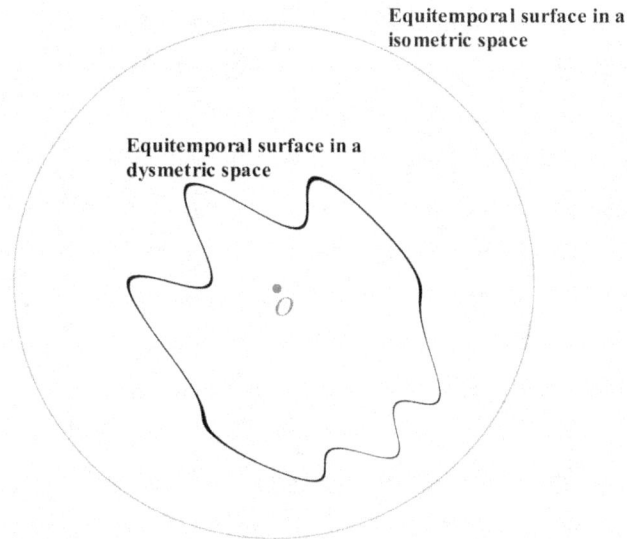

In an isometric space, which could be empty space, the equitemporal surfaces of simultaneity of the light rays originating from a point O would be concentric spheres centered at the point of the flash.

In an «dysmetric» space the speed of light varies from one point to another, even though its measure c could be kept constant, and equitemporal surfaces would be irregular or asymmetric surfaces.

Figure 21

phenomena should develop. Thus, the dual «dysmetry» is reached, based on correspondences such as the one indicated. Figure 22 describes the situation of the eclipse and its explanation by means of «dysmetric» dual spaces. Just as before, an «dysmetric» density function $\delta(M, \bar{r})$ of $R \times E^3$ in R was considered, such that en $\bar{r} = \bar{0}$ is $\delta(M, \bar{0}) = 0$ and that for $r \to \infty$ it is $\delta(M, \bar{r}) = 1$, and it was said that it would be as if the mass empties the length

THE DUAL «DISMETRIC» SPACES
An example of dual «dysmetry» that fits to the eclipse experiment a hundred years ago

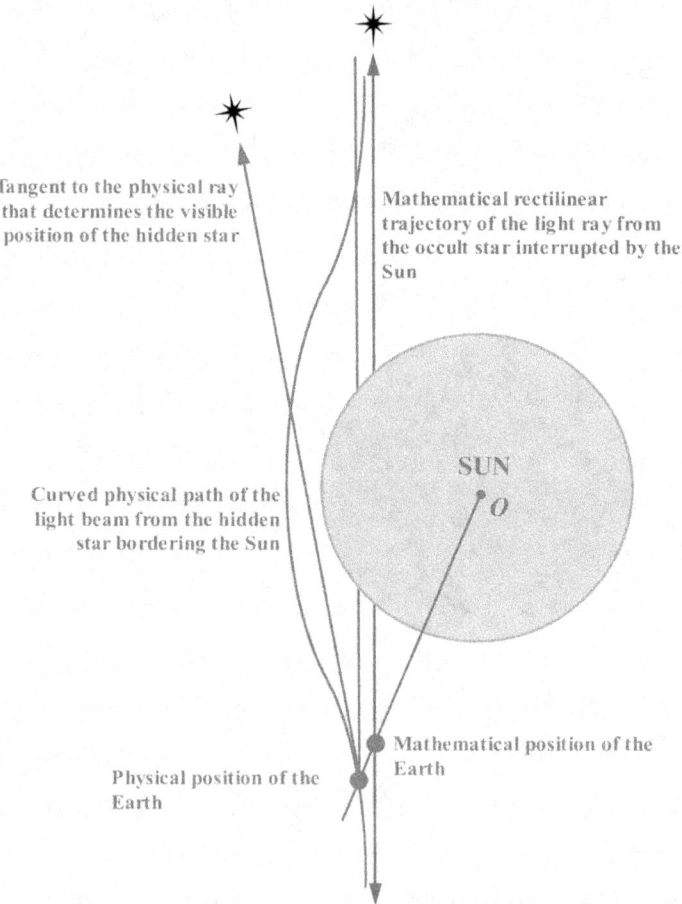

Dual «dysmetric» spaces associate biunivocally the three-dimensional Euclidean affine mathematical space with the physical space in which natural phenomena would develop.

Figure 22

of the segments; in this case, nothing prevents formulating the opposite hypothesis, that is, that the mass fills the segments with more length than in a vacuum. Such a phenomenon would be represented by a density function $\delta(M, \overline{r})$ such that en $\overline{r} = \overline{o}$ is, for example, $\delta(M, \overline{o}) = \infty$ and with $\overline{r}$ tending to infinity let $\delta(M, \overline{r}) = 1$, as in a vacuum. Thus we would find that the influence of a mass would increase the quantity of length of congruent segments, the more the closer the position is to the mass. As a consequence of this, the situation in Figure 22 could be conceived in which the Sun hides a star with respect to the relative position of the Earth, which would present a congruent or isometric mathematical position in space, and a different physical position in the dual «dysmetric» space. In turn, given the assumed shape for the density function $\delta(M, \overline{r})$, the mathematical distance or by mere congruence to the origin O at the center of the Sun would always be less than the physical or «dysmetric» distance. In the same way, a line or mathematical trajectory of a light ray, would be transformed into a curve in the «dysmetric» space that would border the Sun. Under these conditions, the tangent to the physical trajectory of the light ray from the hidden star and in the physical position of the Earth it would make the star behind the solar sphere visible.

It is clear, therefore, that dual «dysmteric» spaces make it possible to establish physical models in which real and apparent space are associated, distinguishing between what is seen through the observation and measurement processes, and what is actually be the material space.

Mathematics unknowingly admits **dual «dysmetric» spaces**, so their existence is assured by this observation. Let's look at some simple cases. In Figure 23 an arc of circumference and a line tangent to it are represented. The central projection of the points of the arc on the line is of a «dysmetric» nature, because the quantity of length of the segments on the line presents a density of variable length, if the quantity of length of these segments is associated with their corresponding arcs, as happens, for

THE CENTRAL PROJECTION
Example of a dual «dysmetric» space

By projecting the points of a circle from its center onto a tangent line, a «dysmetric» correspondence is obtained. Different segments on the line correspond to equal arcs on the circumference.

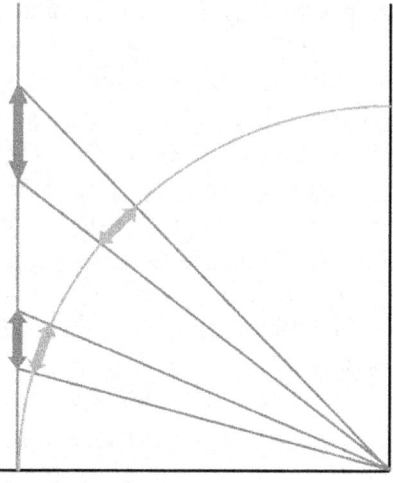

Dual «ysmetric» spaces allow any of their elements to be associated with mathematical or physical space. Thus, in this case, the line could be the physical one and the arc the mathematical one, or vice versa.

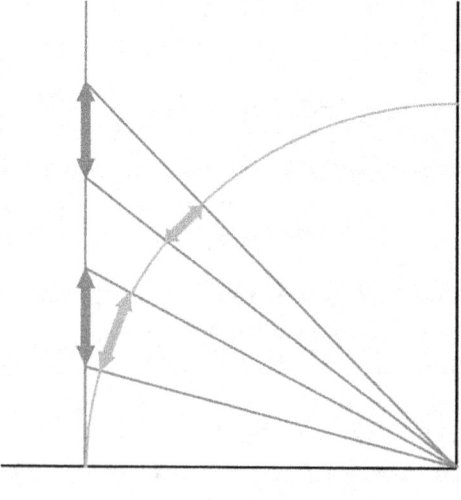

In the same way, in this «dysmetric» dual space, different arcs correspond to equal segments on the line.

Figure 23

example, in the known cartographic representations, in which the distances on the chart depend on the latitude, so that, at higher latitude, the same meridian arcs on the ground will appear represented by larger segments; or conversely, congruent segments on the chart will indicate different arcs on the ground. It is not necessary for one of the spaces to be curved, since the central projection between two non-parallel lines constitutes a dual «dysmteric» space, as shown in Figure 24. Congruent segments on one of the lines are transformed into different segments on the other, so that, without more than defining the corresponding amount of its transform as the quantity of length of a segment, each line will be transformed into a «dysmetric» space in which the length quantities of congruent segments will not be constant.

This phenomenon will not occur between parallel lines, because Thales' Theorem determines that congruent segments correspond to congruent segments by central projection.

In general, every non-linear function $y = f(x)$ represented by a Cartesian coordinate system defines a dual « dysmetric» space, provided that the quantity of length of its segments is defined in either axis by its corresponding in the other axis. Thus, for example, the equality of the segments into which the abscissa axis is divided will be broken by establishing the difference between the ordinate of their extremes as the quantity of length of each one of them, given by the function $f(x)$, resulting in congruent segments on the abscissa axis will not be equal, since they will have different length quantities associated with them.

In mathematics, pure «dysmetric» spaces can be identified veryvhere, in the sense of non-duals. For example, a logarithmic scale like the one in Figure 25 is a «dysmetric» space constructed with congruent segments such that the coordinate is not proportional but instead marks the antilogarithm of the distance to the origin. Thus, the congruent segments S_1, S_2, S_3, etc., when juxtaposed, mark respectively the abscissa 0, 1, 2, 3, etc. If in

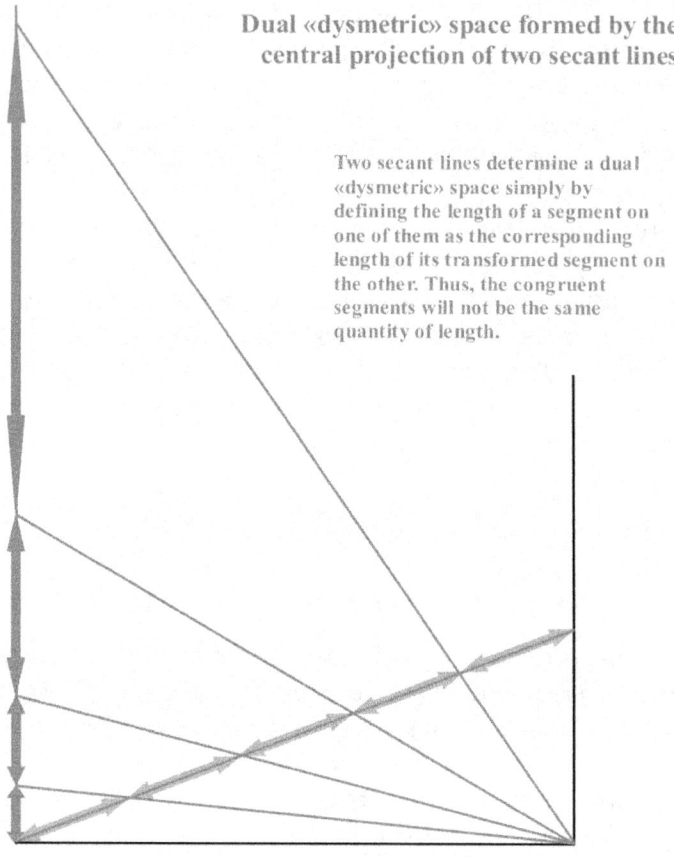

Figure 24

those same abscissa the antilogarithms of 0, 1, 2, 3, etc. are indicated, that is, 1, 10, 100, 1.000, etc., and it is considered that each segment has the quantity of length that determines the difference between the antilogarithms of its extremes, a «dysmetric» space will result in which the lengths associated with the segments S_1, S_2, S_3, etc., do not forget, are congruent with each other due to the scale construction itself, will be respectively $S_1=9$, $S_2=90$, $S_3=900$, etc. A single scale can be viewed as a one-dimensional «dysmetric» space. Two Cartesianly

THE LOGARITHMIC SCALE
Example of a pure «dysmetric» space

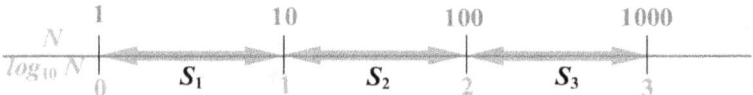

Defining the amount of length of each segment S_i as the difference of the antilogarithms of their extremes, a «dysmetric» space results in which the congruent segments S_i they have different length amounts. So they turn out $S_1=9$, $S_2=90$, $S_3=900$, etc.

Figure 25

arranged scales will mark a two-dimensional «dysmetric» space. And three scales another of dimension three. The common characteristic of all these spaces is that, although the coordinate axes are divided into Si segments congruent with each other, nevertheless each one of them will contain a different quantity of length according to the position it occupies in the space.

The operations with the slide rule and itself are based on the properties of the logarithmic scales, which are outlined in section XVIII, pages 167 and following of the repeated volume I.

In summary, the First Algebra of Magnitudes pays attention to the basic elements that Physics uses in its formulations, the dyads, which represent quantities of magnitudes. Discover and solve the «arithmetization» paradox of Physics and develop a specific dyadic algebra. Well, these physical quantities can obviously change not only because the first dyadic element, which is its mathematical component, varies, but also because the second, the one that represents the standard unit used as a comparison in the measurement, indicates quantities of different magnitudes depending on different causes. Note that we are not referring to mere changes of multiples or submultiples in the unit of measurement, but to intrinsic mutations in the quantity included in the same unit, which has been described as dissonance between congruence and equality, that is, the congruence of Two segments do not mean that they always have the same quantity of length, but that this will vary depending on the circumstances, which leads us to the innovative concept of density of length, which makes full sense when defining the «dysmetric» functions.

Thus we have the phenomenon that we have called «dysmetry» compared to classical isometry, which assumes invariant units in all its aspects. We are, therefore, before a sensational observation, until now omitted by science, which must be taken into account for the development of new scientific models. The «dysmetry» is inescapable, because it is mathematically and logically unobjectionable, and because Physics cannot do without the seedbed of innovations revealed by this inevitable revolution, which involves a Copernican turn similar to the famous dilemma between geocentrism and heliocentrism.

A dual «dysmetry» space can be mathematized in various ways. One would be by means of a tensor that serves as an operator to relate the mathematical and physical spaces, or real and apparent, transforming one into the other. The non-dual «dysmetry» spaces would be mathematized by means of a «dysmetric» density function that relates the quantity of length that the geometrically congruent segments accept as a function of their spatial or spatio-temporal position, without forgetting that this method it would serve any magnitude, not just length.

Mathematics and Physics have always been based on an almost invisible tacit hypothesis, it is the assumption that all congruent segments have the same quantity of length and that is why they are said to be equal. This criterion of equality admits what has been called here isometry of space or the hypothesis that the «dysmetric» density is constant regardless of position. It is recalled again that in the measurement process what is done is to count the number of congruent segments that fit between two points whose distance is to be established, and thus a real number q is obtained that indicates such distance, expressed in the unit U taken for reference, representing the measurement with the dyadic pair (q,U). In an isometric space the length quantity of the standard unit U is tacitly assumed to be invariable. Therefore, the classical measurement procedure has a fundamental defect, because it limits itself to counting the number of segments congruent with a standard unit, unintentionally neglecting the variability of the quantities that the units adopted as reference accept. In contrast to this, it has been seen and insists on the crucial observation that the quantity of length of the congruent segments depends on the circumstances as a function of various causes, or in other words, that the dimensional element U of the dyads, the so-called secondary, while maintaining its congruence, is variable in each space-time position, which leads us to «dysmetric» spaces, a Copernican innovation that is called to revolutionize scientific models, because by the affinity postulate the «dysmetry» it can be extended to all magnitudes.

This article has outlined the fundamental lines and potential of «dysmetric» spaces, so that any attentive reader will be able to appreciate their significance for science with relative ease. Anyone can understand that for physical units there are only two possibilities: that their quantity of magnitude is the same in all space or that such quantities vary according to the space-time position, which is the **«dysmetric» observation** that arises out of pure logic. Currently this option is tacitly omitted and, therefore, the opposite hypothesis is not explicitly formulated, which is the belief in the intrinsic imperturbability of physical units, which here has been called the **silent hypothesis of isometry**. However, sooner or later and for the progress of Physics, the «dismetria» will find its way without remedy, because it is logically unobjectionable and materially plausible, colliding head-on with the very existence of physical constants and everything that this would entail, from the recasting of the current International System of Units, based on fixed and immutable patterns, up to the more than suspicious invariance of the speed of light in vacuum for all inertial systems, which is a fundamental principle of Einsteinian relativity, in such a way that, if this invariance were not real, all relativity would fall to its foundations, being reduced to a mere very well-constructed mathematical model, but without a material reference. And, as we have seen in this article, mathematically and logically the constant measurement of the speed of light in the terrestrial environment does not guarantee at all that it remains unchanged throughout space.

The «dysmetry» is called to revolutionize Physics, or better still, **it creates a new Physics**, overcoming the more than childish «arithmetization» of this science, which is mutilated by the prevailing elementary, arbitrary and invisible isometry, preventing the development of creative and realistic innovations. More than a revolution, it would be a **new Physics**, much richer in its potential for representation than the current one.

Apartado XXXI
CÓMO MATEMATIZAR LA «DISMETRÍA» DE LAS MAGNITUDES
Culminación de la Primera álgebra de magnitudes
e inagotable semillero de innovaciones físicas

Sabemos que los elementos fundamentales de la Física son las cantidades de magnitudes, cuya representación se establece mediante díadas con la forma (μ, U), donde el llamado primario μ representa la medida de la cantidad de magnitud resultante de compararla con la unidad U o secundario. El postulado de afinidad permite representar cualquier cantidad de magnitud mediante un segmento en el que la unidad de longitud asociada a U se adopta arbitrariamente.

La tradicional forma de clasificar las magnitudes se basa en la naturaleza matemática del primario μ, concluyendo que pueden ser escalares, vectoriales o tensoriales según que μ sea un número real, un vector o un tensor. Sin embargo, la Física supone tácitamente que las unidades adoptadas en toda medición sean invariantes, es decir, que no dependan ni de la posición en el espacio ni de ningún otro agente que pueda actuar en él. Así, la medición consistiría en comparar una determinada cantidad de la magnitud medida con cierta unidad patrón y la díada así formada representaría analíticamente la medición practicada. No obstante, la idea de unidades que contengan siempre la misma cantidad omite la otra observación más general: las unidades podrían incluir cantidades diferentes de cierta magnitud por efecto de diversas causas. Para entendernos, podría llamarse **isometría** la hipótesis restrictiva de unidades con cantidades constantes, y **«dismetría»** la previsión más genérica de variabilidad.

Para centrar ideas, y dado el postulado de afinidad, fijemos la atención en los segmentos geométricos. La igualdad geométrica de segmentos se establece por **congruencia**, de modo que dos segmentos congruentes o, en términos vulgares, que puedan superponerse, se suponen iguales y silenciosamente se admite que tengan la misma cantidad de longitud. Estas serían las condiciones isométricas que siempre se han dado por inconclusas. Pero esta hipótesis tan vulgar y pueril admite la generalización que nace de modo natural del concepto de díada (μ, U), pues en estos elementos la unidad U no tiene por qué contener la misma cantidad de longitud en cualquier circunstancia. Por el contrario, al menos desde un punto de vista lógico, resulta muy atendible la idea de que no sea así, que es la «dismetría».

La variación de las cantidades de magnitud implícitas en una misma unidad conlleva una consecuencia muy trascendente: que **la congruencia geométrica de segmentos no es sinónimo de igualdad**, sino que dos segmentos congruentes pueden tener distinta cantidad de longitud a consecuencia de causas diversas de naturaleza física, no matemática o axiomática. Con ello, la igualdad de dos díadas de la misma magnitud no ha de referirse a la mera congruencia de sus segmentos afines, sino a la igualdad de las cantidades de magnitud implícitas en ellas.

Por su parte, la medición en un espacio «dismétrico» consistirá en contar el número de segmentos congruentes que quepan en una determinada longitud y esta sería la **medida matemática** por congruencia; mientras que la **medida física**, la que determinaría las propiedades naturales, quedaría establecida por la cantidad total de longitud de esos segmentos que, aun siendo congruentes, no serían iguales, como en un espacio isométrico; y así se tendría que la medida «dismétrica» no tiene por qué resultar igual a la isométrica. La **«dismetría»** abre una infinidad de posibilidades de nuevos espacios físicos, por lo que ha de constituir un semillero inagotable de innovaciones científicas.

La omisión de esta observación trascendente ha sido provocada por la tradicional y simple «aritmetización» de la Física, olvidando que esta ciencia no solo maneja elementos matemáticos, como los números reales, los vectores o los tensores, sino que compone entes diádicos, que pueden variar no solo porque lo hagan los primarios, sino también los secundarios. Este enfoque simple de la tradición ha sido asumido inicialmente con humildad y abnegación en esta investigación, descrita en la *Primera álgebra de magnitudes*, que se ha limitado a exponer, desarrollar y resolver la **paradoja de «aritmetización» de la Física** mediante un álgebra diádica o no aritmética, suponiendo en esa primera fase que las unidades físicas sean invariantes o, lo que es igual, que el espacio físico sea isométrico. Pero, una vez descrita con precisión esa álgebra diádica, es imposible sustraerse a la tentación de postular que los secundarios diádicos no sean constantes, hecho que lógicamente es imprescindible y que la Física ha ignorado siempre y no puede pasar por alto ahora. No obstante, afortunadamente el álgebra diádica aquí expuesta es fácilmente generalizable a los espacios «dismétricos» sin más que poner en juego las **funciones de densidad** δ que se van a definir enseguida.

Así que es inevitable culminar esta obra con una introducción a los espacios «dismétricos», que serán objeto de futuras y más completas investigaciones y publicaciones. Empecemos con una sencilla formulación didáctica:

Imagínese una magnitud tal que, dada su unidad U_0 en el vacío, resulte afectada por la influencia de una masa M, de modo que en el entorno de un punto cualquiera del espacio $P \in E^3$, siendo E^3 el espacio puntual afín ordinario, posicionado por el vector $\overline{r}$ respecto de la masa puntual, la unidad en P, designada $U(P)$ o $U(\overline{r})$, congruente con U_0, contenga implícita una cierta cantidad de magnitud determinada por cierta función $\delta(M, \overline{r})$ de $R \times E^3$ en R, tal que $U(P) = \delta(M, \overline{r}) \circ U_0$, de modo que en $\overline{r} = \overline{0}$ sea $\delta(M, \overline{0}) = 0$ y con $\overline{r}$ tendiendo a infinito sea $\delta(M, \overline{r}) = 1$, siendo r el módulo de $\overline{r}$. Una magnitud así, para entendernos, podría decirse que es elástica; en un punto suficientemente alejado de la masa, actuaría como en el vacío, pero en el entorno de la masa sería como si se vaciase de cantidad. Nótese que la multiplicación «$\circ$» es la del apartado IX de la *Primera álgebra de magnitudes* o producto de una magnitud por un escalar, descrita aquí en la página 125.

La «dismetría» se manifiesta así como el fenómeno que consiste en que los segmentos congruentes parecen tener distinta **densidad de longitud**. Concepto este que chocaría con la noción ordinaria de densidad; pero que en este tipo de espacios adquiere sentido específico. En los **espacios «dismétricos»** la densidad de longitud no sería constante y la variación podría indicarse por las funciones del tipo δ, de ahí que se haya elegido esta letra griega para distinguirlas. Y nada impide sospechar que magnitudes de esta naturaleza pudieran ser la longitud, la masa, el tiempo u otras como la temperatura, la carga eléctrica, los campos electromagnéticos, y demás magnitudes físicas; de ahí la flamante innovación que anuncian estas estructuras.

Lo que caracteriza los espacios «dismétricos» es que, dada una forma diádica (μ, U) indicativa de la medición de una magnitud cualquiera, el **criterio de igualdad «dismétrico»** se apartaría del ordinario, puesto que dos díadas podrían ser iguales con diferentes medidas μ aun siendo congruentes las unidades, a diferencia de lo que ocurre en isometría. En efecto, dadas dos díadas (μ_1, U_1) y (μ_2, U_2), siendo $\delta_1 \circ U_0$ y $\delta_2 \circ U_0$ las cantidades implícitas en dos unidades U_1 y U_2 congruentes y U_0 el patrón de referencia para establecer la densidad «dismétrica» δ, la igualdad $(\mu_1, U_1) = (\mu_2, U_2)$ exige por álgebra diádica que $U_1 = (\mu_2/\mu_1) \circ U_2$. A su vez, se tendría que la razón de los segmentos congruentes $U_1 /\!/ U_2$ es δ_1/δ_2, y así resulta que $\delta_1/\delta_2 = \mu_2/\mu_1$. En cambio, en isometría, siendo congruentes U_1 y U_2, como la densidad «dismétrica» δ siempre es la unidad, se tendría que $U_1 /\!/ U_2 = 1$, y así resultaría $\mu_2/\mu_1 = 1$, con $\mu_2 = \mu_1$, concluyendo imposible que segmentos congruentes puedan producir medidas μ diferentes. La isometría es, por tanto, un caso particular de «dismetría», cuando $\delta = 1$ en todo caso.

La hipótesis anterior de que las masas sean la causa de la «dismetría» física, de modo que los secundarios diádicos varíen en cada punto del espacio manteniendo su congruencia, lo que supondría que ese espacio, que podríamos llamar matemático o abstracto, permanecería invariable, puede contraponerse a otra hipótesis que atribuya la «dismetría» al propio espacio vacío. En estas condiciones la densidad de longitud o «dismétrica» de los segmentos congruentes podría representarse con una función $\delta(\overline{r})$ de E^n en R, donde se ha generalizado el espacio euclidiano a n dimensiones, tal que $U(P) = \delta(\overline{r}) \circ U_0$, donde U_0 podría representar la unidad de magnitud en el origen de coordenadas u otro cierto punto cualquiera.

En estas condiciones, el álgebra de magnitudes parece apostar por un principio de relatividad diferente al establecido, pues la relatividad aquí consistiría en la diferencia posicional de las cantidades de magnitudes en un espacio matemático que mantiene la congruencia en todo caso.

Otra advertencia que nos hace el álgebra de magnitudes es la posible incorrección de ciertos mitos como la constancia de la velocidad de la luz en todos los sistemas inerciales, establecida en base a la «aritmeticación» de la Física, que solo contempla la posible invariancia de ciertas mediciones, pero admitiendo tácita o expresamente que las diversas unidades utilizadas en la medición permanezcan invariables en cualquier entorno físico. Y precisamente esta suposición tiene muchas posibilidades de no ser cierta. Tal cosa ocurriría en un universo «dismétrico» en que las cantidades de magnitudes de unidades congruentes se vieran influidas por los campos actuantes o por la posición, como se esboza en los supuestos precedentes.

El álgebra de magnitudes pone de manifiesto que las cantidades de magnitudes físicas no se reducen a un simple número aritmético, que indica la medida en relación con cierta unidad, sino que ha de describirse con díadas físicas en las que el segundo elemento sea la unidad correspondiente. Por tanto, podrían encontrarse entornos físicos en que, siendo constante la medida, lo que varíe sea la unidad o segundo elemento diádico, lo que indicaría variación de la cantidad de magnitud descrita por la díada.

Obviamente, como le ocurre a la velocidad de la luz, todas las constantes físicas están expuestas al riesgo de no ser invariantes, por lo que el álgebra de magnitudes nos podría estar advirtiendo de que las constantes físicas actuales no reflejen verdaderas propiedades invariantes del mundo material. Y bien pensado, como las mediciones físicas se realizan en un entorno humano muy reducido del espacio, es natural que algunas puedan parecer invariables, pero esta observación no garantiza en absoluto que ni siquiera la parte aritmética de tales díadas permanezca constante en toda posición espacial. Así que la pretensión actual del Sistema Internacional de Unidades de referir los patrones a constantes físicas, buscando la invariabilidad de estos, bien podría ser una aspiración quimérica, como pone de manifiesto sin gran dificultad la lógica del álgebra de magnitudes.

Se abre así un nuevo debate, muy parecido al que en su día enfrentó con estruendo dramático al geocentrismo con el heliocentrismo. Ahora el álgebra de magnitudes parece oponerse al relativismo einsteniano, ofreciendo su innovadora tesis de que el espacio matemático o abstracto mantenga su congruencia y rigidez, hipótesis clásica, y que la relatividad consista en la variación por causas múltiples de los secundarios diádicos congruentes, con arreglo a las funciones de densidad «dismétrica» δ, tales que cada magnitud puede tener la suya propia, abocándonos inevitablemente a la investigación de sus distintas formas posibles.

En definitiva, hasta ahora la Física, al haberse «aritmetizado», solo ha prestado atención a los primarios diádicos, suponiendo que las unidades sean imperturbables. Por el contrario, la gran aportación del álgebra de magnitudes es dirigir las investigaciones a los secundarios, advirtiendo que **congruencia matemática** no tiene por qué ser sinónimo de **igualdad física**, lo que conllevaría variaciones de las unidades geométricamente congruentes en el espacio material.

Recapitulando, en el proceso de medida de una longitud y, por afinidad, de cualquier magnitud, lo que se hace es contar el número de segmentos congruentes que caben entre dos puntos cuya distancia se quiera establecer. Así se obtiene un número real q que indica la distancia, entendida como el número de veces que comprende la unidad de medida U. En un espacio isométrico la díada resultante de la medición (q, U) indicará la cantidad de longitud de la distancia como múltiplo de la que tenga implícita la unidad U, que se supone tácitamente invariable o constante en todos los puntos del espacio; pero en uno «dismétrico» no sería así, porque cada segmento congruente con la unidad patrón U tendrá diferente cantidad de longitud en función de su posición espacial. O sea, que el procedimiento de medida clásico encubre una hipótesis oculta, que es la suposición de que la congruencia de segmentos equivale a la igualdad de cantidades de longitud, y así se limita a establecer el número de segmentos congruentes con la unidad patrón, pero nada se indica acerca de la verdadera cantidad física de la magnitud medida.

Por tanto, es imprescindible considerar la «dismetría», hasta ahora ignorada ilógicamente, y admitir la **distinción más que plausible entre congruencia e igualdad de cantidad de longitud**. De este modo, en dirección radial desde el origen, la cantidad de magnitud infinitesimal quedará representada por la díada $dQ = [dq, U(\overline{r})]$, donde dq es la medida infinitesimal en la unidad $U(\overline{r})$ congruente con la unidad U_0 en el origen. La relación «dismétrica» fundamental entre unidades congruentes tendrá la forma $U(\overline{r}) = \delta(\overline{r}) \circ U_0$, sin más que activar la **función de densidad «dismétrica»** $\delta(\overline{r})$, donde $\overline{r}$ indique la posición por mera congruencia del elemento infinitesimal medido respecto de un origen dado en que la unidad de longitud sea U_0. Así se llega rápidamente a la expresión $dQ = [dq, U(\overline{r})] = dq \times \delta(\overline{r}) \circ U_0$ y se concluye con esta otra equivalente:

$$\frac{dQ}{dq} = \delta(\overline{r}) \circ U_0 \qquad [31.1]$$

Obsérvese que la razón «dismétrica» indicada se simboliza con dos rayas horizontales porque no se trata de una razón aritmética, dado que el elemento dQ indica una cantidad de magnitud y, por tanto, representa una díada, concretamente la $[dq, U(\overline{r})]$. Se trata de la división derivada de la multiplicación por un escalar del apartado XI de la *Primera álgebra de magnitudes*, aquí página 127.

Insistiendo en la característica distintiva de los espacios «dismétricos», esto es, que la congruencia no equivale a igualdad de segmentos, véase cómo se puede establecer en ellos una distancia con el siguiente esquema:

Sea un espacio «dismétrico» y tómense dos puntos del mismo A y B. Supóngase que la «dismetría» de ese espacio quede caracterizada por la función de densidad «dismétrica» $\delta(\overline{r})$, donde $\overline{r}$ representa el vector posición de un punto cualquiera. Sea $d\overline{r}$ la variación diferencial genérica en la dirección del segmento AB. La cantidad de longitud que incluye este segmento se puede indicar por S_{AB} y vendrá dada por la expresión integral que suma todos los elementos diferenciales incluidos entre A y B, es decir:

$$S_{AB} = \int_{A}^{B} \left[dr \circ U(\overline{r}) \right]$$

$U(\overline{r})$ señala la unidad de longitud congruente con la unidad U_0 para la posición $\overline{r}$ y dr se refiere al módulo del vector diferencial $d\overline{r}$. Por tanto, U_0 y $U(\overline{r})$ son segmentos unitarios congruentes, el primero situado en el entorno del origen de coordenadas y el segundo en el entorno de la posición $\overline{r}$; pero, tratándose de un espacio «dismétrico», estos segmentos no tienen la misma cantidad de longitud, sino que sus respectivas longitudes están relacionadas por cierta función de densidad «dismétrica» $\delta(\overline{r})$, de modo que $U(\overline{r}) = \delta(\overline{r}) \circ U_0$.

En estas condiciones, se tiene que la cantidad de longitud S_{AB} del segmento AB queda descrita por la expresión:

$$S_{AB} = \int_{A}^{B} \left[dr \circ U(\overline{r}) \right] = \left[\int_{A}^{B} dr \circ \delta(\overline{r}) \right] \circ U_0$$

La función «dismétrica» de densidad de longitud $\delta(\overline{r})$ reproduce el hecho físico de que dos segmentos geométricamente congruentes resulten tener diferentes longitudes o, lo que es igual, diferentes distancias entre sus puntos extremos. Esta cualidad, se insiste una vez más, es la que caracteriza los espacios «dismétricos» y los diferencia de los isométricos. En estos, la congruencia es sinónimo de igualdad de cantidad de magnitud, mientras que en los «dismétricos» no es así. Por ejemplo, identificando U_0 con el metro patrón en el origen, en física ordinaria se podrán encontrar segmentos congruentes de 6 m, y todos los segmentos congruentes con otro de 6 m medirán también 6 m, no importando su localización. En cambio, en un espacio «dismétrico», dado un segmento de 6 m en el origen, otros posicionados en diferentes puntos y congruentes con él podrán tener medidas de 5 m, 3 m, 2 m o cualquier otra que sea compatible con la función de densidad «dismétrica» $\delta(\overline{r})$.

Establecida la distancia entre los puntos de un espacio «dismétrico», debe pensarse a continuación en la mecánica de magnitudes resultante. Para ello, analicemos el caso de un movimiento radial respecto de una masa puntual M dentro de un espacio en que la masa afecte a la densidad de longitud y no al tiempo. La cinemática de este problema resultaría así:

Sea $\overline{r}$ el vector posición del punto cuyo movimiento radial se analiza en relación con la posición de la masa puntual M, que se toma como origen. Sea dS la cantidad de longitud vectorial en la unidad L para la posición $\overline{r}$ de un vector equipolente (sinónimo de congruencia en el caso de magnitudes vectoriales) con $(d\overline{r}, L_0)$ o con la notación equivalente $d\overline{r}\, L_0$, donde L_0 sea la unidad de longitud en el vacío. La «dismetría» del espacio quedará indicada por cierta función de densidad «dismétrica» $\delta(M, \overline{r})$ tal que, como se ha visto, $L(M, \overline{r}) = \delta(M, \overline{r}) \circ L_0$. La razón «dismétrica» diferencial [31.1] permite establecer lo siguiente:

$$\frac{dS}{d\overline{r}} = \delta\left(M, \overline{r}\right) \circ L_0$$

Supóngase que la magnitud tiempo sea isométrica, por lo que no se verá afectada por la masa y su unidad en el vacío T_0 servirá también en presencia de la masa M, y así la cantidad de tiempo en todo caso vendría dada por la díada (t, T_0) o su notación equivalente $t\, T_0$. Dado que las operaciones diádicas son isomorfas con las de R, las leyes de diferenciación permitirían llegar a la conclusión indicada por la siguiente expresión analítica, que encadena varias igualdades, multiplicando y dividiendo por $d\overline{r}$:

$$\frac{dS}{dt\,T_0} = \frac{dS}{d\overline{r}} \circ \frac{d\overline{r}}{dt\,T_0} = \left[\delta(M,\overline{r}) \circ L_0\right] \circ \frac{d\overline{r}}{dt\,T_0}$$

Teniendo en cuenta que $dS = d\overline{r}\,L$, o lo que es igual, dS indica la díada $(d\overline{r}, L)$, el primer miembro representa la velocidad física $\overline{v}$ en el punto $\overline{r}$ en el instante $t\,T_0$ y que el último factor $d\overline{r}/dt$ es la medida de la velocidad en el vacío $\overline{v}_0$, se tendrá:

$$\overline{v}\,\frac{L}{T_0} = \left[\delta(M,\overline{r}) \bullet \overline{v}_0\right]\frac{L_0}{T_0} \qquad [31.2]$$

Resulta así que la función de densidad de longitud δ no solo relaciona las cantidades de longitud vectorial, sino las velocidades física y en el vacío. Por otra parte, en el caso particular de un espacio isométrico serán $L = L_0$ y $\delta(M,\overline{r}) = 1$ en todo punto y la velocidad física coincidirá con la del vacío, siendo asimismo $\overline{v} = \overline{v}_0$. También podría entenderse que $\overline{v}$ indique la velocidad «dismétrica» y $\overline{v}_0$ la isométrica. Pero la expresión [31.2] todavía esconde una consecuencia singular. Observándola no es difícil llegar a la conclusión de que siempre ha de ser $\overline{v} = \overline{v}_0$, resultado que se podría haber establecido directamente de este modo:

$$\overline{v}\,\frac{L}{T_0} = \left[\delta(M,\overline{r}) \bullet \overline{v}\right]\frac{L_0}{T_0} \Rightarrow \overline{v}\,\frac{L}{T_0} \neq \overline{v}\,\frac{L_0}{T_0} \text{ si } \delta(M,\overline{r}) \neq 1$$

Recordando que L y L_0 son longitudes congruentes que, no obstante, llevan implícitas cantidades de longitud diferentes, en lenguaje común esto significa que en un espacio «dismétrico» la misma medida de la velocidad corresponderá a cantidades de velocidad diferentes en función de la situación, toda vez que la unidad de medida contiene cantidades diferentes según cuál sea la posición.

La confirmación lógica y matemática de este resultado supone una amenaza muy seria para la pervivencia de la *teoría de la relatividad*. Esta mítica teoría se basa en la constancia de la velocidad de la luz, postulado que se sustenta en las mediciones realizadas en experimentos del entorno terrestre. Y no hay que tener muchas luces para advertir con el álgebra «dismétrica» que las mismas medidas pueden indicar velocidades diferentes, dado que los secundarios de las díadas no son constantes, a pesar de que se trate de la misma unidad patrón, pues su cantidad de longitud implícita varía en la razón que marca la función de densidad, que a su vez es el parámetro indicado por un número real que relaciona las cantidades diádicas entre sí.

Se observa con todo ello que el álgebra de magnitudes enseña que las variaciones «dismétricas» afectan a la cinemática del movimiento, lo que abre grandes posibilidades para describir nuevos fenómenos físicos hasta ahora inexplicados. Incluso permite vislumbrar que la todavía pendiente unificación de las fuerzas naturales pudiera resolverse por esta vía. Llegamos así a un más que probable giro copernicano de la ciencia, que podría resumirse en estos términos:

Dados dos puntos cualesquiera del espacio, estos no cambiarían, serían meras referencias abstractas y congruentes en todo caso entre sí; lo que podría variar serían las cantidades de magnitudes entre ambos, como por ejemplo la cantidad de longitud que comprenda la distancia que los separa. Así que un espacio «dismétrico» será geométricamente isométrico y euclidiano, si se cuentan en él simplemente la cantidad de segmentos congruentes entre dos puntos, lo que equivaldría a la medición clásica; pero físicamente, a efectos de los fenómenos naturales, los segmentos congruentes pueden incorporar cantidades de longitud diferentes, y con ello cambiarían las leyes que rigen en estos espacios. Con estos antecedentes, podrían establecerse algunos principios básicos que caracterizarían los espacios «dismétricos»:

El espacio vacío sería un ente matemático abstracto. No sería un ente físico. Quedaría representado, por definición, mediante el espacio puntual afín euclidiano de tres dimensiones, que nace de la aplicación del método hipotético-deductivo de la matemática. Los puntos de este espacio serían meras posiciones invariantes de naturaleza no física y, por tanto, independientes de toda perturbación material. Dados dos puntos cualesquiera, sus posiciones serían fijas, no cambiarían, serían simples referencias espaciales de ese ámbito inmaterial, abstracto e inmutable; sin embargo, las cantidades de magnitudes presentes en esos puntos y sus variaciones entre ellos podrían ser sensibles a los fenómenos físicos. Por ejemplo, la cantidad de longitud que comprenda la distancia entre dos puntos cualesquiera podría depender de los campos gravitatorios o electromagnéticos u otras acciones físicas. Admitiendo esta posibilidad, perfectamente plausible, los efectos de las distintas acciones presentes en la naturaleza podrían componerse mediante el principio de superposición de efectos. Aunque el espacio matemático no cambiase y permaneciese congruente, sí que podrían cambiar las cantidades de longitud y demás magnitudes entre sus puntos por la acción de las diferentes perturbaciones físicas. Ese espacio matemático inmutable podría ser el que se observara al efectuar mediciones por congruencia, por lo que podría llamarse espacio aparente. Por su parte, el espacio físico, relacionado con el matemático mediante las funciones de densidad «dismétrica» δ, podría tenerse por el espacio real; aunque también podría contemplarse a la inversa: el espacio matemático podría ser el real y el físico podría figurar como aparente. En todo caso, habría que saber distinguir entre realidad y apariencia, e investigar qué funciones δ serían apropiadas para representar las correspondencias entre ambas.

De este modo, el álgebra de magnitudes da un salto significativo, porque de ser mero instrumento lógico para dar consistencia a la Física actual, revelando y resolviendo la paradoja de «aritmetización» de la Física, pasa a convertirse en fértil semillero de innovaciones físicas, lo que supone un giro copernicano en la formulación de las leyes científicas que rebasa los límites de este manual sobre la *Primera álgebra de magnitudes*, por lo que esta se limita con este artículo a proporcionar unas ideas básicas y generales de la apoteósica novedad encontrada, dando paso a una nueva investigación y publicaciones que se ocuparán de la naciente **álgebra de los espacios «dismétricos»**, caracterizados por su criterio de igualdad específico, que se aparta de la mera congruencia geométrica y se centra en la cantidad de longitud variable por diversas causas, de modo que la igualdad «dismétrica» admite que segmentos congruentes tengan diferentes cantidades de longitud, lo que lleva al concepto, algo chocante e inusual, de densidad de longitud y sus correspondientes funciones de densidad «dismétrica» δ.

Continuando con estas ideas preliminares, véase cómo los espacios «dismétricos» afectan a la clásica clasificación de las magnitudes. Tradicionalmente, como las unidades se suponen tácitamente constantes, hipótesis que aquí se ha llamado isometría, las magnitudes se clasifican en escalares, vectoriales o tensoriales, atendiendo únicamente al elemento matemático que representa la medida. En cambio, en condiciones «dismétricas» la misma unidad o segmento afín presentará cantidades de magnitud diferentes según su posición y en función de las diversas causas que determinen tal variación.

Sin ánimo de exhaustividad, simplemente para poner de manifiesto el fenómeno, se pueden clasificar las magnitudes «dismétricas» en rígidas y elásticas. Las rígidas se pueden definir como aquellas insensibles a la posición y a toda perturbación física, en definitiva son las isométricas. Las elásticas serían aquellas que cambian por la posición o por otros agentes actuantes. Recordando la definición de «dismetría», dadas dos unidades congruentes de cierta magnitud U_0 y U, relativas a posiciones diferentes cualesquiera, quedarán representadas por segmentos superponibles al transportarlos como cuerpos rígidos, como mandan los cánones de la geometría; pero las cantidades de magnitud que representan no serán iguales, por lo que su razón diádica no resultará unitaria, sino un número distinto de uno, que expresará la densidad de longitud relativa a U_0. Haciendo esta operación en cada punto del espacio posicionado por el vector $\overline{r}$ respecto de la posición de U_0, se tendrá la función de densidad

SIMULTANEIDAD
Diferencia entre las superficies equitemporales en un espacio isométrico y en otro «dismétrico»

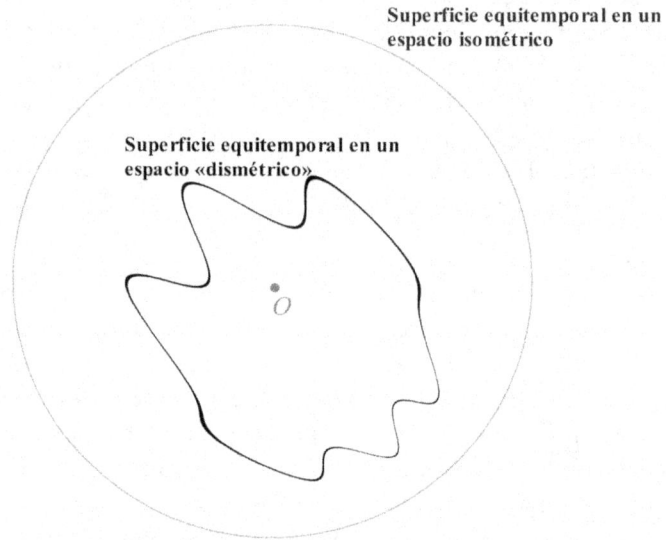

En un espacio isométrico, que podría tratarse del espacio vacío, las superficies de simultaneidad equitemporales de los rayos de luz que partan de un punto O serían esferas concéntricas con centro en el punto del destello.

En un espacio «dismétrico» la velocidad de la luz varía de un punto a otro, a pesar de que su medida c pudiera mantenerse constante, y las superficies equitemporales serían superficies irregulares o asimétricas.

Figura 21

«dismétrica» $\delta(\overline{r})$, tal que la razón diádica es $U/\!/U_0 = \delta(\overline{r})$. Obviamente, en un espacio isométrico $\delta(\overline{r}) = 1$ en todo punto, siempre será $U = U_0$ y la congruencia significará también igualdad de cantidad de longitud o en general de magnitud afín.

Otra cuestión a dilucidar es el concepto de **simultaneidad**. Obsérvese la figura 21. En ella se supone la producción de un destello de luz en todas las direcciones desde un punto O. En un espacio isométrico, considerando que tal característica comprenda también la propiedad de isotropía, la luz se propagaría a la misma velocidad en todas las direcciones y las superficies de simultaneidad temporal desde el momento del destello serían esferas concéntricas en O perfectamente simétricas. Esta situación es la que debería darse en el espacio vacío en ausencia de toda perturbación. Sin embargo, en un espacio que presente «dismetría» por cualquier casusa, sea por su propia naturaleza o por la presencia de campos de fuerzas diversas, la velocidad de la luz variaría de un punto a otro y las superficies equitemporales resultarían irregulares o asimétricas. Pues bien, nada se opone a la consideración de que el universo presente «dismetrías» por causas múltiples, lo que abre para la Física horizontes de investigación e innovación inagotables.

El experimento realizado durante un eclipse el 29 de mayo de 1919, concebido por Sir Frank Watson Dyson, se considera que confirmaría la *relatividad* einsteniana frente a la gravitación clásica de Newton. Pues bien, los espacios «dismétricos» permitirían explicar el mismo fenómeno, esto es, la curvatura de los rayos de luz y, por tanto, la visibilidad de una estrella oculta por el Sol. Para comprobarlo, consideremos que el espacio material puede referirse en abstracto al espacio afín euclidiano de tres dimensiones, que vendría a ser su representación matemática, asumiendo el criterio de congruencia de segmentos como fundamento de las mediciones en este espacio. A él se puede asociar biunívocamente mediante cierta función de densidad «dismétrica» $\delta(M,\overline{r})$ su espacio trasformado en que deberían desarrollarse los fenómenos físicos. Se llega así a la «dismetría» dual, basada en correspondencias como la indicada. En la figura 22 se describe la situación del eclipse y su explicación mediante espacios duales «dismétricos». Así como antes se consideró una función de densidad «dismétrica» $\delta(M,\overline{r})$ de $R \times E^3$ en R, tal que en $\overline{r}=\overline{0}$ sea $\delta(M,\overline{0})=0$ y que para para $r \to \infty$ sea $\delta(M,\overline{r})=1$, y se dijo que sería como si la masa vaciase la longitud de los segmentos; en este caso nada impide formular la hipótesis

LOS ESPACIOS «DISMÉTRICOS» DUALES
Un ejemplo de «dismetría» dual que se ajusta al experimento del eclipse de hace cien años

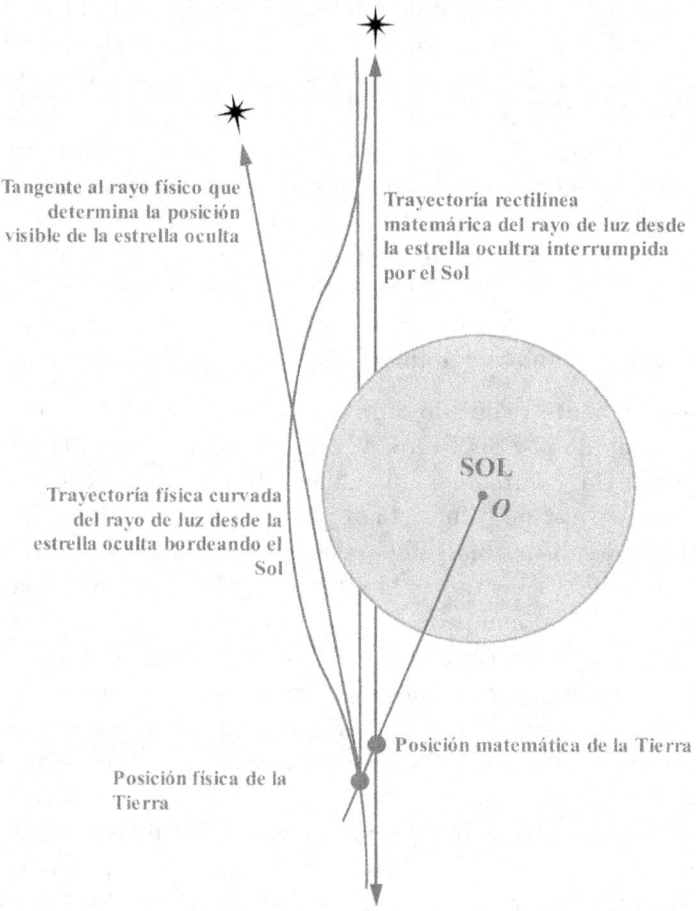

Los espacios «dismétricos» duales asocian biunívocamente el espacio matemático afín euclidiano de tres dimensiones con el espacio físico en que se desarrollarían los fenómenos naturales.

Figura 22

contraria, esto es, que la masa rellene los segmentos con más longitud que en el vacío. Tal fenómeno quedaría representado por una función de densidad $\delta(M,\overline{r})$ tal que en $\overline{r}=\overline{0}$ sea, por ejemplo, $\delta(M,\overline{0})=\infty$ y con $\overline{r}$ tendiendo a infinito sea $\delta(M,\overline{r})=1$, como en el vacío. Así nos encontraríamos con que la influencia de una masa incrementaría la cantidad de longitud de segmentos congruentes, tanto más cuanto más cercana a la masa sea la posición. Como consecuencia de ello, se podría concebir la situación de la figura 22 en que el Sol oculte una estrella respecto de la posición relativa de la Tierra, que presentaría una posición matemática en el espacio congruente o isométrico, y una posición física diferente en el espacio «dismétrico» dual. A su vez, dada la forma supuesta para la función de densidad $\delta(M,\overline{r})$, la distancia matemática o por mera congruencia al origen O en el centro del Sol siempre sería menor que la distancia física o «dismétrica». Del mismo modo, una recta o trayectoria matemática de un rayo de luz, se transformaría en una curva en el espacio «dismétrico» que bordearía al Sol. En estas condiciones, la tangente a la trayectoria física del rayo de luz desde la estrella oculta y en la posición física de la Tierra haría visible la estrella situada tras la esfera solar.

Es claro, por tanto, que los espacios «dismétricos» duales permiten establecer modelos físicos en los que se asocien el espacio real y el aparente, distinguiendo entre lo que se ve a través de los procesos de observación y de medida, y lo que realmente sea el espacio material.

La matemática sin saberlo admite los **espacios «dismétricos» duales**, por lo que su existencia queda asegurada por esta observación. Veamos algunos casos sencillos. En la figura 23 se representa un arco de circunferencia y una recta tangente a ella. La proyección central de los puntos del arco sobre la recta es de naturaleza «dismétrica», porque la cantidad de longitud de los segmentos sobre la recta presenta densidad de longitud variable, si se asocia la cantidad de longitud de estos segmentos con sus arcos correspondientes, como ocurre, por ejemplo en las conocidas representaciones cartográficas, en que las distancias sobre la carta dependen de la latitud, de modo que, a mayor latitud, los mismos

LA PROYECCIÓN CENTRAL
Ejemplo de espacio «dismétrico» dual

Proyectando los puntos de una circunferencia desde su centro sobre una recta tangente, se obtiene una correspondencia «dismétrica». A arcos iguales sobre la circunferencia corresponden segmentos diferentes sobre la recta.

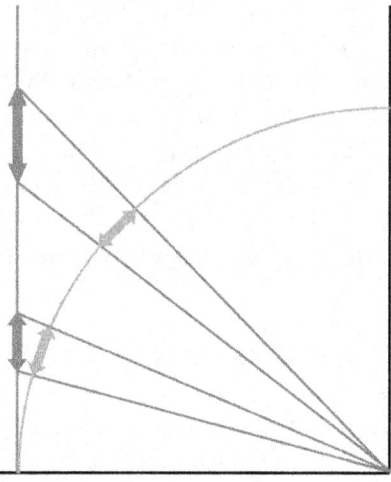

Los espacios duales «dismétricos» permiten asociar cualquiera de sus elementos al espacio matemático o al espacio físico. Así, en este caso, la recta podría ser el físico y el arco el matemático, o recíprocamente.

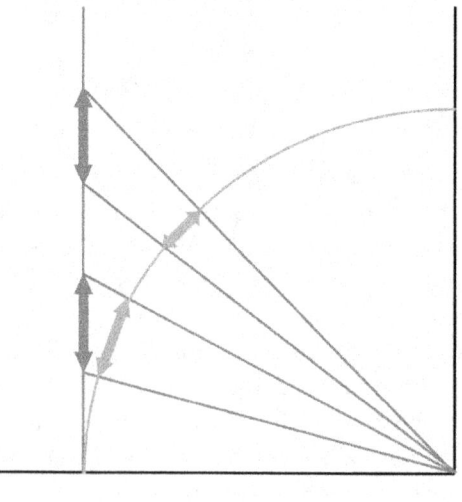

De la misma manera, en este espacio dual «dismétrico» a segmentos iguales sobre la recta corresponden arcos diferentes.

Figura 23

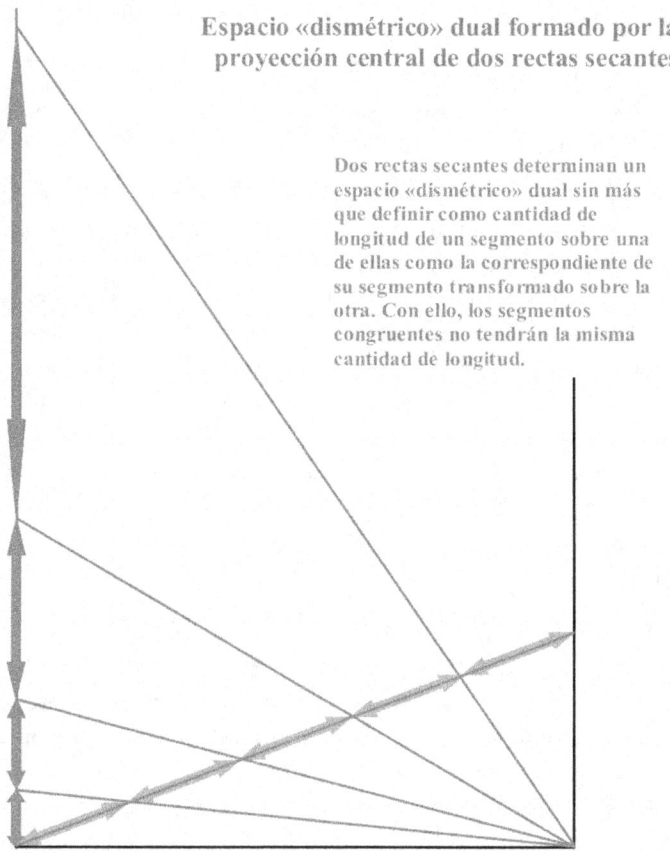

Espacio «dismétrico» dual formado por la proyección central de dos rectas secantes

Dos rectas secantes determinan un espacio «dismétrico» dual sin más que definir como cantidad de longitud de un segmento sobre una de ellas como la correspondiente de su segmento transformado sobre la otra. Con ello, los segmentos congruentes no tendrán la misma cantidad de longitud.

Figura 24

arcos de meridiano sobre el terreno aparecerán representados por segmentos mayores; o recíprocamente, segmentos congruentes sobre la carta indicarán arcos diferentes sobre el terreno. No es necesario que uno de los espacios sea curvo, pues la proyección central entre dos rectas no paralelas constituye un espacio «dismétrico» dual, tal como se observa en la figura 24. Segmentos congruentes sobre una de las rectas se transforman en segmentos distintos sobre la otra, por lo que, sin más que definir como cantidad de longitud de un segmento la correspondiente de su transformado, cada recta se transformará en un espacio «dismétrico» en que las cantidades de longitud de segmentos congruentes no serán constantes.

Este fenómeno no se dará entre rectas paralelas, porque el *Teorema de Tales* determina que a segmentos congruentes les corresponden por proyección central otros asimismo congruentes.

En general, toda función no lineal $y=f(x)$ representada mediante un sistema de coordenadas cartesiano define un espacio «dismétrico» dual, siempre que se defina en cualquiera de los ejes la cantidad de longitud de sus segmentos por sus correspondientes en el otro eje. Así, por ejemplo la igualdad de los segmentos en que se divida el eje de abscisas quedará rota al establecer como cantidad de longitud de cada uno de ellos la diferencia entre las ordenadas de sus extremos, dadas por la función $f(x)$, resultando que los segmentos congruentes en el eje de abscisas no serán iguales, puesto que tendrán asociadas cantidades de longitud diferentes.

En la Matemática se pueden identificar por todas partes espacios «dismétricos» puros, en el sentido de no duales. Por ejemplo, una escala logarítmica como la de la figura 25 es un espacio «dismétrico» construido con segmentos congruentes tales que la coordenada no sea proporcional sino que marque el antilogaritmo de la distancia al origen. Así se tendrá que los segmentos congruentes S_1, S_2, S_3, etc., al yuxtaponerlos marcan respectivamente las abscisas 0, 1, 2, 3, etc. Si en esas mismas abscisas se indican los antilogaritmos de 0, 1, 2, 3, etc., es decir, 1, 10, 100, 1.000, etc., y se considera que cada segmento tiene la cantidad de longitud que determine la diferencia entre los antilogaritmos de sus extremos, resultará un espacio «dismétrico» en que las longitudes asociadas a los segmentos S_1, S_2, S_3, etc., que no se olvide son congruentes entre sí por la propia construcción de la escala, serán respectivamente $S_1=9$, $S_2=90$, $S_3=900$, etc. Una sola escala se puede contemplar como un espacio «dismétrico» de dimensión uno. Dos escalas dispuestas cartesianamente marcarán un espacio «dismétrico» de dimensión dos. Y tres escalas otro de dimensión tres. La característica común de todos estos espacios es

LA ESCALA LOGARÍTMICA
Ejemplo de espacio «dismétrico» puro

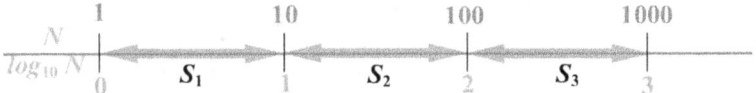

Definiendo la cantidad de longitud de cada segmento S_i como la diferencia de los antilogaritmos de sus extremos, resulta un espacio «dismétrico» en que los segmentos congruentes S_i tienen cantidades de longitud diferentes. Así resultan $S_1=9$, $S_2=90$, $S_3=900$, etc.

Figura 25

que, aunque los ejes coordenados estén divididos en segmentos S_i congruentes entre sí, sin embargo cada uno de ellos contendrá diferente cantidad de longitud según la posición que ocupe en el espacio.

Las operaciones con regla de cálculo y ella misma se basan en las propiedades de las escalas logarítmicas, que se esbozan en el apartado XVIII, páginas 176 y siguientes del reiterado manual.

En resumen, la *Primera álgebra de magnitudes* pone la atención en los elementos básicos que utiliza la Física en sus formulaciones, las díadas, que representan cantidades de magnitudes. Descubre y resuelve la paradoja de «aritmetización» de la Física y desarrolla un álgebra diádica específica. Pues bien, esas cantidades físicas es evidente que no solo pueden cambiar porque varíe el primer elemento diádico, que es su componente matemático, sino además porque el segundo, el que representa la unidad patrón que se utilice como comparación en la medición, indique cantidades de magnitud distintas en función de causas diversas. Obsérvese que no nos referimos a meros cambios de múltiplos o submúltiplos en la unidad de medida, sino a mutaciones intrínsecas en la cantidad incluida en una misma unidad, lo que se ha descrito como disonancia entre congruencia e igualdad, es decir, que la congruencia de dos segmentos no significa que presenten siempre la misma cantidad de longitud, sino que esta variará en función de las circunstancias, lo que nos lleva al concepto innovador de densidad de longitud, que adquiere sentido pleno al definir las funciones «dismétricas».

Se tiene así el fenómeno que hemos llamado «dismetría» frente a la isometría clásica, que supone invariantes las unidades en todos sus aspectos. Nos hallamos, por tanto, ante una observación sensacional, omitida hasta ahora por la ciencia, que debe tenerse en cuenta para el desarrollo de nuevos modelos científicos. La «dismetría» es ineludible, porque matemática y lógicamente es inobjetable, y porque la Física no puede prescindir del semillero de innovaciones que revela esa revolución inevitable, que supone un giro copernicano similar a la famosa disyuntiva entre geocentrismo y heliocentrismo.

Un espacio «dismétrico» dual se puede matematizar de diversas formas. Una sería mediante un tensor que sirva de operador para relacionar los espacios matemático y físico, o real y aparente, transformando uno en otro. Los espacios «dismétricos» no duales quedarían matematizados mediante una función de densidad «dismétrica» que relacione la cantidad de longitud que acojan los segmentos geométricamente congruentes en función de su posición espacial o espacio-temporal, sin olvidar que por el postulado de afinidad este método serviría para cualquier magnitud, no solo para la longitud.

La Matemática y la Física se han fundamentado desde siempre en una hipótesis tácita casi invisible, se trata de la presuposición de que todos los segmentos congruentes tengan la misma cantidad de longitud y por ello se dice que son iguales. Este criterio de igualdad admite lo que se ha llamado aquí isometría del espacio o hipótesis de que la densidad «dismétrica» sea constante con independencia de la posición. Se recuerda nuevamente que en el proceso de medida lo que se hace es contar el número de segmentos congruentes que caben entre dos puntos cuya distancia se quiera establecer, y así se obtiene un número real q que indica tal distancia, expresada en la unidad U tomada como referencia, representando la medición con el par diádico (q, U). En un espacio isométrico la cantidad de longitud de la unidad patrón U se supone tácitamente invariable. Por tanto, el procedimiento de medida clásico presenta un defecto fundamental, porque se limita a contar el número de segmentos congruentes con una unidad patrón, despreciando sin querer la variabilidad de las cantidades que acojan las unidades adoptadas como referencia. En contraposición a ello, se ha visto y se insiste en la crucial observación de que la cantidad de longitud de los segmentos congruentes dependa de las circunstancias en función de diversas causas, o dicho con otras palabras, que el elemento dimensional U de las díadas, el llamado secundario, aun manteniendo su congruencia, sea variable en cada posición espacio-temporal, lo que nos lleva a los espacios «dismétricos», innovación copernicana que está llamada a revolucionar los modelos científicos, porque por el postulado de afinidad la «dismetría» se puede extender a todas las magnitudes.

En este artículo se han esbozado las líneas fundamentales y el potencial de los espacios «dismétricos», de modo que todo lector atento podrá apreciar con relativa facilidad su trascendencia para la ciencia. Cualquiera puede entender que para las unidades físicas solo hay dos posibilidades: que su cantidad de magnitud sea la misma en todo el espacio o que tales cantidades varíen según la posición espacio-temporal, que es la **observación «dismétrica»** que se suscita por pura lógica. Actualmente esta opción es tácitamente omitida y, por tanto, no se formula explícitamente la hipótesis contraria, que es la creencia en la imperturbabilidad intrínseca de las unidades físicas, lo que aquí se ha llamado **hipótesis silenciosa de isometría**. No obstante, antes o después y para el progreso de la Física la «dismetría» se abrirá camino sin remedio, porque es lógicamente inobjetable y materialmente plausible, chocando frontalmente con la mismísima existencia de las constantes físicas y todo lo que ello llevaría consigo, desde la refundición del actual Sistema Internacional de Unidades, basado en patrones fijos e inmutables, hasta la más que sospechosa invariancia de la velocidad de la luz en el vacío para todos los sistemas inerciales, que es un principio fundamental de la *relatividad* einsteniana, de tal modo que, si esa invariancia no fuera real, toda la *relatividad* caería por sus cimientos, quedando reducida a un mero modelo matemático muy bien construido, pero sin referente material. Y, como hemos visto en este artículo, matemática y lógicamente la medida constante de la velocidad de la luz en el entorno terrestre no garantiza en absoluto que permanezca invariable en todo el espacio.

La «dismetría» está llamada a revolucionar la Física, o mejor aún, **crea una nueva Física**, superando la más que pueril «aritmetización» actual de esta ciencia, que está mutilada por la elemental, arbitraria e invisible isometría imperante, impidiendo el desarrollo de innovaciones creativas y realistas. Más que una revolución, se trataría de una **nueva Física**, mucho más rica en su potencial de representación que la actual.

Section XXXII

«DYSMETRIC» FORMULATION OF PHYSICAL LAWS
Second law of Newton

In order to illustrate how physical laws are transformed with «dysmetry», this section is developed, which tries to guide scholars and researchers about the notable influence of the flexibility of magnitudes, to the point of unfailingly committing ourselves to a new Physical. The previous evidence presented to us is the distinction between observing space as a continuous whole or, on the contrary, as a set of discrete and independent environments. The first perspective, the most rigorous and complex, leads to what we might call the complete formulation of the «dysmetric» physical laws; the second, less elaborate and much simpler, could be called a discrete formulation of those same laws.

We chose Newton's second law as the first element of «dysmteric» analysis. We know that for physical algebra this law relates three magnitudes: force, mass and acceleration. Force and acceleration are vector magnitudes, while mass is scalar. In article 16 of section XXVIII in the First Algebra of Magnitudes the «dyadic form of physical equations» was explained. One of the cases studied there is precisely Newton's second law. It was said that it is about the multiplication of a scalar physical quantity by another vector, so that, given a mass expressed with the scalar dyad (M kg), the acceleration indicated by the vector dyad ($\overline{a}$ m$/\!/$s^2) and the acting force symbolized by the vector dyad ($\overline{F}$ N), Newton's second law should be written in terms of the dyadic algebra $\mathscr{D}$ with the form ($\overline{F}$ N)=(M kg)$\odot$($\overline{a}$ m$/\!/$s^2), where the multiplication «$\odot$» corresponds to the composition law of section XX or 11 of XXVIII. The definition of this operation allows us to write the same equation above $(\overline{F}\ N)=[(M\bullet\overline{a})(kg*m/\!/s^2)]$, in which three composition laws appear: the multiplication «•» of a real number by a vector, the scalar dyadic multiplication «*» and the scalar dyadic division «//». For simplicity, the case of an «dysmetric» space such that the only flexible magnitud is length can be assumed. Let the primary measure be the vector measure of the velocity at a point P in space. By hypothesis, the quantity of length of the standard meter m in the reference environment and the congruent meter m_P at point P will be related by the «dismetric» density δ_P with $m_P = \delta_P \circ m$; while time is rigid or isometric, so the quantity of time a second welcomes will always be the same. Thus, the velocity in P will be:

$$\overline{v}\ \frac{m_P}{s} = \overline{v}\ \frac{\delta_P \circ m}{s} = \left[\delta_P \bullet \overline{v}\right] \frac{m}{s} \qquad [32.1]$$

Instead of abstract units, we are using terrestrial units as reference elements, and we designate the corresponding ones at the generic point P indicating it with a subscript, so that Newton's second law at any point P would be written like this:

$$(\overline{F}\ N_P) = [(M \bullet \overline{a})(kg * m_P /\!/ s^2)] \qquad [32.2]$$

Mass and time are magnitudes that by hypothesis in the case studied are rigid, hence their units have not been indicated with the subscript P, which indicates the point in space where this physical law applies, a notation reserved for flexible magnitudes, in this case only length and force, which is a composite magnitude.

We define the «dysmetric» acceleration at point P as the differential dyadic quotient between the dyads quantity of velocity and quantity of time:

$$\overline{a}_P\ \frac{m_P}{s^2} = \frac{d\left(\overline{v}\ \dfrac{m_P}{s}\right)}{d(t\,s)}$$

Therefore, by differentiating the second member of equation [32.1] with respect to time, we will have the «asymmetric» acceleration in P. Since the meter m is the reference length standard it is invariable with time. In turn, the second, unit of time, by hypothesis, always contains the same quantity of time. Therefore m and s are constant with respect to time, and thus we have the following derivative:

$$\overline{a}\,\frac{m_P}{s^2} = \frac{d\left(\overline{v}\,\dfrac{m_P}{s}\right)}{d(t\,s)} = \frac{d(\delta_P \bullet \overline{v})\,\dfrac{m}{s}}{dt\,s} = \left(\frac{d\delta_P}{dt}\bullet \overline{v} + \delta_P \bullet \frac{d\overline{v}}{dt}\right)\frac{m}{s^2}$$

Since $m_P = \delta_P \circ m$, it will be $m = m_P /\!/ \delta_P$ and the second member of the previous equation can be written like this:

$$\overline{a}\,\frac{m_P}{s^2} = \frac{\left(\dfrac{d\delta_P}{dt}\bullet \overline{v} + \delta_P \bullet \dfrac{d\overline{v}}{dt}\right)}{\delta_P}\,\frac{m_P}{s^2} \qquad [32.3]$$

Since the secondaries of these two dyads are equal, the primaries must also be equal, so by virtue of the criterion of dyadic equality, the vector measure of the acceleration in P will be given by

$$\overline{a} = \frac{\left(\dfrac{d\delta_P}{dt}\bullet \overline{v} + \delta_P \bullet \dfrac{d\overline{v}}{dt}\right)}{\delta_P} \qquad [32.4]$$

Substituting the previous measure [32.4] of the acceleration vector $\overline{a}$ in [32.2], the «dysmetric» expression of Newton's second law results, whose measure does not simply correspond to the classical result of the measure of the derivative of the speed, but a more complex primary appears:

$$\left(\overline{F}\,N_P\right) = M \cdot \frac{\left(\dfrac{d\delta_P}{dt} \cdot \overline{v} + \delta_P \cdot \dfrac{d\overline{v}}{dt}\right)}{\delta_P} \frac{kg * m_P}{s^2}$$

Newton's second law when only length is «dysmetric»   [32.5]

This result accepts the general case in which the density function varies both through space and time. If δ_P did not depend on time, its derivative would be null and would result:

$$\left(\overline{F}\,N_P\right) = M \cdot \frac{d\overline{v}}{dt} \frac{kg * m_P}{s^2} \qquad [32.6]$$

Just as [32.5] is the general «dysmetric» form of Newton's second law in a space in which the only flexible fundamental magnitude is length, [32.6] corresponds to a particular case of flexibility in which the density function of length does not depend on time, but only on position, resulting in that the form of Newton's second law remains uniform at all points in space without more than contemplating at each point the unit of length inherent in it, that is, the meter m_P, congruent with the reference standard meter m at a given fixed point, since the derivative $d\overline{v}/dt$ is the vector measure of acceleration, which is independent of the unit of length that corresponds to each point P; and thus the existence of «dysmetric» spaces is mathematically verified in which the measures of physical properties, such as length, velocity, acceleration and force, remain constant even though the quantities associated with these measures are not constant, such as a consequence of the variation of the implicit quantities in the corresponding congruent units, differences reflected in the «dysmetric» densities.

In definition [32.3] it is observed that acceleration, understood as the dyadic quotient of the differentials of velocity and time, has the vector $\overline{a}$ as measure, and this vector does not coincide with the arithmetic derivative of the measure of velocity with respect to the time $d\overline{v}/dt$, as in classical mechanics, the effect of the density function of length δ_p also intervenes, as reflected in equation [32.4].

Only if δ_p is independent of time, its derivative being null, will the result [32.4] coincide with the classic one and we will have $\overline{a} = d\overline{v}/dt$. Otherwise, the acceleration measure will have the general form [32.4]. In turn, since $m_p = \delta_p \circ m$, equation [32.6] can obviously be written in this way:

$$\left(\overline{F}\,N_P\right) = \delta_P \times M \bullet \frac{d\overline{v}}{dt} \quad \frac{kg*m}{s^2}$$

It thus follows that, if the density δ_p is constant at each point P, the greater its value, the greater must be the force to be applied to a mass M to impart a certain fixed acceleration $\overline{a} = d\overline{v}/dt$; and on the contrary, the smaller is δ_p, the smaller will be that force. This result shows the influence of the «dysmetric» densities on physical phenomena and clearly indicates the representative qualities of this new Physics in those cases in which the «dysmetric» densities are affected by various causes. Thus, the same laws can be adapted to different environments without more than considering the «dysmetric» densities associated with each of them. When we speak of environments we refer to the terrestrial, atomic or cosmic spheres, as well as any other pertinent to the object of study.

For all these reasons, the assumption of classical physics that physical equations can be replaced by arithmetic relationships between the measures of the various magnitudes is nothing more than a crude simplification of the general case of «dysmetry». The «dysmetric» space examined here, one of the simplest that can be conceived, already reveals that «arithmetization» engenders a vital atrophy of physical models, severely limiting them in their capacity to represent natural phenomena.

At this point, it is time to move on to the second «dysmetric» analysis scheme, the **discrete formulation** of Newton's second law. To do this, suppose the space divided into various environments separated from each other by enormous distances. Let us admit that the separation between them is such that the effects they produce on each other are negligible for observers located in each of these places. Let us take one of them as a reference environment, for example, the terrestrial sphere, and indicate the physical units of it, omitting any subscript. In the field of another environment E, the quantities of the units of the various magnitudes congruent with those of the reference field will not remain constant and the relationship between them will be established by the corresponding density. Thus, the fundamental units in both systems of length L, mass M and time T, will be related in this way:

$$m_E = \delta_L \circ m; \quad kg_E = \delta_M \circ kg; \quad s_E = \delta_T \circ s \qquad [32.7]$$

Obviously, δ_L, δ_M and δ_T indicate the densities of the fundamental magnitudes of length, mass and time in the environment E with respect to the terrestrial reference, which are the fixed patterns adopted.

Suppose Newton's second law is valid in all such environments. In E this law can be written with the following notation:

$$(\overline{F} \ N_E) = (M \ kg_E) \odot (\overline{a} \ m_E // s_E^2) \qquad [32.8]$$

Referring equation [32.8] to the terrestrial reference environment through the relations [32.7], it will result:

$$(\overline{F} \ N_E) = [M \ (\delta_M \circ kg)] \odot [\overline{a} \ (\delta_L \circ m // \delta_T^2 \circ s^2)]$$

Operating with dyadic algebra, we easily arrive at the following expression:

$$\left(\overline{F} \ N_E\right) = \left(\frac{\delta_M \times \delta_L}{\delta_T^2} \times M \bullet \overline{a}\right) \frac{kg * m}{s^2} \qquad [32.9]$$

The dyadic formula [32.9] is the discrete «dysmetric» expression of Newton's second law in the environment E and linked to the terrestrial sphere of reference. It is easily observed that the factor in which the «dysmetric» densities appear, the subscripts formally reproduce the dimensional equation of the force quantity. Indeed, in accordance with classical dimensional analysis, it can be written:

$$[F] = \frac{M \times L}{T^2}$$

Therefore, the «dysmetry» gives full meaning to dimensional analysis, which was void of content due to the vice of «arithmetization», saved by dyadic algebra, knowing that the previous dimensional expression, in mathematical purity, should be written from this other way:

$$[F] = \frac{M * L}{T * T}$$

Where, in the absence of symbolic simplifications, the asterisk designates the algebraic operation that multiplies quantities of magnitudes and the double line shows the dyadic quotient.

On the other hand, repeating the analysis we made of the physical law [32.6], now regarding the corresponding [32.9], we can write it with the following notation:

$$\Delta_E = \frac{\delta_M \times \delta_L}{\delta_T^2} \Rightarrow \left(\overline{F}\, N_E\right) = \left(\Delta_E \times M \bullet \overline{a}\right) \frac{kg * m}{s^2}$$

We will say that Δ_E is the composite «dysmetric» density. It is easily observed that in an environment E in which Δ_E is very large, the force necessary to impart a certain acceleration $\overline{a}$ to a mass M will also be very large, in relation to another environment in which Δ_E is very small and for the same mass and acceleration. Therefore, the force corresponding to Newton's second law differs in each environment E as a function of the quantity of its composite «dysmetric» density Δ_E.

The preceding «dysmetric» analysis of Newton's second law, with this double approach, shows how classical physics childishly simplifies this law by means of an equation of vector algebra, the well-known $\overline{F} = M \cdot \overline{a}$ que, which uses only the measures of the related magnitudes, force, mass and acceleration, regardless of how the relationship between the units of these magnitudes may affect the phenomena represented. This is how the nefarious «arithmetization» of Physics tacitly dispenses with something so essential, such as physical or non-arithmetic algebras. Quantities of quantities and their relationships are the core of physical laws. Ignoring them and maintaining «arithmetization» is a guilty anachronism that keeps this science from flying. Here it has been verified how the specific dyad algebra of Physics transforms that essential law of nature into configurations never seen before, predicting a horizon of innovations never imagined from the simplicity of arithmetic algebra.

Apart from this, given the verification that «dysmetric» densities affect the measurements of physical phenomena, as we have observed, so that the higher the density, the greater the force for equality of mass and acceleration, it makes it clear that the same laws apply they can be applied to different physical environments without more than taking into account the appropriate «dysmetric» densities for each of them.

hus, any attentive reader who has followed the preceding «dysmetric» analysis of Newton's second law will easily glimpse where the new Physics is going and will have no objection to joining the «dysmetric» movement. You will agree that this tool is necessary and inalienable, and that it should be advocated, disseminated and generalized. Perhaps there are those who are intimidated by its apparent mathematical complexity, but these must be encouraged with the well-known adage that great conquests were never simple or lazy, and it turns out that there are very advanced mathematical tools, such as tensor calculus, which are suitable for accommodating «dysmetric» shapes. In any case, it would not be wise to give up any advance in our sight simply because of its complexity. The only limit of any researcher should not be other than the impossibility of something, never the effort or intelligence necessary to achieve it. Aristotle said that «There is only happiness where there is virtue and serious effort, because life is not a game». Or as Seneca sentenced: «Nothing would ever be discovered, if we considered ourselves satisfied with the things discovered». Ultimately, in the end, when everything is over, the only thing that remains and matters is what you have done. And it turns out that the new Physics, the «dysmetric» Physics, has yet to be done. It is an infinite and exciting task that can fill many lives. Nor can we imagine the surprises that this trip can bring us. The only sure thing is that it will be worth it.

Apartado XXXII

FORMULACIÓN «DISMÉTRICA» DE LAS LEYES FÍSICAS
Segunda ley de Newton

A fin de ilustrar cómo se transforman las leyes físicas con la «dismetría», se desarrolla este apartado, que trata de orientar a los estudiosos e investigadores sobre la notable influencia de la flexibilidad de las magnitudes, hasta el punto de abocarnos indefectiblemente a una nueva Física. La evidencia previa que se nos presenta es la distinción entre la observación del espacio como un todo continuo o, por el contrario, como un conjunto de entornos discretos e independientes. La primera perspectiva, la más rigurosa y compleja, conduce a lo que podríamos denominar la **formulación completa** de las leyes físicas «dismétricas»; la segunda, menos elaborada y mucho más simple, se podría denominar **formulación discreta** de esas mismas leyes.

Elegimos como primer elemento de análisis «dismétrico» la *segunda ley de Newton*. Sabemos que para el álgebra física esta ley relaciona tres magnitudes: la fuerza, la masa y la aceleración. Fuerza y aceleración son magnitudes vectoriales, mientras que la masa es escalar. En el artículo 16 del apartado XXVIII en la *Primera álgebra de magnitudes* se explicó la «forma diádica de las ecuaciones físicas». Uno de los casos allí estudiados es precisamente la *segunda ley de Newton*. Se dijo que se trata de la multiplicación de una cantidad física escalar por otra vectorial, de modo que, dadas una masa expresada con la díada escalar $(M\ kg)$, la aceleración indicada por la díada vectorial $(\overline{a}\ m/\!/s^2)$ y la fuerza actuante simbolizada con la díada vectorial $(\overline{F}\ N)$, la *segunda ley de Newton* debería escribirse en términos del álgebra diádica $\mathscr{D}$ con la forma $(\overline{F}\ N) = (M\ kg) \odot (\overline{a}\ m/\!/s^2)$, donde la multiplicación «$\odot$» se corresponde con la ley de composición del apartado XX o del 11 de XXVIII. La definición de esta operación permite escribir la misma ecuación anterior $(\overline{F}\ N) = [(M\bullet\overline{a})\ (kg*m/\!/s^2)]$, en la que aparecen tres leyes de composición: la multiplicación «•» de un número real por un vector, la multiplicación diádica escalar «∗» y la división diádica escalar «//».

Para simplificar, puede suponerse el caso de un espacio «dismétrico» tal que la única magnitud flexible sea la longitud. Sea $\overline{v}$ la medida vectorial, el primario, de la velocidad en un punto P del espacio. Por hipótesis la cantidad de longitud del metro patrón m en el entorno de referencia y el metro congruente m_P en el punto P quedarán relacionadas por la densidad «dismétrica» δ_P con $m_P = \delta_P \circ m$; mientras que el tiempo es rígido o isométrico, por lo que la cantidad de tiempo que acoge un segundo siempre será la misma. Así se tendrá que la velocidad en P será:

$$\overline{v}\,\frac{m_P}{s} = \overline{v}\,\frac{\delta_P \circ m}{s} = \left[\delta_P \bullet \overline{v}\right] \frac{m}{s} \qquad [32.1]$$

En lugar de unidades abstractas, estamos empleando unidades terrestres como elementos de referencia, y designamos las correspondientes en el punto genérico P indicándolo con un subíndice, con lo que la *segunda ley de Newton* en un punto cualquiera P se escribiría así:

$$(\overline{F}\ N_P) = [(M\bullet\overline{a})\ (kg*m_P/\!/s^2)] \qquad [32.2]$$

La masa y el tiempo son magnitudes que por hipótesis en el caso estudiado son rígidas, de ahí que sus unidades no se hayan señalado con el subíndice P, que indica el punto del espacio en que se aplica esta ley física, notación que se reserva para las magnitudes flexibles, en este caso únicamente la longitud y la fuerza, que es una magnitud compuesta.

Definimos la aceleración «dismétrica» en el punto P como el cociente diádico diferencial entre las díadas cantidad de velocidad y cantidad de tiempo:

$$\overline{a}_P \frac{m_P}{s^2} = \frac{d\left(\overline{v}\,\dfrac{m_P}{s}\right)}{d(t\,s)}$$

Por tanto, derivando respecto al tiempo el segundo miembro de la ecuación [32.1] se tendrá la aceleración «dismétrica» en P. Como el metro m es el patrón de longitud de referencia es invariable con el tiempo. A su vez, el segundo, unidad de tiempo, por hipótesis, contiene siempre la misma cantidad de tiempo. Por tanto m y s son constantes respecto del tiempo, y así se tiene la siguiente derivada:

$$\overline{a}\,\frac{m_P}{s^2} = \frac{d\left(\overline{v}\,\dfrac{m_P}{s}\right)}{d(t\,s)} = \frac{d(\delta_P \bullet \overline{v})\,\dfrac{m}{s}}{dt\,s} = \left(\frac{d\delta_P}{dt} \bullet \overline{v} + \delta_P \bullet \frac{d\overline{v}}{dt}\right)\frac{m}{s^2}$$

Como $m_P = \delta_P \circ m$, será $m = m_P /\!/ \delta_P$ y el segundo miembro de la ecuación anterior se podrá escribir así:

$$\overline{a}\,\frac{m_P}{s^2} = \frac{\left(\dfrac{d\delta_P}{dt} \bullet \overline{v} + \delta_P \bullet \dfrac{d\overline{v}}{dt}\right)}{\delta_P}\,\frac{m_P}{s^2} \qquad [32.3]$$

Puesto que los secundarios de estas dos díadas son iguales, han de serlo también los primarios, conque en virtud del criterio de igualdad diádica, la medida vectorial de la aceleración en P vendrá dada por:

$$\overline{a} = \frac{\left(\dfrac{d\delta_P}{dt} \bullet \overline{v} + \delta_P \bullet \dfrac{d\overline{v}}{dt}\right)}{\delta_P} \qquad [32.4]$$

Sustituyendo la medida anterior [32.4] del vector aceleración $\overline{a}$ en [32.2], resulta la expresión «dismétrica» de la *segunda ley de Newton*, cuya medida no se corresponde simplemente con el resultado clásico de la medida de la derivada de la velocidad, sino que aparece un primario más complejo:

$$\left(\overline{F}\,N_P\right) = M \cdot \frac{\left(\dfrac{d\delta_P}{dt} \cdot \overline{v} + \delta_P \cdot \dfrac{d\overline{v}}{dt}\right)}{\delta_P} \quad \frac{kg * m_P}{s^2}$$

Segunda ley de Newton cuando solo la longitud es «dismétrica»   [32.5]

Este resultado acoge el caso general en que la función de densidad varíe tanto a lo largo del espacio como del tiempo. Si δ_P no dependiera del tiempo, su derivada sería nula y resultaría:

$$\left(\overline{F}\,N_P\right) = M \cdot \frac{d\overline{v}}{dt} \quad \frac{kg * m_P}{s^2} \qquad [32.6]$$

Así como [32.5] es la forma «dismétrica» general de la *segunda ley de Newton* en un espacio en que la única magnitud fundamental flexible sea la longitud, la [32.6] corresponde a un caso particular de flexibilidad en que la función de densidad de longitud no dependa del tiempo, sino solo de la posición, resultando que la forma de la *segunda ley de Newton* se mantiene uniforme en todos los puntos del espacio sin más que contemplar en cada punto la unidad de longitud inherente a él, es decir, el metro m_P, congruente con el metro patrón de referencia m en un punto fijo determinado, toda vez que la derivada $d\overline{v}/dt$ es la medida vectorial de la aceleración, que resulta independiente de la unidad de longitud que corresponda a cada punto P; y así se constata matemáticamente la existencia de espacios «dismétricos» en los que las medidas de las propiedades físicas, como la longitud, la velocidad, la aceleración y la fuerza, se mantienen constantes aunque no lo sean las cantidades asociadas a estas medidas, como consecuencia de la variación de las cantidades implícitas en las correspondientes unidades congruentes, diferencias reflejadas en las densidades «dismétricas».

En la definición [32.3] se observa que la aceleración, entendida como el cociente diádico de los diferenciales de la velocidad y el tiempo, tiene por medida el vector $\overline{a}$, y este vector no coincide con la derivada aritmética de la medida de la velocidad respecto del tiempo $d\overline{v}/dt$, como en la mecánica clásica, sino que interviene también el efecto de la función de densidad de longitud δ_P, tal como refleja la ecuación [32.4].

Solo si δ_P es independiente del tiempo, siendo nula su derivada, el resultado [32.4] coincidirá con el clásico y se tendrá que $\overline{a} = d\overline{v}/dt$. En otro caso, la medida de la aceleración tendrá la forma general [32.4]. A su vez, como $m_P = \delta_P \circ m$, la ecuación [32.6] se podrá escribir obviamente de esta manera:

$$\left(\overline{F}\ N_P\right) = \delta_P \times M \bullet \frac{d\overline{v}}{dt}\ \frac{kg*m}{s^2}$$

Resulta así que, si la densidad δ_P es constante en cada punto P, cuanto mayor sea su valor tanto mayor habrá de ser la fuerza a aplicar a una masa M para comunicarla cierta aceleración fija $\overline{a} = d\overline{v}/dt$; y al contrario, cuanto menor sea δ_P tanto menor será esa fuerza. Este resultado enseña la influencia de las densidades «dismétricas» en los fenómenos físicos y señala con claridad las cualidades representativas de esta nueva Física en aquellos supuestos en que las densidades «dismétricas» se vean afectadas por causas diversas. De modo que las mismas leyes pueden adaptarse a diferentes entornos sin más que considerar las densidades «dismétricas» asociadas a cada uno de ellos. Al hablar de entornos nos referimos a los ámbitos terrestre, atómico o cósmico, así como cualquier otro pertinente al objeto de estudio.

Por todo ello, la presuposición de la Física clásica de que puedan sustituirse las ecuaciones físicas por las relaciones aritméticas entre las medidas de las diversas magnitudes no es más que una burda simplificación del caso general de la «dismetría». El espacio «dismétrico» aquí examinado, uno de los más simples que pueden concebirse, ya nos revela que la «aritmetización» engendra una atrofia vital de los modelos físicos, limitándolos gravemente en su capacidad de representación de los fenómenos naturales.

Llegados a este punto es el momento de pasar al segundo esquema de análisis «dismétrico», la **formulación discreta** de la *segunda ley de Newton*. Para ello, supongamos el espacio dividido en diversos entornos separados entre sí por enormes distancias. Admitamos que la separación entre ellos sea tal que los efectos que producen los unos sobre los otros sean despreciables para observadores situados en cada uno de esos sitios. Tomemos uno de ellos como entorno de referencia, por ejemplo, el ámbito terrestre, e indiquemos las unidades físicas de este omitiendo todo subíndice. En el ámbito de otro entorno E las cantidades de las unidades de las diversas magnitudes congruentes con las del ámbito de referencia no se mantendrán constantes y la relación entre ellas será establecida por la densidad correspondiente. Así se tendrá que las unidades fundamentales en ambos sistemas de la longitud L, la masa M y el tiempo T, se relacionarán de este modo:

$$m_E = \delta_L \circ m; \ kg_E = \delta_M \circ kg; \ s_E = \delta_T \circ s \qquad [32.7]$$

Obviamente, δ_L, δ_M y δ_T señalan las densidades de las magnitudes fundamentales de longitud, masa y tiempo en el entorno E respecto del de referencia terrestre, que son los patrones fijos adoptados.

Supongamos que la *segunda ley de Newton* sea válida en todos los entornos de este tipo. En el E se podrá escribir esta ley con la siguiente notación:

$$(\overline{F} \ N_E) = (M \ kg_E) \circledcirc (\overline{a} \ m_E /\!/ s_E^2) \qquad [32.8]$$

Refiriendo la ecuación [32.8] al entorno de referencia terrestre mediante las relaciones [32.7], resultará:

$$(\overline{F} \ N_E) = [M \ (\delta_M \circ kg)] \circledcirc [\overline{a} \ (\delta_L \circ m /\!/ \delta_T^2 \circ s^2)]$$

Operando con el álgebra diádica, se llega fácilmente a la siguiente expresión:

$$\left(\overline{F}\, N_E\right) = \left(\frac{\delta_M \times \delta_L}{\delta_T^2} \times M \bullet \overline{a}\right) \frac{kg*m}{s^2} \qquad [32.9]$$

La fórmula diádica [32.9] es la expresión «dismétrica» discreta de la *segunda ley de Newton* en el entorno E y vinculada al ámbito de referencia terrestre. Se observa con facilidad que el factor en que aparecen las densidades «dismétricas» los subíndices reproducen formalmente la ecuación dimensional de la magnitud fuerza. En efecto, de conformidad con el análisis dimensional clásico, se puede escribir:

$$[F] = \frac{M \times L}{T^2}$$

Por tanto, la «dismetría» da sentido pleno al análisis dimensional, que estaba vacío de contenido por el vicio de la «aritmetización», salvado por el álgebra diádica, sabiendo que la expresión dimensional anterior, en puridad matemática, debería escribirse de esta otra manera:

$$[F] = \frac{M * L}{T * T}$$

Donde, en ausencia de simplificaciones simbólicas, el asterisco designa la operación algebraica que multiplica cantidades de magnitudes y la doble raya manifiesta el cociente diádico.

Por otra parte, repitiendo el análisis que hicimos de la ley física [32.6], ahora respecto a la correspondiente [32.9], podemos escribirla con la siguiente notación:

$$\Delta_E = \frac{\delta_M \times \delta_L}{\delta_T^2} \Rightarrow \left(\overline{F}\, N_E\right) = \left(\Delta_E \times M \bullet \overline{a}\right) \frac{kg*m}{s^2}$$

Diremos que Δ_E es la densidad «dismétrica» compuesta. Se observa fácilmente que en un entorno E en que Δ_E sea muy grande, la fuerza necesaria para comunicar a una masa M cierta aceleración $\overline{a}$ será también muy grande, en relación con otro entorno en que Δ_E sea muy pequeña y para esas mismas masa y aceleración. Por tanto, la fuerza que corresponde a la *segunda ley de Newton* difiere en cada entorno E en función de la cuantía de su densidad «dismétrica» compuesta Δ_E.

El análisis «dismétrico» precedente de la *segunda ley de Newton*, con ese doble enfoque, evidencia cómo la Física clásica simplifica puerilmente esta ley mediante una ecuación del álgebra vectorial, la conocida $\overline{F} = M \cdot \overline{a}$, que utiliza únicamente las medidas de las magnitudes relacionadas, la fuerza, la masa y la aceleración, sin atender a cómo pueda afectar a los fenómenos representados la relación entre las unidades de esas magnitudes. De este modo es como tácitamente la nefasta «aritmetización» de la Física prescinde de algo tan esencial, como lo son las álgebras físicas o no aritméticas. Las cantidades de magnitudes y sus relaciones son el núcleo de las leyes físicas. Ignorarlas y mantener la «aritmetización» es un anacronismo culpable que impide volar a esta ciencia. Aquí se ha comprobado cómo el álgebra de díadas específica de la Física transforma esa esencial ley de la naturaleza en configuraciones jamás vistas, vaticinando un horizonte de innovaciones nunca imaginado desde la simplicidad del álgebra aritmética.

Aparte de esto, vista la comprobación de que las densidades «dismétricas» afectan a las medidas de los fenómenos físicos, tal como hemos observado, de modo que a mayor densidad mayor fuerza a igualdad de masa y aceleración, deja patente que las mismas leyes se pueden aplicar a entornos físicos distintos sin más que tener en cuenta las densidades «dismétricas» adecuadas a cada uno de ellos.

Así las cosas, todo lector atento que haya seguido el análisis «dismétrico» precedente de la *segunda ley de Newton* vislumbrará sin dificultad por dónde va la nueva Física y no tendrá objeción en sumarse al movimiento «dismétrico». Estará de acuerdo en que esta herramienta es necesaria e irrenunciable, y que debe propugnarse, difundirse y generalizarse. Quizá haya quien se intimide por su aparente complejidad matemática, pero a estos hay que estimularlos con el adagio conocido sobre que las grandes conquistas nunca fueron sencillas ni cosa de vagos, y resulta que existen herramientas matemáticas muy avanzadas, como el cálculo tensorial, que son aptas para acoger las formas «dismétricas». En todo caso, no sería sensato renunciar a ningún avance a nuestra vista por el solo hecho de su complejidad. El único límite de todo investigador no habría de ser otro que la imposibilidad de algo, nunca el esfuerzo ni la inteligencia necesarios para lograrlo. Decía Aristóteles que «Solo hay felicidad donde hay virtud y esfuerzo serios, pues la vida no es un juego». O como sentenciaba Séneca: «Jamás se descubriría nada, si nos considerásemos satisfechos con las cosas descubiertas». En definitiva, al final, cuando todo se acaba, lo único que queda e importa es lo que has hecho. Y resulta que la nueva Física, la Física «dismétrica», está toda por hacer. Se trata de una tarea infinita y apasionante, que puede llenar muchas vidas. Ni imaginamos las sorpresas que puede depararnos este viaje. Lo único seguro es que merecerá la pena.

Section XXXIII

THE «DYSMETRIC» PI NUMBER
In a «dysmetric» space, neither number π remains constant

The purpose of this section is to analyze the number π from a «dysmetric» point of view. To do this, consider a flat space with a reference point O where there is the standard meter m, which will serve as a unit of universal length to which the congruent meters will be related at other points in space. The problem is described in Figure 26:

The starting point is a circle with a center at O and a mathematical radius r m, a quantity of length measured by mere juxtaposition and congruence with the standard unit m. The «dysmetric» space is assumed to be isotropic, that is, the «dysmetric» density is distributed in the same way over any radius OP. Let X be a generic interior point of the radius OP. Its mathematical distance to O will be given x m, where x represents the number of congruences of the measure of OX with the meter m. A differential segment in X of measure dx will be represented by the dyad $dx\, m_x$, with the meaning (dx, m_x), different from $d(x\, m_x) = d(x, m_x)$, where m_x is the unit of length or meter in X congruent with the meter m in O. The relationship between the two units will be given by the «dysmetric» density δ_x in X, and it can be written in the form $m_x = \delta_x \circ m$.

The quantity of mathematical length by mere congruence of the radius OP we have postulated to be r m. Let's now calculate the quantity of physical length of the same radius OP. To do this, all the differential segments $dx\, m_x$ between O and P must be added, which could be indicated with the following integral:

$$\int_0^r [dx \ m_X] = \int_0^r dx \circ (\delta_X \circ m) = \left[\int_0^r \delta_X \times dx \right] m \quad [33.1]$$

In this calculation, the properties of operations with magnitudes from section IX and 6 of XXVIII of the First Algebra of Magnitudes have been used. Thus, we have the quantity of physical length of the radius OP reduced to the reference meter m in O. Since what is sought is the uniform dyadic ratio between two physical lengths, that of the circumference and that of the diameter, it is necessary to determine next the first. To do this,

Pi number for a circle of a flat «dysmetric» space and isotropic about a central point

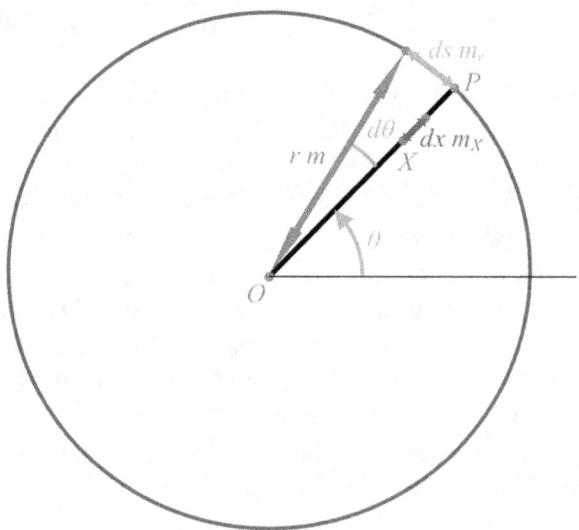

Representation of a circle in a plane «dysmetric» space with center at point O, with respect to which the space is isotropic for the density of length. The number pi is dependent on the radius and the «dysmetric» density.

Figure 26

the differential arc segments ds $m_r = (\delta_r \times dr)$ m must be added along the entire circumference. The mathematical measure ds can be put in the form $ds = r \times d\theta$, where θ is the angle in radians of the generic radius OP with respect to another reference. With this, it is easy to see that the differential element to be integrated is $ds\ m_r = (\delta_r \times r \times d\theta)$ m, in accordance with the provisions of section IX and 6 of XXVIII, already mentioned. The density of length dr along the circumference is constant, given the isotropy of the postulated space. Therefore, the amount of physical length of the circumference will be given by the following integral:

$$\int_0^{2\pi} (ds\ m_r) = \left[\int_0^{2\pi} \delta_r \times r \times d\theta \right] m = (2 \times \pi \times r \times \delta_r)\ m \quad [33.2]$$

The uniform dyadic quotient between the quantities [33.2] and twice [33.1], both being two lengths, will be the ratio sought, which is nothing more than the physical number pi in the «dysmetric» space considered for the circumference of radius r and center O. Such quotient is defined in section XI or 7 of XXVIII of the First Algebra of Magnitudes, where it was justified that the dyadic ratio of two scalar concrete quantities referred to the same unit is the equal real number to the arithmetic ratio of its primaries. Therefore, said number pi, which could be noted π_r, since it has been obtained for a specific circle of radius r, will be given by the following uniform dyadic quotient:

$$\pi_r = \frac{(2 \times \pi \times r \times \delta_r)\ m}{2 \times \left[\int_0^r \delta_X \times dx \right] m} = \frac{\pi \times r \times \delta_r}{\int_0^r \delta_X \times dx}$$

In conclusion, in the «dysmetric» space considered, the ratio between the physical lengths of the circumference and its diameter is not constant or equal to the number pi, but depends on the radius r and the «dysmetric» density δ_X along the radius, as well as its dr value at any point on the circumference, according to the previous formula.

In particular, if the «asymmetric» density were constant and equal to unity at all points, it would result that $\delta_x = \delta_r = 1$, and the integral of the denominator would be equal to ar, with which the result would coincide with the classic one and we would have $\pi_r = \pi$. This checks the coherence of the «dysmetric» tool, which always has to conclude the coincidence with classical geometry and physics in the particular case that the «dysmetric» density is constant at all points in space and equal to unity.

This experimentation is of the utmost importance, because it shows that «dysmetry» by nature excludes the existence of physical constants even at the geometric level for the mythical number pi. So, if real space obeyed that same nature, the physical constants should be considered an unrealistic simplification, which would only have to be taken into account on a purely theoretical plane.

Apartado XXXIII

EL NÚMERO PI «DISMÉTRICO»
*En un espacio «dismétrico» ni el
número π se mantiene constante*

El objeto de este apartado es analizar el número π desde un punto de vista «dismétrico». Para ello, considérese un espacio plano con un punto de referencia O donde se tiene el metro patrón m, que servirá como unidad de longitud universal con la que se relacionarán los metros congruentes en los demás puntos del espacio. En la figura 26 se describe el problema:

Se parte de una circunferencia con centro en O y radio matemático r m, cantidad de longitud medida por mera yuxtaposición y congruencia con la unidad patrón m. Se supone que el espacio «dismétrico» sea isótropo, es decir, que la densidad «dismétrica» se distribuya de la misma manera en cualquier radio OP. Sea X un punto interior genérico del radio OP. Su distancia matemática a O se indicará x m, donde x represente el número de congruencias de la medida de OX con el metro m. Un segmento diferencial en X de medida dx quedará representado por la díada $dx\ m_X$, con el significado (dx, m_X), distinto de $d(x\ m_X) = d(x, m_X)$, donde m_X sea la unidad de longitud o metro en X congruente con el metro m en O. La relación entre ambas unidades vendrá dada por la densidad «dismétrica» δ_X en X, y se podrá escribir con la forma $m_X = \delta_X \circ m$.

La cantidad de longitud matemática por mera congruencia del radio OP hemos postulado que sea r m. Calculemos ahora la cantidad de longitud física del mismo radio OP. Para ello deberán sumarse todos los segmentos diferenciales $dx\ m_X$ entre O y P, lo que podría indicarse con la integral siguiente:

$$\int_0^r \left[dx\ m_X\right] = \int_0^r dx \circ \left(\delta_X \circ m\right) = \left[\int_0^r \delta_X \times dx\right] m \qquad [33.1]$$

Número pi para una circunferencia de un espacio «dismétrico» plano e isótropo respecto de un punto central

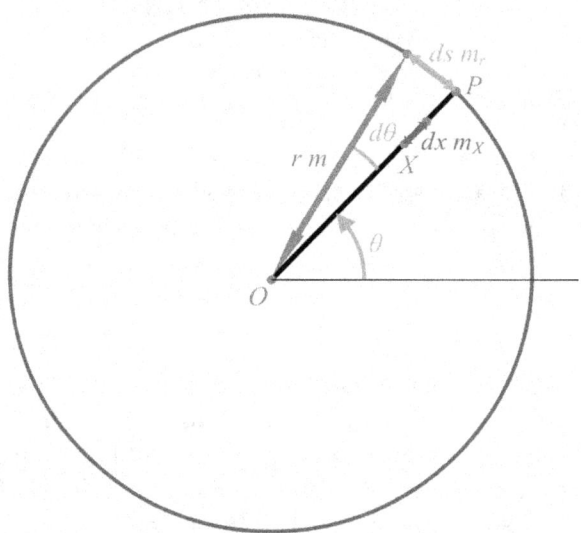

Representación de una circunferencia en un espacio «dismétrico» plano con centro en el punto O, respecto del cual el espacio sea isótropo para la densidad de longitud. El número pi resulta dependiente del radio y de la densidad «dismétrica».

Figura 26

En este cálculo se han usado las propiedades de las operaciones con magnitudes del apartado IX y del 6 de XXVIII de la *Primera álgebra de magnitudes*. Se tiene así la cantidad de longitud física del radio OP reducido al metro de referencia m en O. Como lo que se busca es la razón diádica uniforme entre dos longitudes físicas, la de la circunferencia y la del diámetro, es preciso determinar a continuación la primera. Para ello, hay que sumar a lo largo de toda la circunferencia los segmentos diferenciales de arco

$ds\ m_r = (\delta_r \times dr)\ m$. La medida matemática ds se puede poner en la forma $ds = r \times d\theta$, siendo θ el ángulo en radianes del radio genérico OP respecto de otro de referencia. Con ello, resulta fácilmente que el elemento diferencial a integrar es $ds\ m_r = (\delta_r \times r \times d\theta)\ m$, de conformidad con lo previsto en el apartado IX y el 6 de XXVIII, ya citados. La densidad de longitud δ_r a lo largo de la circunferencia es constante, dada la isotropía del espacio postulada. Por consiguiente, la cantidad de longitud física de la circunferencia vendrá dada por la integral siguiente:

$$\int_0^{2\pi}(ds\ m_r) = \left[\int_0^{2\pi}\delta_r \times r \times d\theta\right]m = (2 \times \pi \times r \times \delta_r)\ m \quad [33.2]$$

El cociente diádico uniforme entre las cantidades [33.2] y el doble de [33.1], siendo ambas dos longitudes, será la razón buscada, que no es sino el número pi físico en el espacio «dismétrico» considerado para la circunferencia de radio r y centro O. Tal cociente es el definido en el apartado XI o el 7 de XXVIII de la *Primera álgebra de magnitudes*, donde se justificó que la razón diádica de dos cantidades concretas escalares referidas a la misma unidad es el número real igual a la razón aritmética de sus primarios. Por tanto, dicho número pi, que podría notarse π_r, ya que se ha obtenido para una circunferencia concreta de radio r, vendrá dado por el siguiente cociente diádico uniforme:

$$\pi_r = \frac{(2 \times \pi \times r \times \delta_r)\ m}{2 \times \left[\int_0^r \delta_X \times dx\right] m} = \frac{\pi \times r \times \delta_r}{\int_0^r \delta_X \times dx}$$

En conclusión, en el espacio «dismétrico» considerado la razón entre las longitudes físicas de la circunferencia y su diámetro no es constante ni igual al número pi, sino que depende del radio r y de la densidad «dismétrica» δ_X a lo largo del radio, así como de su valor δ_r en un punto cualquiera de la circunferencia, de acuerdo con la fórmula anterior.

En particular si la densidad «dismétrica» fuese constante e igual a la unidad en todo punto, resultaría que $\delta_X = \delta_r = 1$, y la integral del denominador sería igual a r, con lo que el resultado coincidiría con el clásico y se tendría que $\pi_r = \pi$. Con ello se comprueba la coherencia de la herramienta «dismétrica», que siempre ha de concluir la coincidencia con la geometría y la física clásicas en el caso particular de que la densidad «dismétrica» sea constante en todo punto del espacio e igual a la unidad.

Esta experimentación es de suma trascendencia, porque manifiesta que la «dismetría» excluye por naturaleza la existencia de las constantes físicas incluso a nivel geométrico para el mítico número pi. De modo que, si el espacio real obedeciese a esa misma naturaleza, las constantes físicas deberían ser consideradas como una simplificación poco realista, que solo habría de tenerse en cuenta en un plano meramente teórico.

Section XXXIV

«DYSMETRIC» ANALISYS OF THE SPEED OF LIGHT
*In a «dysmetric» space the speed of light
it doesn't have to be constant*

The speed of light acquired an iconic role with the publication in 1905 of Einstein's Theory of Special Relativity or Special Relativity. The relativistic postulate about the constancy of its speed, as well as the supposed impossibility of exceeding it, have fascinated everyone, provoking endless fables about time travel and other fantasies more typical of literary fiction than of scientific works.

Einstein based all his Theory of Relativity on a single basic postulate, the supposed invariability of the speed of light with independence of the movement of the source in all inertial systems, cementing all the mathematical development on this hypothesis, which he established assuming the famous Michelson and Morley experiment of 1887. At that time the theory of ether was still believed. The Theory of Special Relativity had its origin precisely in the negative result of this experiment. Various experimental facts had led to admit the existence of an ether at absolute rest, which would not participate in the movement of matter and would constitute the basis for the propagation of electromagnetic waves. Today we believe that electromagnetic waves propagate in a vacuum. From this concept of immobile aether, it would seem to inevitably follow that the value of the speed of light, measured by an observer in motion with respect to the ether, would depend on said movement and, in particular, on the direction of its speed. If c is the speed of light with respect to the immobile ether and v is the speed of the observer, the observer should measure, according to classical kinematics, a speed of light $c-v$ or $c+v$, in absolute value, as it moves in the same direction and sense that the light or in the opposite direction. An observer who was initially unaware of its movement with respect to the ether could experimentally appreciate it by emitting a light signal in all directions and measuring the times it took for said signal to reach the points of a sphere in motion with the observer and centered on the emitting point. Of the signal. If there were movement with respect to the ether, the ether wind would have to blow the signal, so that it would first reach the point of the sphere directly opposite the direction of movement and lastly the point corresponding to the direction and sense of movement.

This was the reason for the famous experience of Michelson and Morley, through which they tried to determine the state of motion of the Earth with respect to the ether. In relation to the Copernicus axes, which have their origin in the center of gravity of the solar system, the speed of the center of gravity of the Earth on its trajectory is approximately 30 km/s, and in six months this vector becomes another sensibly opposite. It could happen that at a certain moment the unknown movement of the axes of Copernicus with respect to the ether annulled the absolute movement of the Earth, but such a coincidence could not exist for a year or at any two opposite points in the Earth's orbit.

Thanks to a well-known interferential device, Michelson was able to reveal an aether wind equal «only» at 1,5 km/s. Which is equivalent to measuring the quantities of 28,5 km/s and 31,5 km/s as the speed of light with respect to the observer, depending on whether the movement is in the same direction as the light or in the opposite direction. But, given this «so small» difference, it was considered negligible and attributable to the error of the measuring instruments. Thus, instead of admitting that there would be variation in the speed of light, it was agreed that there was not. This induced artificially and approximately, not exactly, the conclusion that there would be no dependence of the speed of light on the state of motion of the observer.

Under these conditions, Lorentz and Einstein took as a true starting point the illusory result of Michelson's negative experiment and formulated the following theoretical principle: the speed of light c is constant in all inertial reference frames, which implies admitting that the speed of light is the same for all systems moving relative to each other at constant speed, without any acceleration. The pure mathematization of this hypothesis leads to the Lorentz transformations and these to Einstein's Relativity.

Therefore, all Relativity has as its Achilles heel the only theoretical principle on which its entire logical scheme is based, that of constant speed of light in all inertial systems. All the other supposed experimental verifications in his favor, adduced a posteriori by his unconditional loyal followers, would not have the least value of scientific or logical proof, if that fundamental postulate were refuted in some way, even if it was not conclusive. And precisely the aforementioned principle is based on the already old Michelson experiment, whose conclusion is highly doubtful and imprecise. Relativity has an amazing seductive effect, because with a single basic principle it produces a prodigious mathematical apparatus, but it hangs from that single thread, which could break at any moment. It is very plausible to suspect that this fine support, already very weak in itself, given the fragility of Michelson's experiment, is definitively broken by the «dysmetry» of space, and perhaps it will not take long to admit that the Theory of Relativity it is nothing more than a magnificent mathematical speculation based on a false principle, something that will not happen with Newton and his mechanical laws.

As has been observed with the analysis of the geometric number pi, the «dysmetry» has a nature such that it is incompatible with the existence of physical constants, which would also determine the impossibility of the speed of light c being invariant. Below is the concrete analysis for this current universal constant, which is dangerously serving current metrology even to define certain fundamental standard units such as the meter, the second and even the kilogram. Consider an «dysmetric» space in which length and time are flexible. Let O be the reference point with respect to which the congruent units of all other points P in space will be associated. The standard units of length and time in O are assumed to be the meter m and the second s. At any other point P the units of length and time congruent with the previous ones will be designated, as usual, with the notation m_P for the meter and s_P for the second, being related to those of the origin O as a function of the «dysmetric» densities of length and time in P, that is, respectively δ_{LP} and δ_{TP}, with which we will have the relationships $m_P = \delta_{LP} \circ m$ y $s_P = \delta_{TP} \circ s$.

Obviously, Michelson's experiment refers to the measure c of the speed of light as a constant parameter, since at that time it was not imagined at all that the standard units could vary in their quantity of implicit magnitude from one point to another in space. If the measure of the speed of light c were to be constant at all points, it would also be constant at P, where the speed quantity would be the dyad $c\, m_P /\!/ s_P$. This quantity of velocity can be referred to the units in O simply by operating with the «dysmetric» densities and the transformation into its uniform quantity will be easily obtained with the following logical sequence of dyadic algebra:

$$c\,\frac{m_P}{s_P} = c\,\frac{\delta_{LP} \circ m}{\delta_{TP} \circ s} = c \times \frac{\delta_{LP}}{\delta_{TP}}\,\frac{m}{s}$$

Consequently, the measurement c_P of the speed of light at any point P referred to the standard units in O is given by the expression:

$$c_P = c \times \frac{\delta_{LP}}{\delta_{TP}} \qquad [34.1]$$

Thus, if c were the measure with $m_P /\!/ s_P$ of the speed of light in P, its measure referred to O with $m /\!/ s$ would have to be $c \times \delta_{LP} / \delta_{TP}$. It is thus concluded that the measurement of the speed of light in O and in P cannot coincide, since in general $c \neq c \times \delta_{LP}/\delta_{TP}$, except in the particular and strange case that the equality $\delta_{LP} = \delta_{TP}$ was given in all point P. In a «dysmetric» space where this is not the case, that is, where there is some point P where $\delta_{LP} \neq \delta_{TP}$, the invariance of the speed of light would not be verified. It is clear that this conclusion would be absurd, because as an initial hypothesis the absolute invariance of the speed of light had been imposed, according to Michelson's experiment. Therefore, this hypothesis could not be verified if $\delta_{LP} \neq \delta_{TP}$ in some P, and in such a general «dysmetric» space the measure of the speed of light could not be invariant. That is to say, in a «dysmetric» field that is widely variable in terms of its densities of length and time the uniform measure of the speed of light and, therefore, its quantity of speed cannot be kept constant. On the other hand, the ratio δ_{LP}/δ_{TP} determines that if its value in P tends to zero, the measure and with it the amount of speed of light tend to zero and, if that ratio tends to infinity, both tend to infinity, making Einstein's postulate impossible. In turn, the speed of light has no limit in a general «dysmetric» space contradicts the Einsteinian conclusion that speeds greater than the current constant c cannot occur in nature, just as it would not have a limit or the speed of propagation of electromagnetic waves would be constant.

Let's next do a physical-mathematical exercise beyond Michelson's experiment and see how «dysmetry» affects the amount of speed. At point O such physical quantity will be represented by the dyad c m⫽s. In turn, at a generic point P and, therefore, with «dysmetric» densities δ_{LP} and δ_{TP}, there will be the quantity indicated by c_P m_P⫽s_P. Developing this last quantity through dyadic algebra, we have:

$$c_P \frac{m_P}{s_P} = c_P \frac{\delta_{LP} \circ m}{\delta_{TP} \circ s} = c_P \times \frac{\delta_{LP}}{\delta_{TP}} \frac{m}{s}$$

At P the measurement c_P should be observed materially and would have a given value. Since the quantity $m/\!/s$ is finite and invariant, if δ_{LP}/δ_{TP} tended to zero, the last term of the previous equality, which represents the amount of velocity at P, would tend to zero, and if δ_{LP}/δ_{TP} tended to infinity, said speed would also tend to infinity. Therefore, «dysmetry» generally prevents the amount of velocity from being the same at all points in space and has a range of variation between zero and infinity.

Let us now see what conditions should be met for the invariance of the quantity of velocity to be verified at every point P. Such a premise is reflected in the following dyadic algebra reasoning:

$$c \frac{m}{s} = c_P \frac{m_P}{s_P} = c_P \frac{\delta_{LP} \circ m}{\delta_{TP} \circ s} = c_P \times \frac{\delta_{LP}}{\delta_{TP}} \frac{m}{s}$$

The first and last terms of the previous chain have the same secondary, the compound unit $m/\!/s$, then, applying the criterion of dyadic equality, their numerical primaries must be equal, and it can be ensured that:

$$c = c_P \times \frac{\delta_{LP}}{\delta_{TP}} \Rightarrow c_P = c \times \frac{\delta_{TP}}{\delta_{LP}} \qquad [34.2]$$

For this condition to be met and the amount of speed of light to be constant, the relationship between the measurements of the speed c in O and c_P at any point P could not be any, but rather the ratio δ_{LP}/δ_{TP} between the densities «dysmetric» of length and time would have to be proportional to the ratio c/c_P, according to expression [34.2], which would mean establishing an unproven physical law, which cannot be arbitrarily admitted and which obviously does not have to be satisfied at all priori throughout the widely variable «dysmetric» space.

In conclusion, whether law [34.1], constant measurement c of the speed of light, or its complementary law [34.2], constant quantity of speed $c_p\ m_p$, were admitted, in no case is said invariance compatible with the «dysmetry», which It has very important implications in relation, for example, to the determination of the age of the universe or the estimation of distances, which are currently calculated with the constant c, to which the definitions of the standard units of fundamental magnitudes, formulated by the International System of Units, also refer with great probability of error.

To illustrate this fact let us consider a numerical example. Let O be the reference point of space, which could represent the terrestrial environment, with respect to which the «dysmetric» densities are established at any other point P. The «dysmetric» densities of the magnitudes length and time in O will both be unity, with which we will have $\delta_{LO} = \delta_{TO} = 1$. Suppose that at point P the length has a density equal to 2 and time is isomeric, so its density will be unity, so that $\delta_{LP} = 2$ and $\delta_{TP} = 1$. Under these conditions, the measurement of the speed of light in P, which we denote c_p, admitting *Einstein's postulate* and the current criterion of the International System of Units, both framed in law [34.1], will be given by the following calculation:

$$c_P = c \times \frac{\delta_{LP}}{\delta_{TP}} = c \times \frac{2}{1} = 2 \times c$$

Therefore, under the conditions of the example the measured speed of light at P is twice that at O and c would not be constant.

In assumption law [34.2], applied to the example, the «dysmetric» densities of length and time would have to satisfy the following condition:

$$\frac{c}{c_P} = \frac{\delta_{LP}}{\delta_{TP}} = \frac{2}{1} = 2$$

It would thus result that the length and time densities could not be any, as would be expected in a generic «dysmetric» space, but that the ratios c/c_P and δ_{LP}/δ_{TP} would both be equal to 2, which would be as much as admitting without foundation a strange restriction, which in any case should be tested experimentally.

In this section we have briefly described the meaning of Michelson's experiment according to the explanation of André Lichnerowicz in his text *Elements of Tensor Calculation*. However, we must observe that in our reasoning exposed in the first place, the result of said experiment or the relativistic hypothesis is not denied, but rather, in order not to contradict them, what we do is the hypothesis that they are correct, resulting that, if the measurement of the speed of light or its quantity in the terrestrial environment, which is the object of that isometric experiment, were constant, the quantity of speed does not have to be so in all points of «dysmetric» space. Therefore, what we are questioning here is the extension of the result to all points in space. What's more, with dyadic algebra we prove that the relativistic hypothesis that the speed of light is invariant in all space is generally incompatible with «dysmetry», except for very singular cases.

On the other hand, «dysmetry» does not refute classical Newtonian mechanics at all, as was verified when analyzing *Newton's second law* from the «dysmetric» point of view in section XXXII, as well as it is also verified in the following section XXXV dedicated to «dysmetric» gravitation.

Apartado XXXIV
ANÁLISIS «DISMÉTRICO» DE LA VELOCIDAD DE LA LUZ
En un espacio «dismétrico» la velocidad de la luz no tiene por qué ser constante

La velocidad de la luz adquirió un protagonismo icónico con la publicación en 1905 de la *teoría de la relatividad especial* o *relatividad restringida* de Einstein. El postulado relativista sobre la constancia de su velocidad, así como la supuesta imposibilidad de superarla, han fascinado a todos, provocando un sinfín de fabulaciones sobre los viajes en el tiempo y otras fantasías más propias de la ficción literaria que de las obras científicas.

Einstein basó toda su *teoría de la relatividad* en un solo postulado básico, la supuesta invariabilidad de la velocidad de la luz con independencia del movimiento de la fuente en todos los sistemas inerciales, cimentando todo el desarrollo matemático en dicha hipótesis, que asentó asumiendo el famoso experimento de Michelson y Morley de 1887. En esa época aún se creía en la *teoría del éter*. La *teoría de la relatividad restringida* tuvo su origen precisamente en el resultado negativo de ese experimento. Diversos hechos experimentales habían conducido a admitir la existencia de un éter en reposo absoluto, que no participaría del movimiento de la materia y constituiría la base para la propagación de las ondas electromagnéticas. Hoy creemos que las ondas electromagnéticas se propagan en el vacío. De ese concepto de éter inmóvil parecería deducirse inevitablemente que el valor de la velocidad de la luz, medida por un observador en movimiento respecto al éter, dependería de dicho movimiento y, en particular, de la dirección de su velocidad. Si es c la velocidad de la luz respecto del éter inmóvil y v la del observador, este debería medir, de acuerdo con la cinemática clásica, una velocidad de la luz $c-v$ o $c+v$, en valor absoluto, según se moviese en la misma dirección y sentido que la luz o en sentido opuesto. Un observador que en principio ignorase cuál sea su movimiento respecto al éter podría apreciarlo experimentalmente emitiendo una señal luminosa en todas las direcciones y midiendo los tiempos que tardase dicha señal en alcanzar los puntos de una esfera en movimiento con el observador y centrada en el punto emisor de la señal. Si hubiese movimiento respecto al éter, el viento de éter debería soplar la señal, de manera que esta alcanzaría en primer lugar el punto de la esfera directamente opuesto al sentido del movimiento y en último lugar el punto correspondiente a la dirección y sentido del movimiento.

Esto constituyó el motivo de la célebre experiencia de Michelson y Morley, mediante la cual se trató de determinar el estado de movimiento de la Tierra respecto al éter. Con relación a los ejes de Copérnico, que tienen su origen en el centro de gravedad del sistema solar, la velocidad del centro de gravedad de la Tierra sobre su trayectoria es de aproximadamente 30 km/s, y en seis meses ese vector se transforma en otro sensiblemente opuesto. Podría ocurrir que en determinado instante el movimiento desconocido de los ejes de Copérnico respecto al éter anulase el movimiento absoluto de la Tierra, pero tal coincidencia no podría subsistir durante un año ni en dos puntos opuestos cualesquiera de la órbita terrestre.

Gracias a un dispositivo interferencial bien conocido, Michelson pudo poner en evidencia un viento de éter igual «únicamente» a 1,5 km/s. Lo que equivale a medir como velocidad de la luz respecto al observador las cantidades de 28,5 km/s y 31,5 km/s, según que el movimiento sea en el mismo sentido que la luz o en el opuesto. Pero, dada esa diferencia «tan pequeña», se consideró despreciable y atribuible al error propio de los instrumentos de medida. Así, en lugar de admitir que sí habría variación en la velocidad de la luz, se convino que no la había. Con ello se indujo artificiosa y aproximadamente, no con exactitud, la conclusión de que no existiría dependencia de la velocidad de la luz respecto al estado de movimiento del observador. En estas condiciones, Lorentz y Einstein tomaron como punto de partida cierto el ilusorio resultado del experimento negativo de Michelson y formularon el siguiente principio teórico: la velocidad de la luz c es constante en todos los sistemas de referencia inerciales, lo que supone admitir que la velocidad de la luz sea la misma para todos los sistemas que se muevan unos respecto de otros a velocidad constante, sin aceleración alguna. La matematización de esta hipótesis lleva a las transformaciones de Lorentz y estas a la *relatividad* de Einstein.

Por tanto, toda la *relatividad* tiene como talón de Aquiles el único principio teórico en que se sustenta todo su esquema lógico, el de velocidad de la luz constante en todos los sistemas inerciales. Todas las demás supuestas comprobaciones experimentales a su favor, aducidas a posteriori por sus incondicionales fieles seguidores, no tendrían el menor valor de prueba científica ni lógica, si ese postulado fundamental quedase refutado de algún modo, aunque no fuera concluyente. Y precisamente el referido principio se basa en el ya antiguo experimento de Michelson, cuya conclusión es harto dudosa e imprecisa. La *relatividad* tiene un efecto seductor alucinante, porque con un solo principio básico produce un aparato matemático prodigioso, pero que pende de ese único hilo, que podría romperse en cualquier momento. Es muy plausible sospechar que ese fino soporte, ya muy débil en sí mismo, dada la fragilidad del experimento de Michelson, sea quebrado definitivamente por la «dismetría» del espacio, y quizá no tardando mucho se admitirá por fin que la *teoría de la relatividad* no es más que una magnífica especulación matemática basada en un principio falso, cosa que no ocurrirá con Newton ni sus leyes mecánicas.

Como se ha observado con el análisis del número geométrico pi, la «dismetría» presenta una naturaleza tal que es incompatible con la existencia de las constantes físicas, lo que determinaría igualmente la imposibilidad de que la velocidad de la luz c sea invariante. A continuación se expone el análisis concreto para esta vigente constante universal, que está sirviendo peligrosamente a la metrología actual incluso para definir ciertas unidades patrón fundamentales como el metro, el segundo y hasta el kilogramo.

Considérese un espacio «dismétrico» en el que la longitud y el tiempo sean flexibles. Sea O el punto de referencia respecto del cual se asociarán las unidades congruentes de todos los demás puntos P del espacio. Se supone que en O las unidades patrón de longitud y de tiempo son el metro m y el segundo s. En cualquier otro punto P las unidades de longitud y tiempo congruentes con las anteriores se designarán, como de costumbre, con la notación m_P para el metro y s_P para el segundo, relacionándose con las del origen O en función de las densidades «dismétricas» de longitud y tiempo en P, es decir, respectivamente δ_{LP} y δ_{TP}, con lo cual se tendrán las relaciones $m_P = \delta_{LP} \circ m$ y $s_P = \delta_{TP} \circ s$.

Obviamente el experimento de Michelson se refiere a la medida c de la velocidad de la luz como parámetro constante, pues en aquella época no se imaginaban en absoluto que las unidades patrón pudiesen variar en su cantidad de magnitud implícita de un punto a otro del espacio. Si la medida de la velocidad de la luz c debiera ser constante en todo punto, también habría de serlo en P, donde se tendría como cantidad de velocidad la díada $c\, m_P /\!/ s_P$. Esta cantidad de velocidad se puede referir a las unidades en O sin más que operar con las densidades «dismétricas» y se tendrá con facilidad la transformación en su cantidad uniforme con la siguiente secuencia lógica de álgebra diádica:

$$c \frac{m_P}{s_P} = c \frac{\delta_{LP} \circ m}{\delta_{TP} \circ s} = c \times \frac{\delta_{LP}}{\delta_{TP}} \frac{m}{s}$$

Por consiguiente, la medida c_P de la velocidad de la luz en cualquier punto P referida a las unidades patrón en O viene dada por la expresión:

$$c_P = c \times \frac{\delta_{LP}}{\delta_{TP}} \qquad [34.1]$$

Así pues, si c fuese la medida con $m_P /\!/ s_P$ de la velocidad de la luz en P, su medida referida a O con $m /\!/ s$ habría de ser $c \times \delta_{LP} / \delta_{TP}$. Se concluye así que la medida de la velocidad de la luz en O y en P no pueden coincidir, ya que en general $c \neq c \times \delta_{LP} / \delta_{TP}$, salvo el caso particular y extraño de que se diera la igualdad $\delta_{LP}=\delta_{TP}$ en todo punto P. En un espacio «dismétrico» en que esto no se cumpla, es decir, donde exista algún punto P en que $\delta_{LP}\neq\delta_{TP}$, no se verificaría la invariancia de la velocidad de la luz. Es claro que esta conclusión sería absurda, porque como hipótesis inicial se había impuesto la invariabilidad absoluta de la velocidad de la luz, conforme al experimento de Michelson. Por tanto, dicha hipótesis no podría verificarse si $\delta_{LP}\neq\delta_{TP}$ en algún P, y en tal espacio «dismétrico» general la medida de la velocidad de la luz no podría ser invariante.

Es decir, en un ámbito «dismétrico» ampliamente variable en cuanto a sus densidades de longitud y tiempo la medida uniforme de la velocidad de la luz y, por tanto, su cantidad de velocidad no pueden mantenerse constantes. Por otra parte, la razón δ_{LP}/δ_{TP} determina que si su valor en P tiende a cero, la medida y con ella la cantidad de velocidad de la luz tienden a cero y, si esa razón tiende a infinito, ambas tienden a infinito, haciendo imposible el *postulado de Einstein*.

A su vez, el hecho de que la velocidad de la luz no tenga límite en un espacio «dismétrico» general contradice la creencia einsteniana de que no se puedan dar en la naturaleza velocidades superiores a la actual constante c, así como tampoco tendría límite ni sería constante la velocidad de propagación de las ondas electromagnéticas.

Hagamos a continuación un ejercicio físico-matemático más allá del experimento de Michelson y veamos cómo afecta la «dismetría» a la cantidad de velocidad. En el punto O tal cantidad física vendrá representada por la díada c m//s. A su vez, en un punto P genérico y, por tanto, con densidades «dismétricas» δ_{LP} y δ_{TP}, se tendrá la cantidad indicada por $c_P\, m_P/\!/s_P$. Desarrollando esta última cantidad mediante álgebra diádica, tenemos:

$$c_P \frac{m_P}{s_P} = c_P \frac{\delta_{LP}\circ m}{\delta_{TP}\circ s} = c_P \times \frac{\delta_{LP}}{\delta_{TP}} \frac{m}{s}$$

En P la medida c_P debería observarse materialmente y tendría un valor dado. Como la cantidad $m/\!/s$ es finita e invariable, si δ_{LP}/δ_{TP} tendiera a cero, el último término de la igualdad anterior, que representa la cantidad de velocidad en P, tendería a cero, y si δ_{LP}/δ_{TP} tendiera a infinito, dicha velocidad tendería también a infinito. Por tanto, la «dismetría» impide en general que la cantidad de velocidad sea la misma en todos los puntos del espacio y tiene un rango de variación entre cero e infinito.

Veamos a continuación qué condiciones deberían darse para que se verificase la invariancia de la cantidad de velocidad en todo punto P. Tal premisa se refleja en el siguiente razonamiento de álgebra diádica:

$$c\frac{m}{s} = c_P \frac{m_P}{s_P} = c_P \frac{\delta_{LP} \circ m}{\delta_{TP} \circ s} = c_P \times \frac{\delta_{LP}}{\delta_{TP}} \frac{m}{s}$$

Los miembros primero y último de la cadena anterior tienen el mismo secundario, la unidad compuesta $m/\!/s$, luego, aplicando el criterio de igualdad diádica, sus primarios numéricos han de ser iguales, y se puede asegurar que:

$$c = c_P \times \frac{\delta_{LP}}{\delta_{TP}} \Rightarrow c_P = c \times \frac{\delta_{TP}}{\delta_{LP}} \qquad [34.2]$$

Para que esta condición se cumpla y resulte constante la cantidad de velocidad de la luz, la relación entre las medidas de la velocidad c en O y c_P en cualquier punto P no podrían ser cualesquiera, sino que la razón δ_{LP}/δ_{TP} entre las densidades «dismétricas» de la longitud y del tiempo tendrían que formar proporción con la razón c/c_P, de acuerdo con la expresión [34.1], lo cual supondría establecer una ley física no probada, que no puede admitirse arbitrariamente y que obviamente no tiene por qué satisfacerse a priori en todo el espacio «dismétrico» ampliamente variable.

En conclusión, tanto si se admitiera la hipótesis de medida constante c de la velocidad de la luz como la de cantidad de velocidad $c_P\, m_P$ constante en todo punto P del espacio, en ningún caso resulta compatible con la «dismetría» dicha invariancia, lo que tiene implicaciones muy importantes en relación, por ejemplo, con la determinación de la edad del universo o la estimación de distancias, que actualmente se calculan con la constante c, a la cual se refieren también con gran probabilidad de error las definiciones de las unidades patrón de las magnitudes fundamentales, formuladas por el Sistema Internacional de Unidades.

Para ilustrar este hecho consideremos un ejemplo numérico. Sea O el punto de referencia del espacio, que podría representar el entorno terrestre, respecto del cual se establecen las densidades «dismétricas» en cualquier otro punto P. Las densidades «dismétricas» de las magnitudes longitud y tiempo en O serán ambas la unidad, con lo que tendremos $\delta_{LO}=\delta_{TO}=1$. Supongamos que en el punto P la longitud tenga una densidad igual a 2 y el tiempo sea isomérico, con lo cual su densidad será la unidad, de modo que $\delta_{LP}=2$ y $\delta_{TP}=1$. En estas condiciones, la medida de la velocidad de la luz en P, que denotamos c_P, admitiendo el *postulado de Einstein* y el actual criterio del Sistema Internacional de Unidades, ambos encuadrados en la ley [34.1], vendrá dada por el cálculo siguiente:

$$c_P = c \times \frac{\delta_{LP}}{\delta_{TP}} = c \times \frac{2}{1} = 2 \times c$$

Por tanto, en las condiciones del ejemplo la medida de la velocidad de la luz en P es el doble que en O y c no sería constante.

En el supuesto de cantidad de velocidad constante de la ley [34.2], aplicado al ejemplo, las densidades «dismétricas» de la longitud y del tiempo tendrían que satisfacer la siguiente condición:

$$\frac{c}{c_P} = \frac{\delta_{LP}}{\delta_{TP}} = \frac{2}{1} = 2$$

Resultaría así que las densidades de la longitud y el tiempo no podrían ser cualesquiera, como habría de esperarse en un espacio «dismétrico» genérico, sino que las razones c/c_P y δ_{LP}/δ_{TP} habrían de ser ambas iguales a 2, lo cual sería tanto como admitir sin fundamento una restricción extraña, que en todo caso debería probarse experimentalmente.

En este apartado hemos descrito someramente el significado del experimento de Michelson de acuerdo con la explicación de André Lichnerowicz en su texto *Elementos de cálculo tensorial*. No obstante, hemos de observar que en nuestros razonamientos no se niega el resultado de dicho experimento ni la *hipótesis relativista*, sino que, para no entrar en contradicción con ellos, lo que hacemos es la hipótesis de que sean correctos, resultando que, si fueran constantes la medida de la velocidad de la luz o su cantidad en el entorno terrestre, que es el objeto de aquel experimento isométrico, la cantidad de velocidad no tiene por qué serlo en todos los puntos del espacio «dismétrico». Por tanto, lo que cuestionamos aquí es la extensión del resultado a todos los puntos del espacio. Es más, con el álgebra diádica probamos que la *hipótesis relativista* de que la velocidad de la luz sea invariante en todo el espacio resulta en general incompatible con la «dismetría», salvo para casos muy singulares.

En cambio, la «dismetría» no refuta en absoluto la mecánica clásica newtoniana, como se comprobó al analizar la *segunda ley de Newton* desde el punto de vista «dismétrico» en el apartado XXXII, así como también se comprueba en el apartado XXXV siguiente dedicado a la gravitación «dismétrica».

Section XXXV

THE «DYSMETRIC» GRAVITATION
Alternative rational explanation to dark matter for gravitational anomalies

Let's begin by giving a brief review of classical gravitation with the help of Figure 27. From a mechanical point of view, it is considered that the forces observed in nature can be at a distance, such as gravitation, or contact, when bodies seem to come together and support or collide with each other. Today the atomic model seems to reveal that matter would never come into contact, although for all practical purposes our theories assume otherwise. In mechanics the actions that are considered are alien to other phenomena such as electricity and magnetism, which have their own descriptions and explanations. Precisely those branches of Physics were born because mechanics was not capable of representing certain experiences, giving rise to other specific models. Therefore, mechanics is limited to the study of actions at a distance or in contact, including in these the interiors of linkage or linking that hold some bodies together, that material points are exerted between them, considered as minuscule groupings of matter. The mechanical laws are applied in such a way that, both at a distance and in contact, separated or linked, two material points influence each other by means of two forces applied to each of them with the direction of the line that passes through both, opposite direction and equal modulus. This is the fundamental basis of mechanical theory, which is completed with the fundamental law that relates forces, inertial masses and accelerations. The current theory of actions at a distance is due to Isaac Newton, who formulated the law of universal gravitation by determining the quantity of the forces at a distance with which two material points P_1 and P_2 are

Laws of mechanics
Newton's postulates

I. Inertia postulate
There is an absolute reference system in relation to which every isolated material point has zero acceleration, so its motion is rectilinear and uniform.

II. Vector relationship between force, mass and acceleration

Since $\Sigma \overline{F}_i(t)$ is the resultant of all the forces acting on a material point of mass M and acceleration $\overline{a}(t)$ at instant t, the law represented by the vector equation is admitted:

$$\sum \overline{F}_i(t) = M \cdot \overline{a}(t)$$

III. Equality of action and reaction (at a distance or in contact)

In any state of motion or rest, contact or distance, every material point P_1 exerts on another P_2 an action called force, which is assimilated to a fixed vector $\overline{F}_{21}$ applied to P_2, whose direction is that of the line that passes through P_1 and P_2; and reciprocally, the point P_2 exerts on the P_1 a force given by the fixed vector $\overline{F}_{12}$ applied in P_1 and with the same direction as the previous one; these two forces are admitted to have the same modulus and opposite direction, which is given vectorly by $\overline{F}_{21} = -\overline{F}_{12}$.

Superposition principle: For any system of material points $\{P_i\}$ with i taking values of 1 to n, each material point P_j is subjected to $n-1$ forces $\overline{F}_{jk}$ with $j \neq k$, because the points do not exert action on themselves. These forces are assumed to be applied at P_j and their resultant j also applied at P_j, is admitted that it can be calculated by vector algebra and that it will produce the same effect on P_j. As the relationship between force and acceleration is the inertial mass, constant for each P_j, analytically the following vector equations will be obtained:

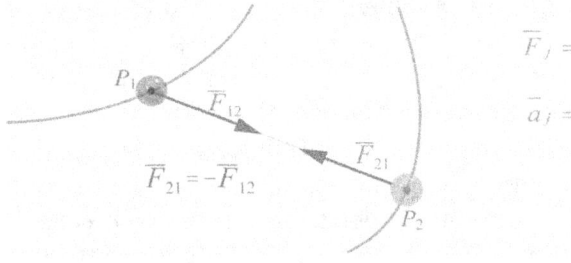

$$\overline{F}_j = \sum_{k=1}^{n, k \neq j} \overline{F}_{jk}$$

$$\overline{a}_j = \sum_{k=1}^{n, k \neq j} \overline{a}_{jk}$$

Figure 27

influenced. Following the notation of the third postulate, such forces are identified with the fixed vectors $\overline{F}_{21}$ for the action of P_1 on P_2, and $\overline{F}_{12}$ for that of P_2 on P_1, applied $\overline{F}_{21}$ on P_2 and $\overline{F}_{12}$ on P_1, they must have the direction of the line that passes through P_1 and P_2, in the opposite direction, which means that $\overline{F}_{21} = -\overline{F}_{12}$. The principle of action and reaction does not pay attention to whether these forces are attractive or repulsive or to the extent of the modulus of these reciprocal actions, because the principle affects all types of mechanical forces. Well, the law of gravitation establishes those of a gravitational nature with the formulation of the experimental hypothesis that determines that the gravitational forces at a distance $\overline{F}_{21}$ and $\overline{F}_{12}$ are attraction and their equal modules are directly proportional to two positive numbers designated μ_1 and μ_2 such that they do not depend on time and represent a certain characteristic and invariant of each material point P_1 and P_2, or any other, as well as these modules are observed inversely proportional to the square of the distance r that separates the two material points considered, everything which is analytically expressed by the well-known equation that is written below:

$$\left|\overline{F}_{21}\right| = \left|\overline{F}_{12}\right| = \frac{\mu_1 \times \mu_2}{r^2} \qquad [35.1]$$

The positive real numbers μ_1 and μ_2 are considered to measure a certain quality of the material points P_1 and P_2, which is called **gravitational mass** and refers to a kind of capacity of matter to exert attraction at a distance. So at every material point there are two characteristics present that are described by the mass of inertia M or measure of the resistance to be accelerated according to the third postulate of mechanics, and by the gravitational mass μ or measure of the ability to exert attraction on other material points by virtue of the law of gravitation. But there is still more, because it turns out that the quotient between the gravitational mass and that of inertia is a number that seems to be the same for all matter, it seems to be the same for all material points, so it is considered a universal constant; so representing it with the symbol, so that when multiplied by itself it gives $\sqrt{G}$, the law of universal gravitation can be expressed as a function of the **inertial masses** M_1 and M_2 of the material points and the universal gravitation constant $G = 6{,}67 \times 10^{-11}\ N * m^2 / / kg^2$, easily resulting in the equalities:

$$|\overline{F}_{21}| = |\overline{F}_{12}| = G \times \frac{M_1 \times M_2}{r^2}$$

For this reason in Physics when we speak of mass, no distinction is made between inertial and gravitational mass, understanding mass for both purposes as mass, so that to quantify the gravitational attraction between two given inertial masses, the constant must be considered G. The law of gravitation describes the only known forces at a distance of mechanical origin and allows the power to describe analytically the interactions at a distance between the points of any system of material points; so that, for a system of material points $\{P_i\}$ with inertial masses M_i, with i taking values of 1 to n, given another material point P_o with inertial mass M_o, the total resulting force $\overline{F}_o$ of the forces $\overline{F}_{oi}$ exerted by the points of the system $\{P_i\}$ on this other material point P_o, where $\overline{u}_i$ is the versor of the sense of the vector with origin at P_o and end at P_i and r_i the distance between P_o and P_i, as the validity of the algebra of mathematical vector spaces is admitted, the resultant $\overline{F}_o$ is given by the expression:

$$\overline{F}_0 = \sum_{i=1}^{n} \overline{F}_{0i} = \sum_{i=1}^{n} G \times \frac{M_0 \times M_i}{r_i^2} \bullet \overline{u}_i$$

If the versor $\overline{u}_i$ were set in the opposite direction, that is, from P_i to P_o, a minus sign would have to be placed before the second member, and a minus sign would also correspond if instead of adding the forces $\overline{F}_{oi}$, the $\overline{F}_{io}$ exerted on each P_i by P_o, because, given the principle of action and reaction, it will be $\overline{F}_{oi} = -\overline{F}_{io}$ for all i. On the other hand, in the previous scheme a different criterion from the second postulate has been used, in which the analyzed point was considered included in the system, so it was necessary to differentiate it with the condition $j \neq k$; instead, here the points $\{P_i\}$ have been differentiated from P_o, making this distinction unnecessary. It is clear that the physical results are not influenced at all, except by the notation used in each case. Knowing the total force o exerted by the set of points $\{P_i\}$ on another P_o, it is possible to calculate its acceleration o with respect to an inertial reference system, simply dividing the previous force by the mass M_o to obtain it:

$$\overline{a}_0 = \frac{\overline{F}_0}{M_0} = \sum_{i=1}^{n} G \times \frac{M_i}{r_i^2} \bullet \overline{u}_i$$

It is observed that the acceleration that the set of points $\{P_i\}$ communicates to any other point does not depend on its mass, but only on its position in space, as reflected by the distances ri between the positions of the points $\{P_i\}$ and that of another foreign point P_o. This means that two different material points, with different masses, if placed at the same point and with the same speed, under the influence of the point system $\{P_i\}$ would move with the same trajectory. If these two points are considered next to each other, they will form another material point such that their movement due to the set of material points $\{P_i\}$ will not depend on the joint mass of the two joined points either, so they will also move with the same trajectory with which they would do it individually, assuming that they were at the same point and with the same initial speed in all cases. This result allows defining a mathematical concept called **gravitational field**, since the action of a system of material points $\{P_i\}$ only depends on the position in space, so that any mass located in generic coordinates (x,y,z) will experience the same acceleration, hence the gravitational **field strength** of a given system of material points $\{P_i\}$ in the coordinates (x,y,z) is defined as the vector $\overline{E}(x,y,z)$ representing the acceleration that the system would communicate to any other material point located in that position, so its expression coincides with that of the acceleration without more than modifying the notation of the first member:

$$\overline{E}(x,y,z) = \sum_{i=1}^{n} G \times \frac{M_i}{r_i^2} \bullet \overline{u}_i$$

The previous summation is composed of addends that represent the gravitational field induced by each isolated material point P_i, so that it can be stated that the field strength of a system at each position in space is the vector addition of the fields that correspond to each one of its points in that same position. A field is nothing more than a mathematical abstraction that consists in establishing an application between the geometric space E^3 and R, if each point in space is assigned a real number, or V^3, if each point in space is assigned a three-dimensional geometric vector; in the first case there would be a scalar field and in the second a vector field, which could ultimately be described as an application of R^3 to R^3, if the geometric vectors are replaced by their three components or abstract vectors. Obviously, the notion of field is included in the general concept of a vector function as an application of R^n in R^m, so by means of the names of gravitational field as a set of field intensities, the general mathematical concept of a vector function is being endowed with the specific meaning which refers to the action of a system of material points on any other that is located at a point in space, with the effect of transmitting a certain acceleration. On the other hand, it must be observed that in all the previous expressions, if it could be considered that matter is distributed in a continuous way, the summations would become integrals, since the material points could be assimilated to volumetric infinitesimal differential elements. The notion of gravitational field, applied to the system of material points that constitute any star, means the acceleration that would be communicated to any material point located in a certain place; assimilating that star to a material point with mass of inertia M and defining a versor $\overline{u}$ with direction and sense of the center of the star towards a point located at a distance r, the intensity of the gravitational field of M, noted $\overline{E}_M(r)$ at that distance r, will be given by the vector equation:

$$\overline{E}_M(r) = -\frac{G \times M}{r^2} \bullet \overline{u}$$

Let us apply the above to the case of a binary system formed by a very massive body and another much less heavy one, such that, for practical purposes, it can be considered that the largest remains immobile at a point O and that the smallest rotates around it in a circular orbit. The mass of the smallest body does not matter, as we have just verified, so the smallest element of the system can be any with negligible mass compared to the largest. Under these conditions, each orbit, defined by its radius r, will be associated with a unique value of the field, that is, an acceleration, and therefore an orbital period τ_r. As we are postulating the existence of a uniform circular motion, the tangential acceleration will be zero and we will only have a normal acceleration, which will be precisely the value of the gravitational field in the generic orbit. By designating ω_r the angular velocity for the orbit of radius r, we know from kinematics that the normal acceleration, also called centripetal, is $\omega_r^2 \times r$. In turn, the period and the angular velocity are related by the equation $\omega_r \times \tau_r = 2 \times \pi$. By Newton's second law, this acceleration must be the opposite of the field, given the defined sense for the versor. Therefore, the following reasoning can be spun:

$$\frac{G \times M}{r^2} = \omega_r^2 \times r \implies \tau_r = \frac{2 \times \pi}{\omega_r} = 2 \times \pi \times \sqrt{\frac{r^3}{G \times M}}$$

[35.2]

This result allows us to conclude that the period associated with each orbit of radius r is a function of r and M. So, given a mass M, each orbit r will have its specific period τ_r, according to the previous equation.

So far a brief exposition of classical gravitation, in which, as is conventional custom, one operates only with mathematical entities without explicitly taking into account the units of physical quantities. We will now extend this theory with the algebra of magnitudes to the «dysmetric» view of the phenomenon. For this, the first step must be to reformulate the classical gravitation of the law [35.1] applying the algebra of magnitudes, so that, taking two material points P_1 and P_2, being the versor with the direction of the line that joins the two points and their sense is from P_1 to P_2, assuming that their respective gravitational masses are μ_1 and μ_2, recalling the expression [33.1], which gives the «dysmetric» measure of the segment P_1P_2, referring the units to the congruent of P_1, in which the integral with the factor λ_r can be named, results:

$$\int_0^r [dx\, m_X] = \int_0^r dx \circ (\delta_X \circ m_1) = \left[\int_0^r \delta_X \times dx\right] m_1 = \lambda_r\, m_1$$

Admitting the Newtonian criterion that the measure of the action that these two material points exert on each other coincides in absolute value and that it is given by the expression [35.1], with all this, we have that the «dysmetric» expression of Actions $\overline{F}_{21}$ and $\overline{F}_{12}$, in their corresponding units of force in newton N_1 and N_2, which are exerted on each other at a distance from both points are:

$$\overline{F}_{21}\, N_2 = -\frac{\mu_1 \times \mu_2}{\lambda_r^{\,2}} \bullet \overline{u}\, \frac{kg_2 * m_2}{s_2^{\,2}}$$

$$\overline{F}_{12}\, N_1 = \frac{\mu_1 \times \mu_2}{\lambda_r^{\,2}} \bullet \overline{u}\, \frac{kg_1 * m_1}{s_1^{\,2}}$$

Referring the units of the points P_1 and P_2 to the congruent ones in another reference O, where the standard units m, kg and s exist, for length, mass and time, we can write $m_1 = \delta_{L1} \circ m$, $kg_1 = \delta_{M1} \circ kg$, $s_1 = \delta_{T1} \circ s$ y $m_2 = \delta_{L2} \circ m$, $kg_2 = \delta_{M2} \circ kg$, $s_2 = \delta_{T2} \circ s$. Operating with the algebra of magnitudes, the «dysmetric» expressions of the new law of gravitation are easily reached:

$$\overline{F}_{21}\, N_2 = -\frac{\delta_{M2} \times \delta_{L2}}{\delta_{T2}^{2}} \times \frac{\mu_1 \times \mu_2}{\lambda_r^{\,2}} \bullet \overline{u}\, \frac{kg * m}{s^2}$$

$$\overline{F}_{12}\ N_1 = \frac{\delta_{M1} \times \delta_{L1}}{\delta_{T1}^2} \times \frac{\mu_1 \times \mu_2}{\lambda_r^2} \bullet \overline{u} \quad \frac{kg*m}{s^2}$$

Assuming the classical fact that the proportionality between the gravitational and inertial masses for all material points is assumed as an inherent quality of matter, we will have $\mu_1 = \sqrt{G} \times M_1$ and $\mu_2 = \sqrt{G} \times M_2$, and the previous formulas become these others:

$$\overline{F}_{21}\ N_2 = -G \times \frac{\delta_{M2} \times \delta_{L2}}{\delta_{T2}^2} \times \frac{M_1 \times M_2}{\lambda_r^2} \bullet \overline{u} \quad \frac{kg*m}{s^2}$$

$$\overline{F}_{12}\ N_1 = G \times \frac{\delta_{M1} \times \delta_{L1}}{\delta_{T1}^2} \times \frac{M_1 \times M_2}{\lambda_r^2} \bullet \overline{u} \quad \frac{kg*m}{s^2}$$

LAWS OF «DYSMETRIC» GRAVITATION [35.3]

These are the two «dysmetric» expressions of gravitation. In them, it is observed that in a «dysmetric» space, the universal constant of gravitation does not strictly exist. First, because G is altered by the factor formed by the densities δ of the three fundamental magnitudes; and second, because the denominator of the product of the masses is not the square of the mathematical distance between the material points, but the quantity of physical length between them λ_r.

On the other hand, these «dysmetric» laws of gravitation, in general, if the factors with the densities δ in each of them are different, the reciprocal forces at distance $\overline{F}_{21}$ and $\overline{F}_{12}$ exerted on each other will also be different in modulus. two material points. And this result is the alternative «dysmetric» explanation for the gravitational anomalies observed today that are attributed to the mysterious dark matter. The «dysmetry» shows that the forces with which the bodies interact do not necessarily correspond to classical gravitation, hence some observed orbits deviate from those expected. To make this phenomenon clearer, let us calculate the «dysmetric» periods of the gravitational orbits.

In order to facilitate didactic understanding, let us consider the binary system already described and suppose that the space presents an isotropic «dysmetry» with respect to the central point O. This assumes that the «dysmetric» density of any magnitude is distributed in the same way along the along any line that passes through O, or what is the same, that the «dysmetric» density of all magnitudes will be constant at all points of any sphere centered on O. The problem to be solved is to calculate the period of rotation of the body smallest P_2 in circular orbit with respect to the largest P_1 located at O. Since the «dysmetric» densities remain constant along every circumference centered at O, we can conclude that the classical kinematic laws apply to these cases. Which would not necessarily hold for other circles centered on points other than O.

The normal or centripetal acceleration of P_2 in an orbit of radius r will be $-\omega_r^2 \times \lambda_r \bullet \overline{u}$ m_2 / s_2^2, which must be equal to $\overline{F}_{21}$ N_2 / M_2; which brings us to the following «dysmetric» equation:

$$\overline{F}_{12} \ N_1 = G \times \frac{\delta_{M1} \times \delta_{L1}}{\delta_{T1}^2} \times \frac{M_1 \times M_2}{\lambda_r^2} \bullet \overline{u} \quad \frac{kg*m}{s^2}$$

To reduce both members to the same composite unit, it must be taken into account that $m_2 = \delta_{L2} \circ m$ and $s_2 = \delta_{T2} \circ s$, with which it results:

$$\frac{\delta_{L2}}{\delta_{T2}^2} \times \omega_r^2 \times \lambda_r \ \frac{m}{s^2} = G \times \frac{\delta_{M2} \times \delta_{L2}}{\delta_{T2}^2} \times \frac{M_1}{\lambda_r^2} \ \frac{m}{s^2}$$

As the secondaries are equal, the dyadic equality criterion allows us to identify the primaries, and thus we have:

$$\omega_r^2 = \frac{\delta_{M2}}{\lambda_r^3} \times G \times M_1$$

Considering the «dysmetric» π_r number π_r, calculated for this same space in the corresponding article, knowing that the relationship between the angular velocity and the period of rotation is given by $2 \times \pi_r$ rad $= \omega_r$ rad$/\!/s_2 * T_r$ s_2, that is to say, $2 \times \pi_r = \omega_r \times T_r$, where T_r is said period, the expression we were looking for easily results:

$$T_r = \frac{2 \times \pi_r}{\omega_r} = 2 \times \pi_r \times \sqrt{\frac{\lambda_r^3}{\delta_{M2} \times G \times M_1}}$$

Comparing this result with the classical one, described in equation [35.2], it can be easily verified in which situation the classical and «dysmetric» orbital periods would coincide, as well as when one would be greater than the other, producing the orbital anomalies observed and explained with the existence of a supposed dark matter, unnecessary for the «dysmetry». So we could simplify the notation and call Φ_C and Φ_D the respective multiplicative factors of the classical and «dysmetric» periods that do not include the constant G and the mass $M_1 = M$ in this case. That is to say:

$$\Phi_C = 2 \times \pi \times \sqrt{r^3} \quad ; \quad \Phi_D = 2 \times \pi_r \times \sqrt{\frac{\lambda_r^3}{\delta_{M2}}}$$

Under these conditions, only if $\Phi_C = \Phi_D$ will the classical and the «dysmetric» periods of the same orbit of radius r coincide around the same mass. If it were $\Phi_C < \Phi_D$, the classical orbital period will be less than the «asymmetric» and vice versa if $\Phi_C > \Phi_D$. Thus, «dysmetry» is able to explain gravitational anomalies without the need for dark matter.

We must note that to arrive at this result the Newtonian criterion has been applied in order that the measure of gravitational action is constant. And so, we have overlooked a striking consequence, relative to the fact that the reciprocal forces $\overline{F}_{21} N_2$ and $\overline{F}_{12} N_1$ do not have to indicate the same quantity of force, which would seem to contradict Newton's third postulate on equality in modulus of action and reaction.

However, this result is not contradictory at all, because «dysmetric» gravitation perfectly quantifies the two acting forces, which allows the independent motion of points P_1 and P_2 to be calculated. What would really happen is that Newton's third postulate would be a specific and restricted case of «dysmetric» space in which this law would be verified; but, in general, the principle of equality of action and reaction need not always hold, as the two «dysmetric» laws of gravitation show.

Finally, it is enough to observe the «dysmetric» laws [35.3] to verify that the gravitation in these spaces does not have to be constant, that is, there is generally no single value of G, since its measurement depends on the position as a function of the corresponding densities and λ_r/r, so gravitation can be referred to the points P_1 and P_2 with the notations G_1 and G_2 using the following expressions:

$$G_2 = G \times \frac{\delta_{M2} \times \delta_{L2}}{\delta_{T2}^2} \times \frac{r^2}{\lambda_r^2}$$

$$G_1 = G \times \frac{\delta_{M1} \times \delta_{L1}}{\delta_{T1}^2} \times \frac{r^2}{\lambda_r^2}$$

Obviously, in the case that the «dysmetric» densities are unity at all points, we will have $\lambda_r = r$ and it will result that $G_1 = G_2 = G$, coinciding with classical gravitation. But, in general, it is clear that «dysmetry» makes it possible to represent spaces in which gravitation is not constant.

Apartado XXXV

LA GRAVITACIÓN «DISMÉTRICA»
Explicación racional alternativa a la materia oscura para las anomalías gravitacionales

Comencemos dando un somero repaso a la gravitación clásica con la ayuda de la figura 27. Desde un punto de vista mecánico, se considera que las fuerzas que se observan en la naturaleza pueden ser a distancia, como la gravitación, o de contacto, cuando los cuerpos parecen juntarse y se apoyan o chocan unos con otros. Hoy día el modelo atómico parece revelar que la materia nunca entraría en contacto, aunque a efectos prácticos nuestras teorías supongan lo contrario. En mecánica las acciones que se consideran son ajenas a otros fenómenos como la electricidad y el magnetismo, que tienen sus descripciones y explicaciones propias. Precisamente esas ramas de la Física nacieron a causa de que la mecánica no era capaz de representar ciertas experiencias, dando lugar a otros modelos específicos. Por tanto, la mecánica se limita al estudio de las acciones a distancia o en contacto, incluyendo en estas las interiores de enlace o vinculares que mantienen unidos algunos cuerpos, que entre sí se ejercen los puntos materiales, considerados como agrupaciones de materia minúsculas. Las leyes mecánicas se aplican de modo que, tanto a distancia como en contacto, separados o vinculados, dos puntos materiales se influyen entre sí mediante dos fuerzas aplicadas en cada uno de ellos con la dirección de la recta que pasa por ambos, sentido contrario e igual módulo. Esta es la base primordial de la teoría mecánica, que se completa con la ley fundamental que relaciona fuerzas, masas de inercia y aceleraciones. La teoría vigente de las acciones a distancia se debe a Isaac Newton, que formuló la *ley de la gravitación universal* determinando la cuantía de las fuerzas a distancia con que se influyen dos puntos materiales P_1 y P_2. Siguiendo la notación del tercer postulado, tales fuerzas se

Leyes de la mecánica
Postulados de Newton

I. Postulado de inercia

Existe un sistema de referencia absoluto en relación con el cual todo punto material aislado presenta aceleración nula, por lo que su movimiento es rectilíneo y uniforme.

II. Relación vectorial entre fuerza, masa y aceleración

Siendo $\Sigma \overline{F}_i(t)$ la resultante de todas las fuerzas que actúan sobre un punto material de masa M y aceleración $\overline{a}(t)$ en el instante t, se admite la ley representada por la ecuación vectorial:

$$\sum \overline{F}_i(t) = M \cdot \overline{a}(t)$$

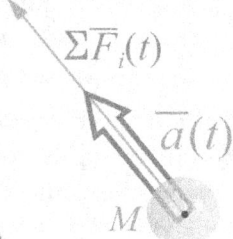

III. Igualdad de acción y reacción (a distancia o en contacto)

En cualquier estado de movimiento o reposo, de contacto o a distancia, todo punto material P_1 ejerce sobre otro P_2 una acción llamada fuerza, que se asimila a un vector fijo $\overline{F}_{21}$ aplicado en P_2, cuya dirección es la de la recta que pasa por P_1 y P_2; y recíprocamente, el punto P_2 ejerce sobre el P_1 una fuerza dada por el vector fijo $\overline{F}_{12}$ aplicado en P_1 y con la misma dirección que el anterior; estas dos fuerzas se admite que tienen igual módulo y sentido opuesto, lo que vectorialmente se indica $\overline{F}_{21} = -\overline{F}_{12}$.

Principio de superposición: Para un sistema cualquiera de puntos materiales $\{P_i\}$ con i tomando valores de 1 a n, cada punto material P_j es sometido a $n-1$ fuerzas $\overline{F}_{jk}$ con $j \neq k$, porque los puntos no se ejercen acción sobre sí mismos, estas fuerzas se suponen aplicadas en P_j y su resultante $\overline{F}_j$ aplicada también en P_j se admite que puede calcularse mediante el álgebra vectorial y que producirá el mismo efecto sobre P_j. Como la relación entre fuerza y aceleración es la masa de inercia, constante para cada P_j, analíticamente se tendrán las ecuaciones vectoriales siguientes:

$$\overline{F}_j = \sum\nolimits_{k=1}^{n, k \neq j} \overline{F}_{jk}$$

$$\overline{a}_j = \sum\nolimits_{k=1}^{n, k \neq j} \overline{a}_{jk}$$

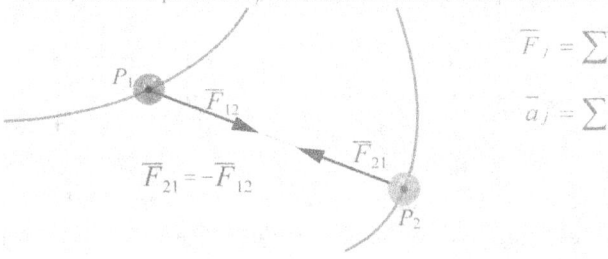

Figura 27

identifican con los vectores fijos $\overline{F}_{21}$ para la acción de P_1 sobre P_2, y $\overline{F}_{12}$ para la de P_2 sobre P_1, aplicadas $\overline{F}_{21}$ en P_2 y $\overline{F}_{12}$ en P_1, han de tener la dirección de la recta que pasa por P_1 y P_2, con sentido opuesto, lo que supone que $\overline{F}_{21} = -\overline{F}_{12}$. El principio de acción y reacción no atiende a si esas fuerzas sean de atracción o de repulsión ni acerca de la medida del módulo de estas acciones recíprocas, porque el principio afecta a todo tipo de fuerzas mecánicas. Pues bien, la *ley de la gravitación* viene a establecer las de índole gravitatoria con la formulación de la hipótesis experimental que determina que las fuerzas gravitatorias a distancia $\overline{F}_{21}$ y $\overline{F}_{12}$ son de atracción y sus módulos iguales son directamente proporcionales a sendos números positivos designados μ_1 y μ_2 tales que no dependen del tiempo y representan cierta característica propia e invariante de cada punto material P_1 y P_2, o cualquier otro, así como dichos módulos se observan inversamente proporcionales al cuadrado de la distancia r que separa los dos puntos materiales considerados, todo lo cual queda analíticamente expresado mediante la tan conocida ecuación que se escribe a continuación:

$$\left|\overline{F}_{21}\right| = \left|\overline{F}_{12}\right| = \frac{\mu_1 \times \mu_2}{r^2} \qquad [35.1]$$

Los números reales positivos μ_1 y μ_2 se considera que miden cierta cualidad propia de los puntos materiales P_1 y P_2 que se denomina **masa gravitatoria** y se refiere a una especie de capacidad de la materia para ejercer atracción a distancia. Así que en todo punto material hay presentes dos características que quedan descritas por la masa de inercia M o medida de la resistencia a ser acelerado de acuerdo con el tercer postulado de la mecánica, y por la masa gravitatoria μ o medida de la capacidad de ejercer atracción sobre otros puntos materiales en virtud de la *ley de la gravitación*. Pero aún hay más, porque resulta que el cociente entre la masa gravitatoria y la de inercia es un número que parece ser el mismo para toda la materia, parece ser el mismo para todos los puntos materiales, por lo que se considera una constante universal; así que representándola con el símbolo $\sqrt{G}$, para que al multiplicarse por sí misma dé G, la *ley de la gravitación universal* se puede expresar en función de las **masas de inercia** M_1 y M_2 de los puntos materiales y de la constante de gravitación universal $G = 6{,}67 \times 10^{-11}\ N*m^2/\!/kg^2$, resultando con facilidad las igualdades:

$$\left|\overline{F}_{21}\right| = \left|\overline{F}_{12}\right| = G \times \frac{M_1 \times M_2}{r^2}$$

Por esta razón en Física cuando se habla de masa no se distingue entre la de inercia y la gravitatoria, entendiéndose por masa a ambos efectos la de inercia, de modo que para cuantificar la atracción gravitatoria entre dos masas de inercia dadas se debe considerar la constante G. La *ley de la gravitación* describe las únicas fuerzas conocidas a distancia de origen mecánico y permite el poder describir analíticamente las interacciones a distancia entre los puntos de un sistema cualquiera de puntos materiales; de modo que, para un sistema de puntos materiales $\{P_i\}$ con masas de inercia M_i, con i tomando valores de 1 a n, dado otro punto material P_0 con masa de inercia M_0, la fuerza total resultante $\overline{F}_0$ de las fuerzas $\overline{F}_{0i}$ que ejercen los puntos del sistema $\{P_i\}$ sobre este otro punto material P_0, siendo $\overline{u}_i$ el versor del sentido del vector con origen en P_0 y extremo en P_i y r_i la distancia entre P_0 y P_i, como se admite la validez del álgebra de los espacios vectoriales matemáticos, la resultante $\overline{F}_0$ viene dada por la expresión:

$$\overline{F}_0 = \sum_{i=1}^{n} \overline{F}_{0i} = \sum_{i=1}^{n} G \times \frac{M_0 \times M_i}{r_i^2} \bullet \overline{u}_i$$

Si el versor $\overline{u}_i$ se estableciera en sentido opuesto, es decir de P_i a P_0, habría que anteponer un signo menos al segundo miembro, y también correspondería un signo menos si en vez de sumar las fuerzas $\overline{F}_{0i}$ se sumasen las $\overline{F}_{i0}$ que sobre cada P_i ejerza P_0, porque, dado el principio de acción y reacción será $\overline{F}_{0i} = -\overline{F}_{i0}$ para todo i. Por otra parte, en el esquema anterior se ha empleado un criterio diferente al del segundo postulado, en el que el punto analizado se consideraba incluido en el sistema, por lo que se hacía necesario diferenciarlo con la condición $j \neq k$; en cambio, aquí se han diferenciado los puntos $\{P_i\}$ del P_0, haciendo innecesaria dicha distinción. Es claro que los resultados físicos no se ven influidos en absoluto, salvo por la notación utilizada en cada caso. Conocida la fuerza total $\overline{F}_0$ que ejercen el conjunto de puntos $\{P_i\}$ sobre otro P_0, es posible calcular su aceleración $\overline{a}_0$ respecto de un sistema de referencia inercial, bastando dividir la fuerza anterior por la masa M_0 para obtenerlo:

$$\overline{a}_0 = \frac{\overline{F}_0}{M_0} = \sum_{i=1}^{n} G \times \frac{M_i}{r_i^2} \bullet \overline{u}_i$$

Se observa que la aceleración que el conjunto de puntos $\{P_i\}$ comunican a cualquier otro punto no depende de la masa de este, sino solo de su posición en el espacio, como lo reflejan las distancias r_i entre las posiciones de los puntos $\{P_i\}$ y la de otro punto ajeno P_0. Ello significa que dos puntos materiales diferentes, con distintas masas, si se colocasen en el mismo punto y con igual velocidad, bajo la influencia del sistema de puntos $\{P_i\}$ se moverían con la misma trayectoria. Si se consideran estos dos puntos uno junto al otro, formarán otro punto material tal que su movimiento a causa del conjunto de puntos materiales $\{P_i\}$ tampoco dependerá de la masa conjunta de los dos puntos unidos, por lo que se moverán también con la misma trayectoria con que lo harían individualmente, suponiendo que se situasen en el mismo punto y con la misma velocidad inicial en todos los casos. Este resultado permite definir un concepto matemático llamado **campo gravitatorio**, toda vez que la acción de un sistema de puntos materiales $\{P_i\}$ solo depende de la posición en el espacio, de modo que cualquier masa situada en unas coordenadas genéricas (x,y,z) experimentará la misma aceleración, de ahí que se defina la **intensidad de campo** gravitatorio de un sistema dado de puntos materiales $\{P_i\}$ en las coordenadas (x,y,z) como el vector $\overline{E}(x,y,z)$ que representa la aceleración que el sistema comunicaría a cualquier otro punto material situado en esa posición, por lo que su expresión coincide con la de la aceleración sin más que modificar la notación del primer miembro:

$$\overline{E}(x,y,z) = \sum_{i=1}^{n} G \times \frac{M_i}{r_i^2} \bullet \overline{u}_i$$

El sumatorio anterior está compuesto de sumandos que representan al campo gravitatorio inducido por cada punto material aislado P_i, de modo que se puede enunciar que la intensidad de campo de un sistema en cada posición del espacio es la adición vectorial de los campos que corresponden a cada uno de sus puntos en esa misma posición. Un campo no es más que una abstracción matemática que consiste en establecer una aplicación entre el espacio geométrico E^3 y R, si a cada punto del espacio se le asigna un número real, o V^3, si a cada punto del espacio se le hace corresponder un vector geométrico tridimensional; en el primer caso se tendría un campo escalar y en el segundo un campo vectorial, que en definitiva se podría describir como una aplicación de R^3 en R^3, si los vectores geométricos se sustituyen por sus tres componentes o vectores abstractos. Obviamente, la noción de campo está incluida en el concepto general de función vectorial como aplicación de R^n en R^m, por lo que mediante los nombres de campo gravitatorio como conjunto de intensidades de campo se está dotando al concepto matemático general de función vectorial del significado específico que se refiere a la acción de un sistema de puntos materiales sobre cualquier otro que se sitúe en un punto del espacio, con el efecto de transmitirle una cierta aceleración. Por su parte, hay que observar que en todas las expresiones anteriores, si se pudiera considerar que la materia se distribuye de forma continua, los sumatorios se convertirían en integrales, pues los puntos materiales se podrían asimilar a elementos diferenciales infinitesimales volumétricos. La noción de campo gravitatorio, aplicada al sistema de puntos materiales que constituyen un astro cualquiera, significa la aceleración que se comunicaría a todo punto material situado en un determinado lugar; asimilando ese astro a un punto material con masa de inercia M y definiendo un versor $\overline{u}$ con dirección y sentido del centro del astro hacia un punto situado a una distancia r, la intensidad de campo gravitatorio de M, notada $\overline{E}_M(r)$ a esa distancia r, vendrá dado por la ecuación vectorial:

$$\overline{E}_M(r) = -\frac{G \times M}{r^2} \bullet \overline{u}$$

Apliquemos lo anterior al caso de un sistema binario formado por un cuerpo muy masivo y otro mucho menos pesado, tales que, a efectos prácticos, se pueda considerar que el mayor permanece inmóvil en un punto O y que el menor gira a su alrededor en una órbita circular. No importa la masa del cuerpo menor, como acabamos de comprobar, así que el elemento menor del sistema puede ser cualquiera con masa despreciable frente al mayor. En estas condiciones, cada órbita, definida por su radio r estará asociada a un valor exclusivo del campo, es decir, a una aceleración, y por tanto a un período orbital τ_r. Como estamos postulando la existencia de un movimiento circular uniforme, la aceleración tangencial será nula y solo tendremos una aceleración normal, que será precisamente el valor del campo gravitatorio en la órbita genérica. Designando ω_r la velocidad angular para la órbita de radio r, sabemos por cinemática que la aceleración normal, también llamada centrípeta, es $\omega_r^2 \times r$. A su vez, el período y la velocidad angular están relacionados por la ecuación $\omega_r \times \tau_r = 2 \times \pi$. Por la *segunda ley de Newton*, esta aceleración ha de ser la opuesta al campo, dado el sentido definido para el versor $\overline{u}$. Por tanto, se puede hilar el siguiente razonamiento:

$$\frac{G \times M}{r^2} = \omega_r^2 \times r \Rightarrow \tau_r = \frac{2 \times \pi}{\omega_r} = 2 \times \pi \times \sqrt{\frac{r^3}{G \times M}}$$

[35.2]

Este resultado permite concluir que el período asociado a cada órbita de radio r es función de r y M. Así que, dada una masa M, cada órbita r tendrá su período concreto τ_r, conforme con la ecuación anterior.

Hasta aquí una breve exposición de la gravitación clásica, en la que, como es costumbre convencional, se opera únicamente con entes matemáticos sin tener en cuenta explícitamente las unidades de las magnitudes físicas. A continuación extenderemos esta teoría con el álgebra de magnitudes a la visión «dismétrica» del fenómeno. Para ello, el primer paso ha de ser reformular la gravitación clásica de la ley [35.1] aplicando el álgebra de magnitudes, de modo que, tomando dos puntos materiales P_1 y P_2, siendo $\overline{u}$ el versor con la dirección de la recta que une los dos puntos y su sentido el de P_1 a P_2, suponiendo que sus respectivas masas gravitatorias sean μ_1 y μ_2, recordando la expresión [33.1], que da la medida «dismétrica» del segmento P_1P_2, refiriendo las unidades a las congruentes de P_1, en la que se puede nombrar la integral con el factor λ_r, resulta:

$$\int_0^r [dx\, m_X] = \int_0^r dx \circ (\delta_X \circ m_1) = \left[\int_0^r \delta_X \times dx\right] m_1 = \lambda_r\, m_1$$

Admitiendo el criterio newtoniano de que la medida de la acción que se ejercen entre sí esos dos puntos materiales coincide en valor absoluto y que viene dada por la expresión [35.1], con todo ello, se tiene que la expresión «dismétrica» de las acciones $\overline{F}_{21}$ y $\overline{F}_{12}$, en sus unidades de fuerza correspondientes en newton N_1 y N_2, que se ejercen entre sí a distancia ambos puntos son:

$$\overline{F}_{21}\, N_2 = -\frac{\mu_1 \times \mu_2}{\lambda_r^2} \bullet \overline{u}\, \frac{kg_2 * m_2}{s_2^2}$$

$$\overline{F}_{12}\, N_1 = \frac{\mu_1 \times \mu_2}{\lambda_r^2} \bullet \overline{u}\, \frac{kg_1 * m_1}{s_1^2}$$

Refiriendo las unidades de los puntos P_1 y P_2 a las congruentes en otro de referencia O, donde se tengan las unidades patrón m, kg y s, para la longitud, la masa y el tiempo, se podrán escribir $m_1 = \delta_{L1} \circ m$, $kg_1 = \delta_{M1} \circ kg$, $s_1 = \delta_{T1} \circ s$ y $m_2 = \delta_{L2} \circ m$, $kg_2 = \delta_{M2} \circ kg$, $s_2 = \delta_{T2} \circ s$. Operando con el álgebra de magnitudes, se llega con facilidad a las expresiones «dismétricas» de la nueva *ley de la gravitación*:

$$\overline{F}_{21}\, N_2 = -\frac{\delta_{M2} \times \delta_{L2}}{\delta_{T2}^2} \times \frac{\mu_1 \times \mu_2}{\lambda_r^2} \bullet \overline{u}\, \frac{kg * m}{s^2}$$

$$\overline{F}_{12}\, N_1 = \frac{\delta_{M1} \times \delta_{L1}}{\delta_{T1}^2} \times \frac{\mu_1 \times \mu_2}{\lambda_r^2} \bullet \overline{u}\, \frac{kg * m}{s^2}$$

Asumiendo el hecho clásico que supone como cualidad inherente a la materia la proporcionalidad entre las masas gravitatoria y de inercia para todos los puntos materiales, tendremos $\mu_1 = \sqrt{G} \times M_1$ y $\mu_2 = \sqrt{G} \times M_2$, y las fórmulas anteriores se convierten en estas otras:

$$\overline{F}_{21} \, N_2 = -G \times \frac{\delta_{M2} \times \delta_{L2}}{\delta_{T2}^2} \times \frac{M_1 \times M_2}{\lambda_r^2} \bullet \overline{u} \; \frac{kg*m}{s^2}$$

$$\overline{F}_{12} \, N_1 = G \times \frac{\delta_{M1} \times \delta_{L1}}{\delta_{T1}^2} \times \frac{M_1 \times M_2}{\lambda_r^2} \bullet \overline{u} \; \frac{kg*m}{s^2}$$

LEYES DE LA GRAVITACIÓN «DISMÉTRICA»　　　　　　　　　　　[35.3]

Estas son las dos expresiones «dismétricas» de la gravitación. En ellas se observa que en un espacio «dismétrico» no existe en rigor la constante de gravitación universal. Primero, porque G viene alterada por el factor formado por las densidades δ de las tres magnitudes fundamentales; y segundo, porque el denominador del producto de las masas no es el cuadrado de la distancia matemática entre los puntos materiales, sino la cantidad de longitud física entre ellos λ_r.

Por otra parte, dichas leyes «dismétricas» de la gravitación, en general, si los factores con las densidades δ en cada una de ellas son distintos, serán también distintas en módulo las fuerzas recíprocas a distancia $\overline{F}_{21}$ y $\overline{F}_{12}$ que se ejercen entre sí los dos puntos materiales. Y este resultado es la explicación «dismétrica» alternativa para las anomalías gravitatorias que se observan hoy en día y que se atribuyen a la misteriosa materia oscura. La «dismetría» muestra que las fuerzas con que interactúan los cuerpos no se corresponde necesariamente con la gravitación clásica, de ahí que algunas órbitas observadas se desvíen de las previstas. Para hacer más claro este fenómeno, calculemos los períodos «dismétricos» de las órbitas gravitatorias.

A fin de facilitar la comprensión didáctica, consideremos el sistema binario ya descrito y supongamos que el espacio presenta una «dismetría» isótropa respecto del punto central O. Ello supone que la densidad «dismétrica» de cualquier magnitud se distribuye de la misma manera a lo largo de cualquier recta que pase por O, o lo que es igual, que la densidad «dismétrica» de toda magnitud será constante en todos los puntos de cualquier esfera centrada en O. El problema a resolver consiste en calcular el período de rotación de cuerpo menor P_2 en órbita circular respecto del mayor P_1 situado en O. Puesto que las densidades «dismétricas» se mantienen constantes a lo largo de toda circunferencia centrada en O, podemos concluir que las leyes cinemáticas clásicas se aplican a estos casos. Lo que no se verificaría necesariamente para otras circunferencias centradas en otros puntos distintos de O.

La aceleración normal o centrípeta de P_2 en una órbita de radio r será $-\omega_r^2 \times \lambda_r \bullet \overline{u}\ m_2 /\!/ s_2^2$, que habrá de ser igual $\overline{F}_{21}\ N_2 /\!/ M_2$; lo que nos lleva a la ecuación «dismétrica» siguiente:

$$\omega_r^2 \times \lambda_r \frac{m_2}{s_2^2} = G \times \frac{\delta_{M2} \times \delta_{L2}}{\delta_{T2}^2} \times \frac{M_1}{\lambda_r^2}\ \frac{m}{s^2}$$

Para reducir ambos miembros a la misma unidad compuesta, se debe tener en cuenta que $m_2 = \delta_{L2} \circ m$ y $s_2 = \delta_{T2} \circ s$, con lo que resulta:

$$\frac{\delta_{L2}}{\delta_{T2}^2} \times \omega_r^2 \times \lambda_r\ \frac{m}{s^2} = G \times \frac{\delta_{M2} \times \delta_{L2}}{\delta_{T2}^2} \times \frac{M_1}{\lambda_r^2}\ \frac{m}{s^2}$$

Como los secundarios son iguales, el criterio de igualdad diádica permite identificar los primarios, y así tenemos:

$$\omega_r^2 = \frac{\delta_{M2}}{\lambda_r^3} \times G \times M_1$$

Considerando el número pi «dismétrico» π_r, calculado para este mismo espacio en el artículo correspondiente, sabiendo que la relación entre la velocidad angular y el período de rotación es dada por $2 \times \pi_r\ rad = \omega_r\ rad /\!/ s_2 * \tau_r\ s_2$, es decir, $2 \times \pi_r = \omega_r \times \tau_r$, siendo τ_r dicho período, resulta con facilidad la expresión que se buscaba:

$$\tau_r = \frac{2 \times \pi_r}{\omega_r} = 2 \times \pi_r \times \sqrt{\frac{\lambda_r^3}{\delta_{M2} \times G \times M_1}}$$

Comparando este resultado con el clásico, descrito en la ecuación [35.2], se puede comprobar con sencillez en qué situación coincidirían los períodos orbitales clásico y «dismétrico», así como cuándo sería mayor el uno que el otro, produciendo las anomalías orbitales observadas y explicadas con la existencia de una supuesta materia oscura, innecesaria para la «dismetría». Así que se podría simplificar la notación y denominar Φ_C y Φ_D los factores multiplicativos respectivos de los períodos clásico y «dismétrico» que no incluyen la constante G ni la masa $M_1 = M$ en este caso. Es decir:

$$\Phi_C = 2 \times \pi \times \sqrt{r^3} \quad ; \quad \Phi_D = 2 \times \pi_r \times \sqrt{\frac{\lambda_r^3}{\delta_{M2}}}$$

En estas condiciones, solo si $\Phi_C = \Phi_D$ coincidirán el período clásico y el «dismétrico» de una misma órbita de radio r al rededor de la misma masa. Si fuese $\Phi_C < \Phi_D$, el período orbital clásico será inferior al «dismétrico» y al contrario si $\Phi_C > \Phi_D$. Así, pues, la «dismetría» es capaz de explicar las anomalías gravitatorias sin necesidad de la materia oscura.

Debemos advertir que para llegar a este resultado se ha aplicado el criterio newtoniano en orden a que la medida de la acción gravitatoria sea constante. Y así, hemos pasado por alto una consecuencia llamativa, relativa a que las fuerzas recíprocas $\overline{F}_{21} N_2$ y $\overline{F}_{12} N_1$ no tienen por qué indicar la misma cantidad de fuerza, lo que parecería contradecir el tercer postulado de Newton sobre igualdad en módulo de acción y reacción.

Sin embargo, este resultado no tiene nada de contradictorio, porque la gravitación «dismétrica» cuantifica perfectamente las dos fuerzas actuantes, lo que permite calcular el movimiento independiente de los puntos P_1 y P_2. Lo que realmente pasaría es que el tercer postulado de Newton sería un caso específico y restringido de espacio «dismétrico» en que sí se verificaría dicha ley; pero, en general, el principio de igualdad de acción y reacción no tendría por qué cumplirse siempre, como manifiestan las dos leyes «dismétricas» de la gravitación.

Finalmente, basta observar las leyes «dismétricas» [35.3] para constatar que la gravitación en estos espacios no tiene por qué ser constante, es decir, que no existe en general un valor único de G, ya que su medida depende de la posición en función de las densidades correspondientes y de λ_r/r, por lo que se puede referir la gravitación a los puntos P_1 y P_2 con las notaciones G_1 y G_2 mediante las expresiones siguientes:

$$G_2 = G \times \frac{\delta_{M2} \times \delta_{L2}}{\delta_{T2}^2} \times \frac{r^2}{\lambda_r^2}$$

$$G_1 = G \times \frac{\delta_{M1} \times \delta_{L1}}{\delta_{T1}^2} \times \frac{r^2}{\lambda_r^2}$$

Obviamente, en el caso de que las densidades «dismétricas» sean la unidad en todos los puntos, se tendrá $\lambda_r = r$ y resultará que $G_1 = G_2 = G$, coincidiendo con la gravitación clásica. Pero, en general, queda patente que la «dismetría» permite representar espacios en los que la gravitación no sea constante.

Section XXXVI

LAWS OF EMPTY SPACE
Tensor formulation of «dysmetric»
properties of physical space

This subject is developed more fully in section XXXVI of *The new Physics of «dysmetric» spaces*, published in Spanish with the title *La nueva Física de los espacios «dismétricos»*, by the same author. Here we will summarize the most basic things, but first a very important observation must be made. In the development of the laws of empty space and the «dysmetric» tensors we apply the dyadic property described in section XI and in number 7 of section XXVIII, which also has to do with what is explained in section XXIX, all of them sections of the *First algebra of magnitudes*. Said dyadic property is the following: **we have on the one hand a mathematical quantity of length, obtained by measurement with the standard meter, and on the other hand the quantity of physical length implicit in it and given by the «dysmetry» of space; both quantities are represented by two dyads, which are homogeneous, because they refer to the same magnitude, the length; and under these conditions we know that the dyadic ratio of homogeneous quantities is a real number equal to the arithmetic ratio of the primary quantities when the secondary quantities are expressed with the same unit of the corresponding magnitude. This property fully justifies operating only with the primaries of the dyads to base the determination of the «dysmetric» tensors that characterize the empty space.**

As a consequence of the above, a dyadic equality in which both members are indicated in the same unit, in this case a unit of length, becomes an ordinary equality of the primaries of both members.

A **simple «dysmetric» space** is defined as a set of three elements, a mathematical space $\mathcal{M}$, a physical space $\mathcal{F}$, both with an affine point space structure of the same dimension n, and a map between both $\mathcal{D}$, which transforms $\mathcal{M}$ in $\mathcal{F}$. The mathematical space is the one in which the measurements take place, it can also be considered as the apparent or perceived and visible space, and the physical space is where the phenomena take place, it is the real and invisible space. The application or transformation $\mathcal{D}$ is called the **spatial deformation tensor** and describes the difference and relationship between mathematical and physical spaces. Its components d_i^j are arranged in matrix form of order n×n.

In physical applications it is practical to identify $\mathcal{M}$ and $\mathcal{F}$ with the ordinary three-dimensional space R^3. Thus, being $\overline{v}$ the vector of the transformed physical space of $\overline{u}$, a vector of the mathematical space, the transformation of in through the tensor $\mathcal{D}$ can be indicated as follows:

$$\overline{v} = \mathcal{D}(\overline{u})$$

Let $\{\overline{e}_i\}$ be any base of R^3. Let u^i be the contravariant coordinates of $\overline{u}$ and v^j those of the vector $\overline{v}$. We will have $\overline{u} = u^i \overline{e}_i$ and $\overline{v} = v^j \overline{e}_j$. Each vector of the base $\{\overline{e}_i\}$ will have a transform by $\mathcal{D}$ that can be written $\mathcal{D}(\overline{e}_i) = d_i^j \overline{e}_j$, where d_i^j are the contravariant coordinates of the vector $\overline{e}_i$ with respect to the same base $\{\overline{e}_j\}$. Thus it turns out that the transformation $\overline{v} = \mathcal{D}(\overline{u})$ can also be written $v^j \overline{e}_j = \mathcal{D}(u^i \overline{e}_i)$. Assuming that $\mathcal{D}$ is linear, $v^j \overline{e}_j = u^i \mathcal{D}(\overline{e}_i)$ and, therefore, $v^j \overline{e}_j = u^i d_i^j \overline{e}_j$. We thus conclude the equality of coordinates of both members, which we reflect $v^j = u^i d_i^j$. We call this expression the *law of deformation of empty space* and the set of 3×3 elements d_i^j, or in general n×n, we will call it the space **deformation tensor**. Therefore, we can conclude that the relationship between mathematical and physical space is established by the following physical-mathematical truth:

$$v^j = u^i \, d_i^j$$

Matrix-wise we can write this law with the row matrices $[u]$ and $[v]$ for the coordinates u^i and v^j, and with the square matrix $[d]$ for the tensor d_i^j, of generic order n×n, indicating i row and j column. With which we arrive at this formulation:

$$[v] = [u] \, [d]$$

Next let us reflect on the need to assign to each point in space a real number that represents the corresponding «dismetric» density. To do this, a linear application $\triangle$ of the tensor product $\mathscr{M} \otimes \mathscr{F}$ in $\mathbb{R}$ can be conceived, such that the tensor product $\bar{u} \otimes \bar{v}$ of every vector $\bar{u}$ with its transform $\bar{v}$ has as an image the real number $\delta(P) \in \mathbb{R}$ that represents the «dysmetric» density in the point P affine to the associated vectors $\bar{u}$ and $\bar{v}$. In analytical terms this application can be described as follows:

$$\triangle(\bar{u} \otimes \bar{v}) = \delta(P) \in \mathbb{R}$$

Substituting $\bar{u}$ and $\bar{v}$ for their expressions as a function of the basis vectors $\{\bar{e}_i\}$, that is, $\bar{u} = u^i \, \bar{e}_i$ and $\bar{v} = v^j \, \bar{e}_j$, we easily arrive at the following law:

$$\triangle(\bar{u} \otimes \bar{v}) = \triangle(u^i \, \bar{e}_i \otimes v^j \, \bar{e}_j) = u^i \, v^j \, \triangle(\bar{e}_i \otimes \bar{e}_j)$$

The n×n elements $\triangle(\bar{e}_i \otimes \bar{e}_j)$ can be designated with the notation Δ_{ij}. Each value Δ_{ij} represents a real number associated with the image by $\triangle$ of the tensor products of the base vectors $\bar{e}_i \otimes \bar{e}_j$. In this way, we arrive at the following law:

$$\triangle(\bar{u} \otimes \bar{v}) = u^i \, v^j \, \Delta_{ij}$$

Replacing the contravariant coordinates v^j with those provided by the deformation tensor through $v^j = u^k \, d_k^j$, we are finally left with the following tensor formulation:

$$\triangle(\bar{u} \otimes \bar{v}) = u^i \, u^k \, d_k^j \, \Delta_{ij} = \delta(P) \in \mathbb{R}$$

We call this expression the «*dysmetric*» *law of empty space*, which in matrix notation can be written in this other way:

$$\Delta(\overline{u} \otimes \overline{v}) = [u][d][\Delta]^T\{u\} = \delta(P) \in \mathbf{R}$$

We call the n×n elements Δ_{ij} or its associated matrix $[\Delta]$ the **«dysmetric» density tensor of empty space**.

The n×n elements d_i^j of the deformation tensor and the Δ_{ij} of the density tensor can be indicated in general as functions of the coordinates ui and the magnitude time. This is explained in more detail in the aforementioned section XXXVI of *La nueva Física de los espacios «dismétrios»* in Spanish, by formulating the laws of deformation and density in general curvilinear coordinates.

> In concise mathematical language a **general «dysmetric» space** can be conceived as a set of four elements notated by $\{\mathcal{M},\mathcal{F},\mathcal{D},\Delta\}$: a mathematical space $\mathcal{M}$, a physical space $\mathcal{F}$, both with affine point space structure of the same dimension n, a map between both $\mathcal{D}$, which transforms $\mathcal{M}$ into $\mathcal{F}$ ($\mathcal{D}: \mathcal{M} \to \mathcal{F}$) and a map Δ of the tensor product $\mathcal{M} \otimes \mathcal{F}$ into R ($\Delta: \mathcal{M} \otimes \mathcal{F} \to$ R). The application $\mathcal{D}$ relates the spaces $\mathcal{M}$ and $\mathcal{F}$, we call it the **deformation tensor**. The Δ application assigns a real number to each two homologous points in the spaces $\mathcal{M}$ and $\mathcal{F}$, we call it a **«dysmetric» density tensor**.

The mathematical space is the one in which the measurements take place, it can also be considered as the apparent or perceived and visible space, and the physical space is where the phenomena take place, it is the real and invisible space. The application $\mathcal{D}$ or **spatial deformation tensor** describes the difference and relationship between mathematical and physical spaces. The application Δ or **«dysmetric» density tensor** reflects the «dysmetry» of the space, associating a real number with each two homologous points of $\mathcal{M}$ and $\mathcal{F}$. The components d_i^j and Δ_{ij} of both tensors are arranged in matrix form of order n×n. $\mathcal{M}$ and $\mathcal{F}$ with the ordinary three-dimensional space R^3. The expression

$v^j = u^i d_i^j$ (page 341) represents the transformation $\overline{v} = \mathcal{D}(\overline{u})$, being any vector $\overline{u}$ of the mathematical space $\mathcal{M}$ and the vector $\overline{v}$ its image in the physical or deformed space $\mathcal{F}$. In matrix form this relation can be written $[v] = [u][d]$, where $[d]$ is the matrix symbol for the deformation tensor $\mathcal{D}$. The n×n elements d_i^j of this tensor can be conceived in general as functions of u^i coordinates and time.

The law $\triangle(\overline{u} \otimes \overline{v}) = u^i u^k d_k^j \Delta_{ij} = \delta(P) \in R$ (page 341), in matrix form it can be put $\triangle(\overline{u} \otimes \overline{v}) = [u][d][\Delta]^T\{u\} = \delta(P) \in R$, where $\delta(P)$ represents the **«dysmetric» density** at each point P. Any set of n×n values ordered in the matrix $[\Delta]$ is called the **«dysmetric» density tensor** and is such that at every affine point P of the vector determines the «dysmetric» density of the space at that point, given by $[u][d][\Delta]^T\{u\} = \delta(P) \in R$. The n×n elements Δ_{ij} of this tensor can be indicated in general as functions of the coordinates u^i and the magnitude time.

It must be noted that the formulation presented here of the «dysmetric» tensors and the associated laws is nothing more than one of the ways that can be mathematically devised among the infinite possible ones to establish the field of «dysmetric» densities, which does nothing but confirm the wealth of tools that «dysmetr» provides to express the physical-mathematical truths that wait to be observed by eyes that can understand them. For this reason, «dysmetric» spaces should not be ignored by any creative mathematician or physicist, because they extend to infinity the possibilities of representation of general physical phenomena, not only isometric ones, which constitute a very particular and restricted case of «dysmetry», which is theoretically reduced to isometry when in a very singular way the «dysmetric» densities of all magnitudes are the numerical unit at all times and places, as we physicists have tacitly assumed until now. So «dysmetry» is the most generic character of space, which is reduced to isometry, currently considered exclusively, only in very special cases.

Apartado XXXVI

LEYES DEL ESPACIO VACÍO
*Formulación tensorial de las
propiedades del espacio físico*

Esta materia se desarrolla con más amplitud en el apartado XXXVI de *La nueva Física de los espacios «dismétricos»*, del mismo autor. Aquí resumiremos lo más elemental, pero antes debe hacerse una observación muy importante. En el desarrollo de las leyes del espacio vacío y de los tensores «dismétricos» aplicamos la propiedad diádica descrita en el apartado XI y en el número 7 del apartado XXVIII, que tiene también que ver con lo explicado en el XXIX, todos ellos apartados de la *Primera álgebra de magnitudes*. Dicha propiedad diádica es la siguiente: **tenemos de una parte una cantidad matemática de longitud, obtenida por medición con el metro patrón, y de otra la cantidad de longitud física implícita en ella y dada por la «dismetría» del espacio; ambas cantidades son representadas por sendas díadas, que son homogéneas, porque se refieren a una misma magnitud, la longitud; y en estas condiciones sabemos que la razón diádica de cantidades homogéneas es un número real igual a la razón aritmética de los primarios cuando los secundarios se expresan con la misma unidad de la magnitud correspondiente. Esta propiedad justifica plenamente que se opere solo con los primarios de las díadas para fundamentar la determinación de los tensores «dismétricos» que caracterizan el espacio vacío.**

Como consecuencia de lo anterior, una igualdad diádica en que ambos miembros estén indicados en la misma unidad, en este caso una unidad de longitud, se convierte en una igualdad ordinaria de los primarios de ambos miembros.

Un **espacio «dismétrico» simple** se define como un conjunto de tres elementos, un espacio matemático $\mathscr{M}$, un espacio físico $\mathscr{F}$, ambos con estructura de espacio puntual afín de la misma dimensión n, y una aplicación entre ambos $\mathcal{D}$, que transforma $\mathcal{M}$ en $\mathcal{F}$. El espacio matemático es aquel en que se desarrollan las mediciones, puede considerarse también como el espacio aparente o percibido y visible, y el físico es donde tienen lugar los fenómenos, es el espacio real e invisible. La aplicación o transformación $\mathcal{D}$ recibe el nombre de **tensor de deformación espacial** y describe la diferencia y relación entre los espacios matemático y físico. Sus componentes d_i^j se ordenan en forma matricial de orden $n \times n$.

En las aplicaciones físicas lo práctico es identificar $\mathcal{M}$ y $\mathcal{F}$ con el espacio ordinario de tres dimensiones R^3. Así, siendo $\overline{v}$ el vector del espacio físico transformado de $\overline{u}$, vector del espacio matemático, la transformación de $\overline{u}$ en $\overline{v}$ mediante el tensor $\mathcal{D}$ se puede indicar así:

$$\overline{v} = \mathcal{D}(\overline{u})$$

Sea $\{\overline{e}_i\}$ una base cualquiera de R^3. Sean u^i las coordenadas contravariantes de $\overline{u}$ y v^j las del vector $\overline{v}$. Tendremos $\overline{u} = u^i \overline{e}_i$ y $\overline{v} = v^j \overline{e}_j$. Cada vector de la base $\{\overline{e}_i\}$ tendrá un transformado por $\mathcal{D}$ que podrá escribirse $\mathcal{D}(\overline{e}_i) = d_i^j \overline{e}_j$, donde d_i^j son las coordenadas contravariantes del vector $\overline{e}_i$ respecto de la misma base $\{\overline{e}_j\}$. Así resulta que la transformación $\overline{v} = \mathcal{D}(\overline{u})$ puede escribirse también $v^j \overline{e}_j = \mathcal{D}(u^i \overline{e}_i)$. Suponiendo que $\mathcal{D}$ sea lineal, $v^j \overline{e}_j = u^i \mathcal{D}(\overline{e}_i)$ y, por tanto, $v^j \overline{e}_j = u^i d_i^j \overline{e}_j$. Concluimos así la igualdad de coordenadas de ambos miembros, que reflejamos $v^j = u^i d_i^j$. Esta expresión la nombramos *ley de deformación del espacio vacío* y el conjunto de 3×3 elementos d_i^j, o en general $n \times n$, lo llamaremos **tensor de deformación** del espacio. Por tanto, podemos concluir que la relación entre el espacio matemático y el físico queda establecida por la siguiente verdad físico-matemática:

$$v^j = u^i d_i^j$$

Matricialmente podemos escribir esta ley con las matrices fila $[u]$ y $[v]$ para las coordenadas u^i y v^j, y con la matriz cuadrada

$[d]$ para el tensor d_i^j, de orden genérico n×n, indicando i fila y j columna. Con lo cual llegamos a esta formulación:

$$[\![v]\!] = [\![u]\!]\,[d]$$

A continuación reflejemos la necesidad de asignar a cada punto del espacio un número real que represente la densidad «dismétrica» correspondiente. Para ello puede concebirse una aplicación lineal $\triangle$ del producto tensorial $\mathcal{M}\otimes\mathcal{F}$ en R, tal que el producto tensorial $\overline{u}\otimes\overline{v}$ de todo vector $\overline{u}$ con su transformado $\overline{v}$ tenga como imagen el número real $\delta(P)\in R$ que representa la densidad «dismétrica» en el punto P afín a los vectores asociados $\overline{u}$ y $\overline{v}$. En términos analíticos esta aplicación de puede describir de la forma siguiente:

$$\triangle(\overline{u}\otimes\overline{v}) = \delta(P) \in R$$

Sustituyendo $\overline{u}$ y $\overline{v}$ por sus expresiones en función de los vectores de la base $\{\overline{e}_i\}$, es decir, $\overline{u}=u^i\,\overline{e}_i$ y $\overline{v}=v^j\,\overline{e}_j$, llegamos fácilmente a la siguiente ley:

$$\triangle(\overline{u}\otimes\overline{v}) = \triangle(u^i\,\overline{e}_i \otimes v^j\,\overline{e}_j) = u^i\,v^j\,\triangle(\overline{e}_i\otimes\overline{e}_j)$$

Los n×n elementos $\triangle(\overline{e}_i\otimes\overline{e}_j)$ se pueden designar con la notación Δ_{ij}. Cada valor Δ_{ij} representa un número real asociado a la imagen por $\triangle$ de los productos tensoriales de los vectores de la base $\overline{e}_i\otimes\overline{e}_j$. De este modo, llegamos a la ley siguiente:

$$\triangle(\overline{u}\otimes\overline{v}) = u^i\,v^j\,\Delta_{ij}$$

Sustituyendo las coordenadas contravariantes v^j por las que proporciona el tensor de deformación mediante $v^j = u^k\,d_k^j$, nos queda finalmente la formulación tensorial siguiente:

$$\triangle(\overline{u}\otimes\overline{v}) = u^i\,u^k\,d_k^j\,\Delta_{ij} = \delta(P) \in R$$

Esta expresión la denominamos *ley «dismétrica» del espacio vacío*, que en notación matricial se puede escribir de esta otra manera:

$$\triangle(\overline{u}\otimes\overline{v})=[\![u]\!][d][\triangle]^T\{u\}=\delta(P)\in\mathrm{R}$$

A los $n\times n$ elementos $\triangle_{ij}$ o su matriz asociada $[\triangle]$ les damos el nombre de **tensor de densidad «dismétrica» del espacio vacío**.

Los $n\times n$ elementos d_i^j del tensor de deformación y los $\triangle_{ij}$ del tensor de densidad pueden indicarse en general como funciones de las coordenadas u^i y de la magnitud tiempo. Esto se explica con más extensión en el citado apartado XXXVI de *La nueva Física de los espacios «dismétricos»*, mediante la formulación de las leyes de deformación y de densidad en coordenadas curvilíneas generales.

En lenguaje matemático conciso se puede concebir un **espacio «dismétrico» general** como un conjunto de cuatro elementos notado por $\{\mathcal{M},\mathcal{F},\mathcal{D},\triangle\}$: un espacio matemático $\mathcal{M}$, un espacio físico $\mathcal{F}$, ambos con estructura de espacio puntual afín de la misma dimensión n, una aplicación entre ambos $\mathcal{D}$, que transforma $\mathcal{M}$ en $\mathcal{F}$ ($\mathcal{D}: \mathcal{M}\to\mathcal{F}$) y una aplicación $\triangle$ del producto tensorial $\mathcal{M}\otimes\mathcal{F}$ en R ($\triangle: \mathcal{M}\otimes\mathcal{F}\to$ R). La aplicación $\mathcal{D}$ relaciona los espacios $\mathcal{M}$ y $\mathcal{F}$, la denominamos **tensor de deformación**. La aplicación $\triangle$ asigna a cada dos puntos homólogos de los espacios $\mathcal{M}$ y $\mathcal{F}$ un número real, la llamamos **tensor de densidad «dismétrica»**.

El espacio matemático es aquel en que se desarrollan las mediciones, puede considerarse también como el espacio aparente o percibido y visible, y el físico es donde tienen lugar los fenómenos, es el espacio real e invisible. La aplicación $\mathcal{D}$ o **tensor de deformación espacial** describe la diferencia y relación entre los espacios matemático y físico. La aplicación $\triangle$ o **tensor de densidad «dismétrica»** refleja la «dismetría» del espacio, asociando a cada dos puntos homólogos de $\mathcal{M}$ y $\mathcal{F}$ un número real. Las componentes d_i^j y $\triangle_{ij}$ de ambos tensores se ordenan en forma matricial de orden $n\times n$. En las aplicaciones físicas lo práctico es identificar $\mathcal{M}$ y $\mathcal{F}$ con el espacio ordinario de tres dimensiones R^3. Así la expresión $v^j=u^i\,d_i^j$ de la página 346 representa la transformación $\overline{v} = \mathcal{D}\,(\overline{u})$, siendo $\overline{u}$ un vector cualquiera del espacio matemático $\mathcal{M}$ y el vector $\overline{v}$ su imagen en el espacio físico o deformado $\mathcal{F}$. En forma de matrices esta relación se puede escribir $[v] = [u]\,[d\,]$, donde $[d\,]$ es el símbolo matricial para el tensor de deformación $\mathcal{D}$. Los $n \times n$ elementos d_{ij} de este tensor pueden concebirse en general como funciones de las coordenadas u_i y del tiempo.

La ley $\triangle(\overline{u} \otimes \overline{v}) = u^i\,u^k\,d_k^{\,j}\,\underline{\Delta_{ij}} = \delta(P) \in \mathbb{R}$ de la página 347, en forma matricial se puede poner $\triangle(\overline{u} \otimes \overline{v}) = [u][d][\triangle]^T\{u\} = \delta(P) \in \mathbb{R}$, donde $\delta(P)$ representa la **densidad «dismétrica»** en cada punto P. Cualquier conjunto de $n \times n$ valores ordenados en la matriz $[\triangle]$ se denomina **tensor de densidad «dismétrica»** y es tal que en todo punto afín P del vector $\overline{u}$ determina la densidad «dismétrica» del espacio en ese punto, dada por $[u][d][\triangle]^T\{u\} = \delta(P) \in \mathbb{R}$. Los $n \times n$ elementos Δ_{ij} de este tensor pueden indicarse en general como funciones de las coordenadas u_i y de la magnitud tiempo.

Hay que observar que la formulación expuesta aquí de los tensores «dismétricos» y de las leyes asociadas no es más que una de las formas que pueden idearse matemáticamente entre las infinitas posibles para establecer el campo de densidades «dismétricas», lo que no hace sino confirmar el filón de herramientas que proporciona la «dismetría» para expresar las verdades físico-matemáticas que esperan a ser observadas por ojos que puedan entenderlas. Por eso, los espacios «dismétricos» no deberían ser ignorados por ningún matemático ni físico creativos, porque extienden hasta el infinito las posibilidades de representación de los fenómenos físicos generales, no solo los isométricos, que constituyen un caso muy particular y restringido de la «dismetría», la cual se reduce teóricamente a la isometría cuando de manera muy singular las densidades «dismétricas» de todas las magnitudes sean la unidad numérica en todo tiempo y lugar, como tácitamente hemos supuesto los físicos hasta ahora. Así que la «dismetría» es el carácter más genérico del espacio, que se reduce a la isometría, actualmente considerada en exclusiva, solo en casos muy especiales.

Section XXXVII

LAW OF DYADIC VARIATION
The physical-mathematical truth that proves the fact that «dysmetry» is natural

In section XXXVII of *The New Physics of «dismetric» spaces*, published in Spanish with the title *La nueva Física de los espacios «dismétricos»*, by the same author, differential «dismetry» is discussed more extensively. Here we will limit ourselves to describing the fundamental mathematical truth that refers to the elementary expression of the differential variation of any dyad, representative of a certain quantity of a magnitude.

To do this, let's analyze the variation of any dyad (q, U). Let us remember that every dyad represents a quantity of magnitude that can be symbolized in multiple indistinct ways: (q, U), $(q\ U)$, $q\ U$, $q \circ U$, $q \circ (1, U)$ or similar. A dyad can vary because its primary q changes or because its secondary U changes.

In classical Physics unfortunately «arithmetized» only the first option is contemplated. On the other hand, the generality of «dysmetry» also admits the second variant. The general case of infinitesimal variation of a dyad can be represented by $d(q, U)$, which must be the difference between the quantities $(q+dq, U \oplus dU)$ and (q, U). Obviously, the addition of the term $U \oplus dU$ is the dyadic addition and the marked difference as well.

We observe in $U \oplus dU$ that it is a homogeneous sum, because the quantities of the addends refer to the same magnitude; but the addends are not uniform, because they are different units. At the end of sections V and XXVIII-3 of the *First Algebra of Magnitudes*, the analytical form of these singular cases of dyadic addition is established, based on the postulate of affinity with the geometric algebra of segments. This is a typical exception to the axiom of uniformity when the primaries coincide and the secondary ones are homogeneous but not uniform. It follows that, although the units of the addends do not coincide, nothing prevents analytically formulating the addition of homogeneous and non-uniform quantities. So, given two dyads (q,U_1) and (q,U_2) of the same magnitude, with U_1 and U_2 homogeneous, the following additive law can be described:

$$(q,U_1)\oplus(q,U_2)=(q,U_1\oplus U_2)$$

Considering the previous property of dyadic addition, with $U_1=U$ and $U_2=dU$, from $d(q,U)=(q+dq,U\oplus dU)\ominus(q,U)$, we have the following reasoning:

$$d(q,U)=(q+dq,U\oplus dU)\ominus(q,U)=$$
$$=(q+dq,U)\oplus(q+dq,dU)\ominus(q,U)=$$
$$=(q,U)\oplus(dq,U)\oplus(q,dU)\oplus(dq,dU)\ominus(q,U)=$$
$$=(dq,U)\oplus(q,dU)\oplus(dq,dU)$$

The term (dq,dU) is an infinitesimal of the second order, so it can be neglected with respect to the other two, which are of the first order, resulting in:

$$d(q,U)=(dq,U)\oplus(q,dU)$$

We could call this conclusion the law of dyadic variation. The addend (dq,U) represents the modification of the dyad (q,U) as a consequence of the change in the primary, which could be called **metric variation** and describes the conventionalism used to analyze variations in quantities of magnitudes since always. In turn, the innovative term (q,dU) could be called «**dysmetric**» **variation** and determines the component attributable to the homonymous effect, which refers to the change experienced by the quantity of magnitude implicit in every standard unit U_0, a transcendent phenomenon ignored until now.

The *law of dyadic variation* has a very relevant meaning, it is proof that «dysmetry» is natural, so «dysmetric» phenomena cannot be ignored, except at the cost of severely curtailing Physics. So «dysmetry» is an eternal truth that will be implanted sooner rather than later and that all creative mathematicians and physicists will take advantage of in multiple ways to develop their theories and innovations.

To implement «dysmetry» it is not necessary to start Physics from scratch, but only to consider that isometry is a local observation that cannot be generically attributed to all space, given its true «dysmetry» nature. The new horizons that this reveals are so broad that it is unimaginable to conceive where the application of that **fundamental physical-mathematical truth** that is «dysmetry» can take us, as soon as mathematicians and physicists focus on it and understand it with full understanding. help of dyadic algebra.

Apartado XXXVII

LEY DE VARIACIÓN DIÁDICA
La verdad físico-matemática que prueba el hecho de que lo natural es la «dismetría»

En el apartado XXXVII de *La nueva Física de los espacios «dismétricos»* del mismo autor se expone más extensamente la «dismetría» diferencial. Aquí nos limitaremos a describir la verdad matemática fundamental que se refiere a la expresión elemental de la variación diferencial de cualquier díada, representativa de cierta cantidad de una magnitud.

Para ello, analicemos la variación de una díada cualquiera (q, U). Recordemos que toda díada representa una cantidad de magnitud que se puede simbolizar de múltiples formas indistintas: (q, U), $(q\ U)$, $q\ U$, $q \circ U$, $q \circ (1, U)$ o similares. Una díada puede variar porque varíe su primario q o porque se modifique su secundario U.

En la Física clásica desgraciadamente «aritmetizada» solo se contempla la primera opción. En cambio, la generalidad de la «dismetría» admite también la segunda variante El caso general de variación infinitesimal de una díada lo podemos representar $d(q, U)$, que ha de ser la diferencia entre las cantidades $(q+dq, U \oplus dU)$ y (q, U). Obviamente, la adición del término $U \oplus dU$ es la adición diádica y la diferencia señalada también.

Observamos en $U \oplus dU$ que se trata de una suma homogénea, porque las cantidades de los sumandos se refieren a la misma magnitud; pero los sumandos no son uniformes, porque son unidades distintas. Al final de los apartados V y XXVIII-3 de la *Primera álgebra de magnitudes* se establece la forma analítica de estos casos singulares de adición diádica, con fundamento en el postulado de afinidad con el álgebra geométrica de segmentos. Se trata de una excepción típica del axioma de uniformidad cuando los primarios coincidan y los secundarios sean homogéneos pero no uniformes. De ello resulta que, aunque las unidades de los sumandos no coincidan, nada impide formular analíticamente la adición de cantidades homogéneas y no uniformes. De modo que, dadas dos díadas (q, U_1) y (q, U_2) de la misma magnitud, con U_1 y U_2 homogéneas, se puede describir la siguiente ley aditiva:

$$(q, U_1) \oplus (q, U_2) = (q, U_1 \oplus U_2)$$

Considerando la anterior propiedad de la adición diádica, con $U_1 = U$ y $U_2 = dU$, a partir de $d(q, U) = (q + dq, U \oplus dU) \ominus (q, U)$, tenemos el siguiente razonamiento:

$$d(q, U) = (q+dq, U \oplus dU) \ominus (q, U) =$$
$$= (q+dq, U) \oplus (q+dq, dU) \ominus (q, U) =$$
$$= (q, U) \oplus (dq, U) \oplus (q, dU) \oplus (dq, dU) \ominus (q, U) =$$
$$= (dq, U) \oplus (q, dU) \oplus (dq, dU)$$

El término (dq, dU) es un infinitésimo de segundo orden, por lo que se puede despreciar respecto a los otros dos, que son de primer orden, con lo que resulta:

$$d(q, U) = (dq, U) \oplus (q, dU)$$

Esta conclusión la podríamos llamar *ley de variación diádica*. El sumando (dq, U) representa la modificación de la díada (q, U) como consecuencia del cambio en el primario, que podría denominarse **variación métrica** y describe el convencionalismo usado para analizar variaciones de cantidades de magnitudes desde siempre. A su vez el término innovador (q, dU) podría nombrarse **variación «dismétrica»** y determina la componente atribuible al efecto homónimo, que se refiere al cambio que experimenta la cantidad de magnitud implícita en toda unidad patrón U_0, fenómeno trascendente ignorado hasta ahora.

La *ley de variación diádica* tiene un significado muy relevante, es la prueba de que lo natural es la «dismetría», por lo que los fenómenos «dismétricos» no pueden ser ignorados, salvo a costa de cercenar gravemente la Física. Así que la «dismetría» es una verdad eterna que se implantará más pronto que tarde y que los todos matemáticos y físicos creativos aprovecharán de múltiples formas para desarrollar sus teorías e innovaciones.

Para implementar la «dismetría» no es preciso empezar de cero la Física, sino solo considerar que la isometría es una observación local que no puede atribuirse genéricamente a todo el espacio, dada su verdadera naturaleza «dismétrica». Los nuevos horizontes que esto deja entrever son tan amplios que es inimaginable concebir a dónde nos puede llevar la aplicación de esa **verdad físico-matemática fundamental** que es la «dismetría», en cuanto los matemáticos y los físicos se fijen en ella y la comprendan con ayuda del álgebra diádica.

ANNEX

THE DYADIC INVERSES
The logical formal sense for the notation of unitary and inverse magnitudes

In sections XIV and XXVIII, article 9, we noted that multiplicative operations on magnitudes are external generating laws, so they cannot accommodate unitary elements or inverses in the sense of the internal laws of classical algebra. When two quantities of homogeneous or non-homogeneous magnitudes are multiplied, the law of composition involved is external generating, so the product can never be homogeneous with the factors, even if these are. For example, the product of two lengths expressed in meters results in an area in square meters; hence, we cannot find any quantity of length that, when multiplied by any other, gives a product expressed in meters. For this reason, homogeneous unitary elements do not exist for this multiplicative operation. Likewise, we cannot find a quantity of length that is the inverse of another given length, because their product will not appear expressed in meters, but in square meters. Since the unitary element does not exist, the product could not equal a nonexistent unit. However, what we can attempt is to give formal meaning to the inverse notations, to harmonize multiplicative operations on magnitudes with common algebraic expressions. This is what we attempt in the following, seeking a logical meaning for the nomenclature of the inverses of magnitudes, but adapted to the algebraic meaning associated with the external composition laws specific to magnitudes.

The difference with ordinary algebra is that, for example, the inverse of the number 2 is the number 0.5, such that multiplied together they give the real unit 1, all three belonging to the same numerical set. Well, as we have reiterated, this cannot be done with quantities of magnitudes, because their product is external and generative, so it is not homogeneous with the factors. So, if we want to simulate an isomorphism between ordinary algebra and dyadic algebra, we have to invent something that is algebraically valid.

The multiplication of magnitudes is developed in section XII and in article 9 of XXVIII. Among the notations that we have accepted for the dyads, q U, (q U) or (q,U), we opt here for the most explicit one, which is (q,U). According to the definition established in those sections, given any two dyads (q_1, U_1) and (q_2, U_2), their geometric affine product can be written analytically in the following way:

$$(q_1, U_1) * (q_2, U_2) = (q_1 \times q_2, U_1 * U_2)$$

Taking $(q_1 \times q_2, U_1 * U_2)$ as dividend, (q_2, U_2) as divisor, not zero, and (q_1, U_1) as quotient, the ratio of two quantities of homogeneous or non-homogeneous magnitudes has been defined by the expression:

$$(q_1, U_1) = \frac{(q_1 \times q_2, U_1 * U_2)}{(q_2, U_2)}$$

We define the dyad (q_2^{-1}, U_2^{-1}) and the inverse magnitude with unit U_2^{-1} as those that satisfy the following condition:

$$\frac{(q_1 \times q_2, U_1 * U_2)}{(q_2, U_2)} = (q_1 \times q_2, U_1 * U_2) * (q_2^{-1}, U_2^{-1})$$

With this notation we can write the initial dyadic ratio with the following formulation:

$$(q_1, U_1) = (q_1 \times q_2, U_1 * U_2) * (q_2^{-1}, U_2^{-1}) = (q_1 \times q_2 \times q_2^{-1}, U_1 * U_2 * U_2^{-1})$$

Since in R $q_1 \times q_2 \times q_2^{-1} = q_1$, dyadic equality requires that the dyadic product $U_1 * U_2 * U_2^{-1}$ must be identical to U_1. That is, the magnitude defining the product $U_1 * U_2 * U_2^{-1}$ must be the same as the one corresponding to U_1. Therefore, for the inverse notation U_2^{-1} to make sense in the case of an external generating law, the condition $U_1 *U_2 *U_2^{-1}=U_1$ must be fulfilled for any quantity U1 of any magnitude. This means that $U_1 *U_2 *U_2^{-1}$ corresponds to an affine volume and thus, on the one hand, U_1 is affine to a length on the right side, and in turn is affine to a volume on the right side. This ambivalence is not contradictory, because in $U_1 *U_2 *U_2^{-1}$ we have that U_1 is part of the product $U_1 *U_2$, which is a different magnitude than U_1, so it is algebraically correct that U_1 appears at the same time in both members of the expression $U_1 *U_2 *U_2^{-1}=U_1$.

Some unruly people might object that the above is obvious, because $U_2 *U_2^{-1}=1$ and so $U_1 \times 1=U_1$. But this reasoning would be entirely erroneous and would mean falling right into the «arithmetization» trap that we have warned about so often in this work. Indeed, $U_2 *U_2^{-1}$ is the product of two quantities of magnitude and can never result in a real number, because said dyadic product is an affine surface, that is, it is another quantity of the magnitude generated by U_2 and U_2^{-1}, which are also quantities of different magnitudes, that is, not homogeneous.

However, what we do observe in $U_1 *U_2 *U_2^{-1}=U_1$ is that the dyadic product $U_2 *U_2^{-1}$ is such that it leaves any quantity U_1 invariant when both are multiplied dyadic, and this property reflects what can be expected of a unitary element. Therefore, we are authorized to define the unitary and inverse elements of the structure of multiplicative dyadic algebra as follows: **given any quantity of a certain generic magnitude, represented by U_2, we will say that the quantity $U_2 *U_2^{-1}$ is a unitary element of the multiplicative operation of magnitudes if and only if the condition $U_1 *U_2 *U_2^{-1}=U_1$ is fulfilled for any other magnitude and quantity U_1; and in turn, we will say that the inverse magnitude and quantity of U_2 are determined by U_2^{-1}.**

So, on the one hand, we have the **unitary magnitude** to which the unit element $U_2 *U_2^{-1}=U$ belongs; and on the other, the **inverse magnitude** to which U_2^{-1} refers, for any other quantity indicated by the quantity U_2. The unitary magnitude and the inverse magnitude are not homogeneous. By definition, U_2 and

Annex: The dyadic inverses

U_2^{-1} are quantities of magnitudes that are inversely correlated with each other.

We insist that we should not be fooled by the common inverse notation U_2^{-1}. Its numerical meaning would be $U_2 \times U_2^{-1} = 1$ for the internal law «×» of multiplication of real numbers; but here it means a quantity of a certain magnitude such that it satisfies the condition $U_1 * U_2 * U_2^{-1} = U_1$ for any U_1, where «*» is the external multiplicative law generating magnitudes. Here the unitary element is not the number one, but the quantity U of the unitary magnitude such that $U_2 * U_2^{-1} = U$.

We must now ask whether these unitary and inverse elements exist, and if so, whether they are unique. Let us first examine the existence of unitary elements. Let $U = U_2 * U_2^{-1}$ be the unitary element of the magnitude defined by the quantity U_2. It is evident that U denotes the affine surface related to the product of the affine lengths U_2 and U_2^{-1}. Therefore, since this product is unique, by definition of dyadic multiplication, the unitary element U exists and is unique. We can reach the same conclusion by supposing that two unitary elements U and U' exist. Then, since U is a unitary element, $U' * U = U'$ is required, and since U' is a unitary element, $U * U' = U$ is required. Therefore, given the commutative property, $U = U'$ is required. So, in effect, the unitary element of any magnitude exists and is unique in the sense established here.

Let us now examine the existence and uniqueness of the inverse elements. According to the definition of inverse established above, given the quantity U_2, its inverse quantity U_2^{-1} will be the one that satisfies $U_1 * U_2 * U_2^{-1} = U_1$ for any other magnitude U_1. It is evident that the abstract affine parallelepiped defined by the dyadic equation $U_1 * U_2 * U_2^{-1} = U_1$ has three dimensions U_1, U_2 and U_2^{-1}, with a volume U_1, then, the edge U_2^{-1}, which is the inverse magnitude, is like the other two an affine length that exists and is unique for a given volume. Another way of seeing uniqueness is to suppose that there exist two inverse quantities U_{21}^{-1} and U_{22}^{-1}. Since U_{21}^{-1} is the inverse of U_2, we will have $U_1 * U_2 * U_{21}^{-1} = U_1$. And since U_{22}^{-1} is the inverse of U_2, it will also be verified that $U_1 * U_2 * U_{22}^{-1} = U_1$. With which we have $U_1 * U_2 * U_{21}^{-1} = U_1 * U_2 * U_{22}^{-1}$. By definition of dyadic product, the terms $U_1 * U_2 * U_{21}^{-1}$ and $U_1 * U_2 * U_{22}^{-1}$ define two right parallelepipeds of equal volume with two equal edges, U_1 and U_2, so the third edge, U_{21}^{-1} and U_{22}^{-1}, must be equal and thus $U_{21}^{-1} = U_{22}^{-1}$. Therefore, the inverses exist and are unique.

Let us apply the definition of unit elements and inverses to dyadic fractions. Let U_1 and U_2 be two quantities of magnitudes represented by their units. Multiplication allows us to take U_1 as the affine surface, U_2 as the affine length, and $U_1/\!/U_2$ also as the affine length, which gives $U_1 = U_2 * U_1/\!/U_2$. It also allows us to consider U_2 as the affine surface, U_1 as the affine length, and $U_2/\!/U_1$ as the affine length, giving $U_2 = U_1 * U_2/\!/U_1$. Substituting U_2 in $U_1 = U_2 * U_1/\!/U_2$ by its value, given by $U_2 = U_1 * U_2/\!/U_1$, gives:

$$U_1 = U_2 * \frac{U_1}{U_2} = U_1 * \frac{U_2}{U_1} * \frac{U_1}{U_2} \Rightarrow \frac{U_2}{U_1} * \frac{U_1}{U_2} = U$$

This means that the product of two reciprocal fractions, that is, those in which their numerators and denominators are interchanged, is the unitary element of magnitude U, because it leaves any quantity U_1 unchanged. In turn, each fraction is the inverse element of the other.

Finally, given any dyad (q_2, U_2), let us check that its inverse quantity is (q_2^{-1}, U_2^{-1}). Indeed, for any quantity U_1 we will have the product $U_1 * (q_2, U_2) * (q_2^{-1}, U_2^{-1})$, operating on this product, it is $(q_2 \times q_2^{-1}, U_1 * U_2 * U_2^{-1})$, and as $U_1 * U_2 * U_2^{-1} = U_1$ and in R is $q_2 \times q_2^{-1} = 1$, we obtain:

$$U_1 * (q_2, U_2) * (q_2^{-1}, U_2^{-1}) = U_1 * U_2 * U_2^{-1} = U_1$$

In conclusion, $(q_2, U_2) * (q_2^{-1}, U_2^{-1})$ is a unit element, so (q_2^{-1}, U_2^{-1}) is the inverse dyad of (q_2, U_2), and vice versa.

To summarize in practical terms, when a quantity multiplied by its inverse appears in a dyadic equation, this product must be understood as a unitary element that keeps the rest of the factors invariant. However, if the inverse element appears alone, multiplying other quantities, it must be interpreted as its divisor or fractional denominator. Thus, inverse dyadic elements cannot appear in isolation.

This is a significant peculiarity of dyadic inverses. For example, the speed unit written in inverse notation $m*s^{-1}$ means the ratio or quotient $m/\!/s$; expressing $s*s^{-1}$ indicates the unit magnitude of time and its unit $U_T = s*s^{-1}$; or for length $U_L = m*m^{-1}$; and isolated notations s^{-1} or m^{-1} are meaningless for magnitudes. The International System establishes s^{-1} and el m^{-1} as units of frequency and wavenumber, but dyadic algebra teaches that these magnitudes must be formulated in the compound units $cycle*s^{-1} = cycle/\!/s$ and $cycle*m^{-1} = cycle/\!/m$. Isolated inverse units are an undesirable aberration.

Therefore, the dyadic algebraic structure does not have unitary elements or inverses in the same sense attributed to the structures of ordinary algebra. However, respecting the external generative laws of dyadic algebra, we can define unitary elements and inverses, understood as quantities of singular magnitudes with some of the formal and symbolic qualities commonly expected of such algebraic elements, as we have established in this Annex. We have endeavored to show with tenacious reiteration throughout the text by various means that it is not correct to attribute to the multiplicative operations of magnitudes the internal properties of the group structure, a presumption that underlies the substitute of symbolic and «arithmetized» algebra that standardizes the International System of Units, because the group structure is not possible for the external laws of composition that generate the magnitudes themselves, except in the form described in this Annex or another that could be imagined according to the laws of algebra.

ANEXO

LOS INVERSOS DIÁDICOS
*El lógico sentido formal para la notación
de las magnitudes unitarias e inversas*

En los apartados XIV y XXVIII, artículo 9, hemos advertido que las operaciones multiplicativas de magnitudes son **leyes externas generatrices**, por lo que no pueden acoger elementos unitarios ni inversos en el sentido de las leyes internas del álgebra clásica. Cuando se multiplican dos cantidades de magnitudes homogéneas o no la ley de composición que interviene es externa generatriz, por lo que el producto no puede ser nunca homogéneo con los factores, aunque estos sí lo sean. Por ejemplo, el producto de dos longitudes expresadas en metros resulta ser una superficie en metros cuadrados, de ahí que no podamos encontrar ninguna cantidad de longitud que multiplicada por otra cualquiera dé un producto expresado en metros. Por eso no existen los elementos unitarios homogéneos para esta operación multiplicativa. A su vez, tampoco podremos encontrar una cantidad de longitud que sea la inversa de otra longitud dada, porque su producto no aparecerá expresado en metros, sino en metros cuadrados y, puesto que el elemento unitario no existe, tampoco podría resultar el producto igual a una unidad inexistente. Sin embargo, lo que sí podemos intentar es dotar de sentido formal a las notaciones inversas, para armonizar las operaciones multiplicativas de magnitudes con las expresiones algebraicas corrientes. Eso es lo que intentamos en lo que sigue, buscando un significado lógico para la nomenclatura de los inversos de las cantidades de magnitud, pero adaptado al significado algebraico asociado a las leyes de composición externas propias de las magnitudes.

La diferencia con el álgebra ordinaria es que, por ejemplo, el inverso del número 2 es el número 0,5, tales que multiplicados entre sí dan la unidad real 1, los tres pertenecientes al mismo

Anexo: Los inversos diádicos

conjunto numérico. Pues bien, como hemos reiterado, esto no se puede hacer con las cantidades de magnitudes, porque su producto es externo y generador, por lo que no es homogéneo con los factores. Así que, si queremos aparentar un isomorfismo entre el álgebra común y la diádica, tenemos que inventar algo que sea válido algebraicamente.

La multiplicación de magnitudes se desarrolla en el apartado XII y en el artículo 9 del XXVIII. Entre las notaciones que hemos admitido para las díadas, $q\,U$, $(q\,U)$ o (q,U), optamos aquí por la más explícita, que es (q,U). De acuerdo con la definición establecida en esos apartados, dadas dos díadas cualesquiera (q_1,U_1) y (q_2,U_2), su producto afín al geométrico se puede escribir analíticamente de la siguiente forma:

$$(q_1,U_1)*(q_2,U_2)=(q_1\times q_2, U_1*U_2)$$

Tomando $(q_1\times q_2, U_1*U_2)$ como dividendo, (q_2,U_2) como divisor, no nulo, y (q_1,U_1) como cociente, la razón de dos cantidades de magnitudes homogéneas o no ha sido definida por la expresión:

$$(q_1,U_1) = \frac{(q_1\times q_2, U_1*U_2)}{(q_2,U_2)}$$

Definimos la díada (q_2^{-1}, U_2^{-1}) y la magnitud inversa con unidad U_2^{-1} como aquellas que satisfacen la siguiente condición:

$$\frac{(q_1\times q_2, U_1*U_2)}{(q_2,U_2)} = (q_1\times q_2, U_1*U_2)*(q_2^{-1}, U_2^{-1})$$

Con esta notación podemos escribir la razón diádica inicial con la siguiente formulación:

$$(q_1,U_1)=(q_1\times q_2, U_1*U_2)*(q_2^{-1},U_2^{-1})=(q_1\times q_2\times q_2^{-1}, U_1*U_2*U_2^{-1})$$

Como en R es $q_1\times q_2\times q_2^{-1}=q_1$, la igualdad diádica exige que el producto diádico $U_1*U_2*U_2^{-1}$ a de ser idéntico a U_1. Es decir, la magnitud que define el producto $U_1 * U_2 * U_2^{-1}$ ha de ser la misma que la correspondiente a U_1. Por tanto, para que la notación inversa U_2^{-1} tenga sentido en el caso de una ley externa generatriz, se tiene que cumplir la condición $U_1 * U_2 * U_2^{-1} = U_1$ para toda cantidad U_1 de cualquier magnitud. Ello supone que $U_1 * U_2 * U_2^{-1}$ se corresponde con un volumen afín y así, por un lado, U_1 es afín a una longitud en el primer miembro, y a su vez es afín a un volumen en el segundo miembro. Esta ambivalencia no es contradictoria, porque en $U_1 * U_2 * U_2^{-1}$ se tiene que U_1 forma parte del producto $U_1 * U_2$, que es otra magnitud distinta a U_1, así que es correcto algebraicamente que U_1 aparezca al mismo tiempo en los dos miembros de la expresión $U_1 * U_2 * U_2^{-1} = U_1$.

Puede que alguien revoltoso nos objete que lo anterior es evidente, porque $U_2 * U_2^{-1} = 1$ y así $U_1 \times 1 = U_1$. Pero este razonamiento sería del todo erróneo y supondría caer de lleno en la trampa de «aritmetización» que tanto hemos advertido en esta obra. En efecto, $U_2 * U_2^{-1}$ es el producto de dos cantidades de magnitud y nunca puede dar como resultado un número real, porque dicho producto diádico es una superficie afín, es decir, es otra cantidad de la magnitud generada por U_2 y U_2^{-1}, que además son cantidades de magnitudes diferentes, esto es, no homogéneas.

Sin embargo, lo que sí observamos en $U_1 * U_2 * U_2^{-1} = U_1$ es que el producto diádico $U_2 * U_2^{-1}$ es tal que deja invariante cualquier cantidad U_1 cuando se multiplican ambos diádicamente, y esta propiedad refleja lo que se le puede pedir a un elemento unitario. Por tanto, estamos autorizados para definir los elementos unitario e inverso de la estructura del álgebra diádica multiplicativa del siguiente modo: **dada una cantidad cualquiera de cierta magnitud genérica, representada por U_2, diremos que la cantidad $U_2 * U_2^{-1}$ es elemento unitario de la operación multiplicativa de magnitudes si y solo si se cumple la condición $U_1 * U_2 * U_2^{-1} = U_1$ para cualquier otra magnitud y cantidad U_1; y a su vez diremos que la magnitud y cantidad inversas de U_2 las determina U_2^{-1}**.

Así que, por un lado, tenemos la **magnitud unitaria** a la que pertenece el elemento unitario $U_2 * U_2^{-1} = U$; y por otro, la

magnitud inversa a la que se refiere U_2^{-1}, para cualquier otra magnitud indicada por la cantidad U_2. La magnitud unitaria y la magnitud inversa no son homogéneas. Por definición, U_2 y U_2^{-1} son cantidades de magnitudes correlativamente inversas entre sí.

Insistimos en que no hay que dejarse engañar por la notación inversa común U_2^{-1}. Su significado numérico sería $U_2 \times U_2^{-1} = 1$ para la ley interna «×» de multiplicación de números reales; pero aquí significa una cantidad de cierta magnitud tal que cumple la condición $U_1 * U_2 * U_2^{-1} = U_1$ para cualquier U_1, siendo «*» la ley multiplicativa externa generatriz de magnitudes. Aquí el elemento unitario no es el número uno, sino la cantidad U de la magnitud unitaria tal que $U_2 * U_2^{-1} = U$.

Cabe ahora preguntarse si estos elementos unitarios e inversos existen y, de existir, si son únicos. Veamos primero la existencia de elementos unitarios. Sea $U = U_2 * U_2^{-1}$ el elemento unitario de la magnitud definida por la cantidad U_2. Es evidente que U indica la superficie afín relacionada con el producto de las longitudes afines U_2 y U_2^{-1}, luego, como este producto es único, por definición de la multiplicación diádica, el elemento unitario U existe y es único. Podemos llegar a la misma conclusión suponiendo que existan dos elementos unitarios U y U', entonces, por ser U elemento unitario es $U' * U = U'$, y por ser U' elemento unitario será $U * U' = U$, luego, dada la propiedad conmutativa, es $U = U'$. Así que, en efecto, el elemento unitario de cualquier magnitud existe y es único en el sentido aquí establecido.

Examinemos a continuación la existencia y unicidad de los elementos inversos. De acuerdo con la definición de inverso anteriormente establecida, dada la cantidad U_2, su cantidad inversa U_2^{-1} será aquella que satisfaga $U_1 * U_2 * U_2^{-1} = U_1$ para cualquier otra magnitud U_1. Es evidente que el paralelepípedo afín abstracto definido por la ecuación diádica $U_1 * U_2 * U_2^{-1} = U_1$ tiene tres dimensiones U_1, U_2 y U_2^{-1}, con un volumen U_1, luego, la arista U_2^{-1}, que es la magnitud inversa, es como las otras dos una longitud afín que existe y es única para un volumen dado. Otro modo de ver la unicidad es suponer que existan dos cantidades inversas U_{21}^{-1} y U_{22}^{-1}. Por ser U_{21}^{-1} inverso de U_2, tendremos $U_1*U_2*U_{21}^{-1}=U_1$. Y por ser U_{22}^{-1} inverso de U_2, se verificará también que $U_1*U_2*U_{22}^{-1}=U_1$. Con lo cual tendremos $U_1*U_2*U_{21}^{-1}=U_1*U_2*U_{22}^{-1}$. Por definición de producto diádico, los términos $U_1*U_2*U_{21}^{-1}$ y $U_1*U_2*U_{22}^{-1}$ definen sendos paralelepípedos rectos de igual volumen con dos aristas iguales, U_1 y U_2, conque la tercera arista, U_{21}^{-1} y U_{22}^{-1}, ha de ser igual y así es $U_{21}^{-1}=U_{22}^{-1}$. Luego, los inversos existen y son únicos.

Apliquemos la definición de elementos unitarios e inversos a las fracciones diádicas. Sean U_1 y U_2 dos cantidades de magnitudes representadas por sus unidades. La multiplicación permite tomar U_1 como superficie afín, U_2 como longitud afín y $U_1/\!/U_2$ también como longitud afín, con lo que se podrá escribir $U_1=U_2*U_1/\!/U_2$. También permite considerar U_2 como superficie afín, U_1 como longitud afín y $U_2/\!/U_1$ como longitud afín, y así se tendrá $U_2=U_1*U_2/\!/U_1$. Sustituyendo U_2 en $U_1=U_2*U_1/\!/U_2$ por su valor, dado por $U_2=U_1*U_2/\!/U_1$, resulta:

$$U_1 = U_2 * \frac{U_1}{U_2} = U_1 * \frac{U_2}{U_1} * \frac{U_1}{U_2} \Rightarrow \frac{U_2}{U_1} * \frac{U_1}{U_2} = U$$

Esto significa que el producto de dos fracciones recíprocas, es decir, en el que aparecen intercambiados sus numeradores y denominadores, es el elemento unitario de magnitud U, porque deja invariante cualquier cantidad U_1. A su vez, cada fracción es elemento inverso de la otra.

Finalmente, dada una díada cualquiera (q_2, U_2), comprobemos que su cantidad inversa es (q_2^{-1}, U_2^{-1}). En efecto, para toda cantidad U_1 tendremos el producto $U_1*(q_2, U_2)*(q_2^{-1}, U_2^{-1})$, operando, resulta $(q_2 \times q_2^{-1}, U_1*U_2*U_2^{-1})$, y como $U_1*U_2*U_2^{-1}=U_1$ y en R es $q_2 \times q_2^{-1}=1$, obtenemos:

$$U_1*(q_2, U_2)*(q_2^{-1}, U_2^{-1}) = U_1*U_2*U_2^{-1} = U_1$$

En conclusión, $(q_2, U_2)*(q_2^{-1}, U_2^{-1})$ es elemento unitario, conque (q_2^{-1}, U_2^{-1}) es la díada inversa de (q_2, U_2), y recíprocamente.

Resumiendo los términos prácticos, cuando en una ecuación diádica aparezca una cantidad multiplicada por su inverso, este producto ha de entenderse como elemento unitario que mantiene invariante el resto de los factores. En cambio, si el elemento inverso aparece solo, multiplicando a otras magnitudes, ha de interpretarse como su divisor o denominador fraccionario. De modo que los elementos diádicos inversos no pueden aparecer aislados.

Esta es una singularidad relevante de los inversos diádicos. Por ejemplo, la unidad de velocidad escrita en notación inversa $m*s^{-1}$ significa la razón o cociente $m/\!/s$; al expresar $s*s^{-1}$ se indica la magnitud unitaria del tiempo y su unidad $U_T=s*s^{-1}$; o para la longitud $U_L=m*m^{-1}$; y notaciones aisladas s^{-1} o m^{-1} no tienen sentido para las magnitudes. El Sistema Internación establece el s^{-1} y el m^{-1} como unidades de frecuencia y número de ondas, pero el álgebra diádica enseña que estas magnitudes deben formularse en las unidades compuestas $ciclo*s^{-1}=ciclo/\!/s$ y $ciclo*m^{-1}=ciclo/\!/m$. Las unidades inversas aisladas son una aberración indeseable.

Por tanto, la estructura algebraica diádica no tiene elementos unitarios ni inversos en el mismo sentido que se atribuye a las estructuras del álgebra ordinaria. Sin embargo, respetando las leyes externas generatrices del álgebra diádica, sí que podemos definir elementos unitarios e inversos, entendidos estos como cantidades de magnitudes singulares con algunas de las cualidades formales y simbólicas que comúnmente se esperan de tales elementos algebraicos, tal como hemos establecido en este anexo. Nos hemos esforzado en mostrar con tenaz reiteración a lo largo del texto por diversos caminos que no es correcto atribuir a las operaciones multiplicativas de magnitudes las propiedades internas de la estructura de grupo, presunción que subyace en el sucedáneo de álgebra simbólica y «aritmetizada» que normaliza el Sistema Internacional de Unidades, porque la estructura de grupo no es posible para las leyes de composición externas generatrices propias de las magnitudes, salvo en la forma descrita en este anexo u otra que pudiera imaginarse conforme a las leyes del álgebra.

APPENDIX

«PSYCHOFUNCTIONAL» ANALYSIS OF *QUANTUM THEORY*
Why a theory that works contradicts common sense and it is paradoxical

In this section we are going to examine *quantum theory* with an epistemological vision, without going into depth to analyze the physical-mathematical details that make it up. In reality, the examination could be done on any other theory, but we have chosen the *quantum theory* for its clearly anti-realistic nature, which facilitates the understanding of what we want to show, which is nothing more than the mental character of every theory, which in no case is identified with the true essence of extramental reality.

The analysis method will be that described in the same author's publication *Psychofunctional Theory*[1], whose basic principle is the **difference between mental reality and extramental reality**, which would be connected through perception. From these connections sensory data would arise, from these abstract data and by conveniently grouping them, concepts, common languages and scientific theories expressed in their specific languages would be born. In such a way that all theory or language belongs to the domain of mental reality and, if they are well constructed, that is, if they are connected with extramental reality through perception, they seem to replace it, although it is always an illusory identity, because mind and reality are totally different things that can never coincide at all. And this

---

[1] Although we try to make the «psychofunctional» explanation as intuitive as possible here, it is recommended that you read this work to accurately understand the terminology used.

without forgetting that the mind can also imagine with total freedom and fantasize to its liking, which is why it is capable of creating fictional universes totally unrelated to the outside world.

It is enough to observe that thoughts settle in the brains and that the world is outside of them. If we are able to understand this simple fact, that the brain is not the entire world, we will properly differentiate thought and what is foreign to it, which is everything that exists and is not thinking. We will thus understand that, from a «psychofunctional» point of view, it is perfectly feasible that the mental model can be counterintuitive and yet work, in the sense that it seems to adjust to reality and can make us believe that the world is the model, a very common sensation that can never be true, so we must always reject it.

Thus, what we think when speaking, writing or reading is the sensory meaning that we give to those signs that make up all language, whether ordinary or scientific. And it is clear that language is not extramental reality, so arguing about whether a theory or language is the world itself makes no sense, because neither can be. The only thing we can establish is whether a model conforms to what can be expected of it as it does not contradict the facts as they are perceived. In short, no theory replaces extramental reality. Every theory is merely a kind of more or less detailed map of reality or similar to it. The better the correspondence between the map and reality, the more accurate the mental image of the world will be. But the map will always lack details that will distance it more or less from reality, depending on its quality, so it is a gross mistake to identify them.

So *quantum theory*, like any other, is specified in specific principles and language, which result in a system of thought with which it is intended to describe or create a «map» of extramental reality that, in the case of *quantum*, corresponds to the physical universe of the very small. This map does not have to be intuitive or obey common sense, it simply has to reflect what it was created for, without being the same, because it is impossible.

Precisely this inclination to confuse the mental model with the extramental reality is what has been generating controversial debates among scientists since the birth of *quantum theory*, named after the influence of the principle formulated by Max Planck in 1901, which introduced the postulate based on the observation that hot objects appear to emit discontinuous range radiation using small discrete amounts of energy called quanta. Thus was born the name *quantum theory*, which was extended to all forms of electromagnetic radiation, including light. Planck even formulated his famous law that relates the emitted energy E to its frequency V and the constant h that bears his name, through the relationship $E = h \times V$. The value of Planck's constant is set to the measure $6.62607015 \times 10^{-34}$ when expressed in the product joule per second.

In 1905 Albert Einstein published an article in which he explained the photoelectric effect related to the emission of electrons from a metal surface by projecting a beam of light on it. He observed that the brighter or more energetic the light was, the greater the number of electrons the metal radiated, but the emission of electrons did not occur for any value of light energy, but only when it exceeded a certain threshold energy, coinciding with the experience of Planck's *theory of quanta*.

In a very reduced synthesis and only for the purposes of this analysis, *quantum theory* assumes that the states of *quantum* systems are defined by what is called a wave function or state vector, postulating that these entities are specific mathematical elements, specifically vectors of a Hilbert space with certain characteristics, which is a variant of the vector spaces on the field of complex numbers, called Hermitian. The important thing is to understand that this *quantum* postulate does not attribute to its mathematical elements the representation of physical states, but rather it is a probabilistic density distribution of each of the possible variants of a given system.

Thus, if we think about the trajectory of an electron or other particle, the wave function or state vector reflects the probabilities that the electron fits each of the eventual trajectories. The fundamental *quantum* postulate admits that probabilistic states can be operated algebraically as if they were vectors of a Hilbert space. With this arises the notion of *quantum superposition*, which translates into the idea, not extramental, but merely algebraic, that the electron in the example can follow all possible trajectories at the same time, each one with an associated level of probability. And this is solely due to the algebraic structure accepted to operate mathematically with the different mental states and their probability levels. Obviously, it has nothing to do with extramental reality, because nothing is proven about the true physical nature of the electron or the system examined.

Under these conditions, it seems clear that *quantum* construction is nothing more than a mental mathematical work, which bridges the void of sensory information that we all suffer with respect to the extramental behavior of matter at the very small level, so that intuition is left out of *quantum* phenomena, because no one can immediately perceive them sensorially. To overcome this difficulty of absence of direct sensory information, *quantum theory* uses the imagination and formulates its **completely arbitrary postulates** to check what happens next in its material application and make the appropriate corrections. To do this, it assigns its probability levels to the different possible states of a *quantum* system and the observations would have to agree with the corresponding wave functions or state vectors. So, by experimentally determining the states of a system, they would have to conform to their mathematical images.

What *quantum theory* does is similar to a cartographer who drew up a map of a territory by drawing it only with his imagination and then checking whether or not his drawing conforms to reality. It is evident that *quantum* postulates do just this, which is why we should not try to understand or examine them materially, but rather we must believe them and take them as abstract and mental entities, operate with them and check whether the mathematical predictions agree with the observed *quantum* reality.

In our opinion, the general incomprehension that *quantum theory* arouses at all levels is caused by the need to understand its arbitrary postulates, something impossible to achieve, because they are born from the physical-mathematical whim of its creators. But above all the confusion arises from the natural inclination present in all of us to identify the map, the theory, with the extramental reality represented or associated. And it is extremely easy to get carried away by the unhealthy need to believe that what we think has a real entity, as demonstrated by the objections that the most eminent scientists have been raising on this issue.

Thus, for example, in 1926, Albert Einstein was intransigent with the probabilistic formulation of the world established by *quantum mechanics*. For Einstein, matter must always obey the laws of physics, which are essentially deterministic. He admitted nothing against this belief. This is how Einstein expressed it with crystal clarity when responding to a letter from Max Born in which he said: «*Quantum mechanics* is very impressive. But an inner voice tells me that it is not yet the real thing. The theory produces a good deal but hardly brings us closer to the secret of the Old One. I am at all events convinced that He does not play dice». This phrase summarizes his thoughts against *quantum theory*: «God does not play dice with the universe».

Richard Feynman revealed his lack of understanding of the difference between mind and world when he said: «I think I can safely say that nobody understands *quantum mechanics*». It is evident that Feynman considered *quantum theory* incomprehensible because he ideally attributed to it an entity of extramental reality. However, it is enough to refer only to the abstract mathematical formulation that this theory postulates to verify that it is perfectly understandable by anyone, like any other algebraic structure.

Niels Bohr was the promoter of the new Physics inspired by the philosophy of radical antirealism. Bohr believed that a particle has no definite position until it is measured. He believed that the exact location is not in a specific place, but depends on probabilities. Niels Bohr used *quantum theory* to describe his *atomic model*. He said in this regard: «If any of this seems disconcerting to you, it's because you haven't understood it». Bohr also said: «The movement of particles follows laws of probability». It seems obvious that Bohr also fell into the error of confusing mental reality with extramental reality, since he attributed true existence to *quantum* phenomena, he did not consider them mental entities.

Although *quantum theory* is not about cats, it is perhaps Erwin Schrödinger's cat thought experiment that best describes the confusion generated by the probabilistic wave function that he himself contributed substantially to defining. This experiment, properly described as mental, consists of the following: let us imagine an opaque box and place inside it a live cat as well as a radioactive atom with a fifty percent probability of emission; let's put a detector connected to a device that activates a hammer if radiation is measured; finally, suppose that, if the hammer is operated, it falls on a glass container containing a poison and breaks it. Under these conditions there would be a fifty percent chance that the cat would be poisoned once the box was closed. As long as the box is not opened, that is, as long as what is happening inside is not observed, the cat can be alive or dead with a probability level of fifty percent for both options.

What *quantum theory* says is that, if the box remains closed, the *quantum* state is an algebraic combination of the two possible states, which are that the cat is alive and that it is dead, with a probability level each of fifty percent. The Hilbert sum of these two states of the considered system is another Hilbert state that has an associated probability equal to unity. However, when the box is opened, what is called the collapse of the *quantum* wave will occur and the real state will manifest, that is, the cat will be alive or dead. This experiment is also known as Schrödinger's paradox, which for us is not such, because it has its origin, as we have been repeating, in childishly confusing mental reality with extramental reality. The Hilbert space used by *quantum theory* is a mental entity that is used to assess the possibilities that the cat is alive or dead as long as it is not known what happened inside the box. Now, when it is opened and what is inside is observed, the extramental reality takes control and imposes on us what truly exists. The so-called collapse of the *quantum* wave is simply this transition from mental reality to extramental reality. *Quantum theory* is only valid in the interval prior to observation.

Furthermore, this theory can never fail, as long as the probability distribution for the different states of a system is well constructed. It is as if someone claimed that the *quantum* state of a lottery was the sum of the states of any number being awarded. Obviously the probability of this mental state prior to the drawing would be one, but if the game is carried out a result will occur and there will be some extra-mentally favored number, although it must have a *quantum* probability less than unity. Hence, the myth about the supposed infallibility of *quantum theory* does not have the meaning that is commonly attributed to it. It would not be physical infallibility, but rather abstract mathematical truth.

We take advantage of this section to perform the «dysmetric» analysis of Planck's constant. To do this, let us express the dyad that indicates its value in the original reference point O, which could be the terrestrial environment:

$$(6.62607015 \times 10^{-34}, J*s)$$

The composite unit $J*s$ will have the following fundamental expression:

$$J*s = \frac{kg*m^2}{s^2}*s = \frac{kg*m^2}{s}$$

Appendix: «Psychofunctional» analysis of quantum theory

As we have done in other cases with the number pi and the speed of light in sections XXXIII and XXXIV, let us take any other point P and suppose that the «dysmetric» densities of the magnitudes length, mass and time in this position are respectively δ_{LP}, δ_{MP} and δ_{TP}. The magnitude quantities of the units m_P, kg_P and s_P in P congruent with those of O, noted m, kg and s, will be related, given the definition of «dysmetric» density, by $m_P = \delta_{LP} \circ m$, $kg_P = \delta_{LP} \circ kg$ and $s_P = \delta_{LP} \circ s$.

The International System defines Planck's constant as the quantity of magnitude $h = 6.62607015 \times 10^{-34}$ J∗s. Therefore, although it is indicated with the only letter h, it is actually a dyad composed of a numerical part, the value $h = 6.62607015 \times 10^{-34}$, and another dimensional part, the composite unit J∗s.

Let us remember that dyadic notation is multiple with the only condition that there is no ambiguity. Thus the following notations are equivalent: $(h, J \ast s) = (h\ J \ast s) = h\ J \ast s$. We will use the first one here, although we have used the other two in other calculations.

In «dysmetry» saying that the Planck quantity is constant necessarily includes two possibilities: that the primary of the dyad remains constant, the number $6.62607015 \times 10^{-34}$, or that the quantity of magnitude h is constant. In the first case, the Planck constant quantity in P, which is a dyad that we can note h_P, is easily calculated from the corresponding dyad and assuming that the numerical primary is the same at all points in space:

$$h_P = \left(6{,}62607015 \times 10^{-34}, \frac{kg_P \ast m_P^2}{s_P}\right) =$$

$$= \left(6{,}62607015 \times 10^{-34}, \frac{(\delta_{MP} \circ kg) \ast (\delta_{LP}^2 \circ m^2)}{\delta_{TP} \circ s}\right) =$$

$$= \frac{\delta_{MP} \times \delta_{LP}^2}{\delta_{TP}} \circ \left(6{,}62607015 \times 10^{-34}, \frac{kg \ast m^2}{s}\right) = \frac{\delta_{MP} \times \delta_{LP}^2}{\delta_{TP}} \circ h$$

Appendix: «Psychofunctional» analysis of quantum theory

We observe that Planck's constant in P is related to its value in O through the «dysmetric» densities of the fundamental magnitudes, according to the following law:

$$h_P = \frac{\delta_{MP} \times \delta_{LP}^2}{\delta_{TP}} \circ h$$

Using the definition of dyadic division from sections XI and article 7 of the XXVIII, we can express the quotient $h_P /\!/ h$ between these quantities of magnitude, which is always equal to the real number that intervenes as a multiplier in the second member, resulting:

$$\frac{h_P}{h} = \frac{\delta_{MP} \times \delta_{LP}^2}{\delta_{TP}}$$

Therefore, if we make the hypothesis that the Planck measure is constant at all points in space, we come to the conclusion that «dysmetry» is incompatible with said assumption, unless the second member of the previous expression were equal to the numerical unit at all points in space. Since this would be admitting a strong arbitrary constraint, we have to infer that the measure of the Planck quantity h cannot be kept constant in a generic «dysmetric» space. Furthermore, it is clear that the dyadic ratio $h_P /\!/ h$ can take values from zero to infinity, depending on how much the densities δ_{LP}, δ_{MP} and δ_{TP} are in P. Obviously, in the particular case of an isometric space, in which the densities «dysmetric» of all magnitudes at all points are unity, as is currently assumed, we would always have $h_P = h$ for all P, thus observing what we have already repeatedly warned: that **isometry is a case particular of «dysmetry»**.

In the second case, if the Planck quantity were admitted constant, the equivalence between the value at O and at any other point P would have to be given. Expressing this analytically, the dyadic equality would have to be verified $(\eta, J*s) = (\eta_P, J_P*s_P)$. In particular, note that at O is $\eta = 6.62607015 \times 10^{-34}$.

In this assumption, η and η_P represent the primary or numerical value of the Planck quantity, a quantity that would be constant by hypothesis. Developing the quantity (η_P, J_P*s_P) according to the laws of dyadic algebra, the following will easily result:

$$\left(\eta_P, J_P*s_P\right) = \left(\eta_P, \frac{kg_P * m_P^2}{s_P}\right) = \left(\eta_P, \frac{\delta_{MP} \circ kg * \delta_{LP}^2 \circ m^2}{\delta_{TP} \circ s}\right) =$$

$$= \frac{\delta_{MP} \times \delta_{LP}^2}{\delta_{TP}} \circ \left(\eta_P, \frac{kg*m^2}{s}\right) = \frac{\delta_{MP} \times \delta_{LP}^2}{\delta_{TP}} \times \eta_P \circ \left(1, \frac{kg*m^2}{s}\right)$$

On the other hand, it is elementary to algebraically transform the quantity expressed by the dyad $(\eta, J*s)$ in this way:

$$\left(\eta, \frac{kg*m^2}{s}\right) = \eta \circ \left(1, \frac{kg*m^2}{s}\right)$$

Since we are analyzing the case that both quantities are the same, the laws of dyadic algebra determine that the ratio of these two quantities of magnitude must be the unit of the real numbers and must coincide with the arithmetic ratio of the numerical multipliers, since the numerator and denominator are referred to the same uniform unit, which disappears when the dyadic reason is developed. Which in analytical terms is written like this:

$$\frac{\dfrac{\delta_{MP} \times \delta_{LP}^2}{\delta_{TP}} \times \eta_P \circ \left(1, \dfrac{kg*m^2}{s}\right)}{\eta \circ \left(1, \dfrac{kg*m^2}{s}\right)} = \frac{\dfrac{\delta_{MP} \times \delta_{LP}^2}{\delta_{TP}} \times \eta_P}{\eta} = \frac{\delta_{MP} \times \delta_{LP}^2}{\delta_{TP}} \times \frac{\eta_P}{\eta} = 1$$

In sum, the ratio of the measurements of the Planck quantity at O and at any other point P is proportional to the ratio of the «dysmetric» densities, according to the following arithmetic law:

$$\frac{\eta}{\eta_P} = \frac{\delta_{MP} \times \delta_{LP}^2}{\delta_{TP}}$$

Therefore, in the hypothesis of a constant Planck quantity, the measurement η_P can vary between zero and infinity, depending on the values adopted by the «dysmetric» densities of the second member of the previous equation.

And, since the composite unit in P has been reduced to that of O, which represents a quantity of definite and finite magnitude, the Planck quantity in P can also vary between zero and infinity, which contradicts the invariance hypothesis, and so the incompatibility of «dysmetry» with this supposed constant is manifested.

Of course, as in the other cases, if space were isometric, the only current variant visible to physicists, all the «dysmetric» densities are equal to unity and the second member of the last formula as well, so $\eta_P = \eta$ in all P, the Planck quantity remaining constant and it is verified again that **isometry is a particular case of «dysmetry»**.

In view of the above, we must ask ourselves if *quantum theory* is incompatible with «dysmetry», and the answer must necessarily be negative, because it does not invalidate the *quantum* postulates. What's more, it is enough to implement the «dysmetric» effect in the *quantum* formulations to enrich their approaches in an absolutely parallel way to what we did with Newtonian mechanics in sections XXXII and XXXV.

In short, Planck's constant, like all the others, including dimensionless ones like the number pi, are not so constant and must vary, if the magnitudes are «dysmetric», depending on their densities at each point *P* with respect to the origin of reference *O*, and this assuming that physical laws remain isomorphic at all points in space.

Returning to the purpose of this section, in conclusion, *quantum theory* or any other theory is the expression of how extramental reality manifests itself to our brains. They are models that integrate mental realities connected with extramental reality through perception. Therefore, it is not correct to identify them with what exists in the world external to the ideas that are formed in the brain, an error that we are all very prone to make, since it seems natural to immaturity to attribute material entity to our thoughts. In fact, in this section we provide evidence of how very notable scientists fall into this trap and provoke absurd discussions for epistemology.

Schrödinger's cat cannot really be alive and dead at the same time, but this does not prevent *quantum theory* from allowing the prediction of states of a system to be assessed with probabilities and to operate algebraically with them through correct mathematical laws, simply by postulating the valid application. of an abstract and incontestable algebraic structure, such as Hilbert's Hermitian vector spaces. So from this point of view *quantum theory* is nothing special, its apparent irrationality is in our opinion just a mere misinterpretation of its postulates. **In no case is *quantum theory* allowed to violate the laws of formal logic.**

If we look, for example, at *classical rational mechanics*, the same thing is done with it. We represent velocities, accelerations or forces with geometric vectors and we postulate that it is allowed to operate with these mathematical entities as if they were elements of an algebraic structure that we call in this case Euclidean vector space on the body of real numbers. Here it would not be correct to identify the true phenomena of speed, acceleration or force with the mathematical entity chosen to form the model, to which we must only confer the property of mentally representing what happens in the extramental realm.

The difference between *classical* and *quantum mechanics* is that intuitively it is easy to associate measurements of masses or energies with scalars or measurements of velocities, accelerations and forces with vectors, because our sensory experience suggests it to us, resulting in the *classical* postulate of associating the magnitudes with scalars or vectors, the former members of the body of real numbers and the latter of three-dimensional Euclidean space, it is easy to assimilate it by any mind, since it is compatible with common sensory experience; On the other hand, for *quantum* phenomena we lack a sensory reference and we act blindly. Hence, the creators of *quantum theory* have chosen to choose a priori a pre-existing mathematical structure that serves to operate with *quantum* measurements, establishing as a fundamental postulate that this structure of abstract algebra describes its operations. Therefore, whoever tries to understand this choice will go crazy without succeeding, because it is nothing more than an unprecedented working method consisting of considering that a part of mathematics defined in the abstract, without any experimentation, is valid to precisely represent *quantum* phenomena, and this only because we have decided so without prior evidence. It is as if the scientific method were inverted and, instead of putting observation before the subsequent mathematical formulation of the phenomena, we proceeded in reverse: first we choose the mathematical apparatus and then we check and adjust it with observations, which in the case of *quantum* facts cannot be direct, but must necessarily be done with very sophisticated measuring instruments and inaccessible to most of us, so we cannot examine them and we have to settle for learning the mental mathematical model that is offered to us without the possibility of face it even with a minimal sensory experience of our own, which we cannot possess because *quantum* reality does not interact with our perception.

We have admitted that *classical mechanics* is more intuitive and, therefore, more understandable than *quantum mechanics*; however, this is not as obvious as it may seem. To observe it, let's take a significant case: a priori it seems that the free fall of objects depends on their mass, because that is what we observe when dropping, for example, a feather and a much heavier object from the same height, what we observe is that the feather falls more slowly. However, if we ignore air resistance, that is, in a vacuum, as Galileo demonstrated, the feather and the heavy element take the same time to reach the ground from the same height. The visual experiment carried out on the Moon by Apollo 15 is famous, showing that in the lunar vacuum a feather and a hammer touch the ground at the same time when the astronaut releases them in free fall. Therefore, *classical mechanics*, which seems so intuitive to us, is not so intuitive, and this is because, as we have been warning, no theory, no matter how simple and obvious it may seem to us, ever replaces extramental reality in any way. Every theory is a mental entity alien to extramental reality. Reflecting on a theory and analyzing its elements is a very different thing from the true qualities of nature. Physical magnitudes are nothing but physical-mathematical mental entities whose material condition we ignore and only slightly perceive through their impression on the senses. In short, thought and reality are not equal entities but related through perception. Taking this simple fact into account we are in a position to better understand what it means to understand the meaning and suitability of any physical theory or any other field.

In the realm of the very small, the *quantum* state is a representation of the physical state of a phenomenon under the perspective of *quantum mechanics*. In *classical rational mechanics* it is accepted that measuring a physical magnitud repeatedly produces the same value. However, in *quantum theory* it is assumed that the measurement of any physical magnitud can offer different quantities in different measurements on identical *quantum* states. That is, if the measurement could be repeated, a different observation may appear each time the magnitude is measured. Hence, *quantum physics* uses a probability distribution to express the result of a measurement.

In short, the main difference between *quantum* and *classical theories* is that intuition adapts well to the *classical model*, because we can easily conceive the measurements of magnitudes as real numbers and mathematical vectors. On the other hand, in *quantum theory* intuition does not work in the same way and seems incomprehensible, but no matter how irrational or anti-realistic it may appear, everything fits into it when it is seen for what it is: a simple map that draws in its own way the extramental world of the very small through the predetermined algebraic mental structure of Hilbert's Hermitian vector spaces, with its particular abstract character that may deviate from common sense, but for algebra it is a mathematical language as unappealable as the body of real numbers or Euclidean spaces.

So, in the same way that no one thinks of identifying the map of a territory with the territory itself, because the difference is obvious, no one should confuse any physical theory or its postulates with the real phenomena they purport to reflect. Therefore, it would be a gross error to pretend in *classical mechanics* that the masses, energies, velocities, accelerations or forces of the extramental world are effectively real numbers or geometric vectors, even if it seems plausible to us sensorially; and in the same way it would be childish to identify wave functions or state vectors with real *quantum* phenomena: **mental reality can in no case be the same as extramental reality.** Each brain can only know its own mental reality and the extramental reality can only have indirect reference through the sensory data received from perception, data that are also mental entities, since they are housed in the brain itself, but they are not even elements of external reality.

APÉNDICE

ANÁLISIS «PSICOFUNCIONAL» DE LA *TEORÍA CUÁNTICA*
Por qué una teoría que funciona contradice el sentido común y resulta paradójica

En este apartado vamos a examinar la *teoría cuántica* con visión epistemológica, sin entrar en profundidad a analizar los detalles físico-matemáticos que la componen. En realidad el examen podría hacerse sobre cualquier otra teoría, pero hemos elegido la *cuántica* por su naturaleza claramente antirrealista, lo que facilita la comprensión de lo que queremos mostrar, que no es sino el carácter mental de toda teoría, que en ningún caso se identifica con la verdadera esencia de la realidad extramental.

El método de análisis será el descrito en la publicación del mismo autor *Teoría psicofuncional*[2], cuyo principio básico es la **diferencia entre realidad mental y realidad extramental**, que estarían conectadas por medio de la percepción. De esas conexiones surgirían los datos sensoriales, de estos los datos abstractos y agrupándolos convenientemente nacerían los conceptos, los idiomas comunes y las teorías científicas expresadas en sus lenguajes específicos. De tal modo que toda teoría o lenguaje pertenecen al dominio de la realidad mental y, si están bien construidos, es decir, si están conectados con la realidad extramental por medio de la percepción, parecen sustituirla, aunque siempre se trata de una identidad ilusoria, porque mente y realidad son cosas totalmente diferentes que nunca pueden coincidir en absoluto.

---

[2] Aunque aquí la explicación «psicofuncional» procuramos hacerla lo más intuitiva posible, se recomienda la lectura de esta obra para comprender con precisión la terminología utilizada.

Y ello sin olvidar que la mente también puede imaginar con total libertad y fantasear a su gusto, con lo que es capaz de montarse universos ficticios totalmente ajenos al mundo exterior. Basta observar que los pensamientos se asientan en los cerebros y que el mundo está fuera de ellos. Si somos capaces de entender este simple hecho, que el cerebro no es el mundo completo, diferenciaremos como es debido el pensamiento y lo que es ajeno a él, que es todo aquello que existe y no es pensar. Comprenderemos así que, desde un punto de vista «psicofuncional», es perfectamente factible que el modelo mental pueda resultar contrario a la intuición y, sin embargo, funcione, en el sentido de que parezca ajustarse a la realidad y nos pueda hacer creer que el mundo sea el modelo, sensación muy común que nunca puede ser cierta, por lo que hemos de rechazarla siempre.

Así, lo que pensamos al hablar, al escribir o al leer es el significado sensorial que damos a esos signos que conforman todo lenguaje, ya sea ordinario o científico. Y está claro que el lenguaje no es la realidad extramental, por lo que discutir acerca de si una teoría o lenguaje son el propio mundo no tiene ningún sentido, porque ninguno puede serlo. Lo único que podemos asentar es si un modelo se ajusta a lo que cabe esperarse de él por no contradecir los hechos tal como son percibidos.

En suma, ninguna teoría sustituye a la realidad extramental. Toda teoría es meramente una especie de mapa de la realidad más o menos detallado o parecido a ella. Cuanto mejor sea la correspondencia entre el mapa y la realidad más precisa será la imagen mental del mundo. Pero al mapa siempre le faltarán detalles que lo alejarán de la realidad más o menos, según su calidad, por lo que es un error craso identificarlos.

De modo que la *teoría cuántica*, como cualquier otra, se concreta en unos principios y un lenguaje específicos, que dan como resultado un sistema de pensamiento con el que se pretende describir o crear un «mapa» de la realidad extramental que, en el caso de la *cuántica*, corresponde al universo físico de lo muy pequeño. Ese mapa no tiene por qué ser intuitivo ni obedecer al sentido común, simplemente tiene que reflejar aquello para lo que se ha creado, sin ser lo mismo, porque es imposible.

Precisamente esta inclinación a confundir el modelo mental con la realidad extramental es lo que ha venido generando polémicos debates entre los científicos desde el nacimiento de la *teoría cuántica*, llamada así por influjo del principio formulado por Max Planck en 1901, que introdujo el postulado basado en la observación de que los objetos calientes parecen emitir radiación de rango discontinuo mediante pequeñas cantidades discretas de energía llamadas cuantos. Así nació el nombre de *teoría cuántica*, que se extendió a toda forma de radiación electromagnética, incluida la luz.

Planck incluso llegó a formular su famosa ley que relaciona la energía emitida E con su frecuencia v y la constante h que lleva su nombre, mediante la relación $E = h \times v$. El valor de la constante de Planck está establecido en la medida $6,62607015 \times 10^{-34}$ cuando se expresa en el producto julio por segundo.

En 1905 Albert Einstein publicó un artículo en el que explicó el efecto fotoeléctrico relativo a la emisión de electrones de una superficie metálica al proyectar un haz de luz sobre ella. Observó que cuanto más brillante o energética era la luz mayor cantidad de electrones irradiaba el metal, pero la emisión de electrones no se producía para cualquier valor de la energía luminosa, sino solo cuando esta superaba una determinada energía umbral, en coincidencia con la experiencia de la *teoría de los cuantos* de Planck.

En síntesis muy reducida y solo para los efectos de este análisis, la *teoría cuántica* supone que los estados de los sistemas *cuánticos* quedan definidos por lo que se denomina función de onda o vector de estado, postulando que estos entes sean elementos matemáticos específicos, en concreto vectores de un espacio de Hilbert con determinadas características, que es una variante de los espacios vectoriales sobre el cuerpo de los números complejos, llamados hermíticos.

Lo importante es entender que este postulado *cuántico* no atribuye a sus elementos matemáticos la representación de estados físicos, sino que es una distribución de densidad probabilística de cada uno de las posibles variantes de un sistema dado.

Así, si pensamos en la trayectoria de un electrón u otra partícula, la función de onda o el vector de estado reflejan las probabilidades de que el electrón se ajuste a cada una de las eventuales trayectorias. El postulado *cuántico* fundamental admite que con los estados probabilísticos se pueda operar algebraicamente como si fueran vectores de un espacio de Hilbert.

Con esto surge la noción de *superposición cuántica*, que se traduce en la idea no extramental, sino meramente algebraica, de que el electrón del ejemplo pueda seguir al mismo tiempo todas las trayectorias posibles, cada una con un nivel de probabilidad asociado. Y ello obedece únicamente a la estructura algebraica admitida para operar matemáticamente con los diferentes estados mentales y sus niveles de probabilidad. Obviamente, no tiene que ver con la realidad extramental, porque nada se prueba sobre la auténtica naturaleza física del electrón o del sistema examinado.

En estas condiciones, parece claro que la construcción *cuántica* no es más que una obra matemática mental, que salva el vacío de información sensorial que padecemos todos respecto al comportamiento extramental de la materia a nivel de lo muy pequeño, de modo que la intuición queda fuera de los fenómenos *cuánticos*, porque nadie los puede percibir sensorialmente de manera inmediata. Para salvar esta dificultad de ausencia de información sensorial directa, la *teoría cuántica* utiliza la imaginación y formula sus **postulados totalmente arbitrarios** para comprobar qué pasa después en su aplicación material y practicar las correcciones oportunas. Para ello asigna a los diferentes estados posibles de un sistema *cuántico* sus niveles de probabilidad y las observaciones habrían de estar de acuerdo con las funciones de onda o vectores de estado correspondientes. De modo que, determinando experimentalmente los estados de un sistema, estos habrían de ajustarse a su imágenes matemáticas. Lo que hace la *teoría cuántica* se parece a un cartógrafo que levantase el mapa de un territorio dibujándolo solo con su imaginación y que después comprobase si su dibujo se ajusta o no a la realidad. Es evidente que los postulados *cuánticos* hacen justo esto mismo, por eso no debemos pretender entenderlos o examinarlos materialmente, sino que hay que creérselos y tomarlos como entes abstractos y mentales, operar con ellos y comprobar si las predicciones matemáticas concuerdan con la realidad *cuántica* observada.

A nuestro juicio la general incomprensión que suscita la *teoría cuántica* a todos los niveles es causada por la necesidad de entender sus postulados arbitrarios, algo imposible de lograr, porque nacen del capricho físico-matemático de sus creadores. Pero sobre todo la confusión surge de la inclinación natural presente en todos nosotros a identificar el mapa, la teoría, con la realidad extramental representada o asociada. Y es sumamente fácil dejarse llevar por la necesidad enfermiza de creer que lo que pensamos tiene entidad real, como lo demuestran las objeciones que los más eminentes científicos han venido sosteniendo sobre esta cuestión.

Así, por ejemplo, en 1926, Albert Einstein se mostraba intransigente con la formulación probabilística del mundo que establece la *mecánica cuántica*. Para Einstein la materia debe siempre obedecer las leyes de la física, que son esencialmente deterministas. No admitía nada en contra de esta creencia. Así lo expresó Einstein con meridiana claridad al responder una carta de Max Born en la que decía[3]: «La *mecánica cuántica* es muy impresionante. Pero una voz interior me dice que todavía no es real. La teoría produce mucho, pero difícilmente nos acerca al secreto de El Viejo. En todo caso estoy convencido de que Él no juega a los dados». En esta frase se resume su pensamiento

---

[3] *Quantum mechanics* is very impressive. But an inner voice tells me that it is not yet the real thing. The theory produces a good deal but hardly brings us closer to the secret of the Old One. I am at all events convinced that He does not play dice.

contrario a la *teoría cuántica*[4]: «Dios no juega a los dados con el universo».

Richard Feynman reveló su incomprensión de la diferencia entre mente y mundo cuando manifestó lo siguiente[5]: «Creo que puedo decir con seguridad que nadie entiende la *mecánica cuántica*». Es evidente que Feynman suponía incomprensible la *teoría cuántica* porque le atribuía idealmente entidad de realidad extramental. Sin embargo, basta acogerse únicamente a la formulación matemática abstracta que postula esta teoría para comprobar que es perfectamente comprensible por cualquiera, como toda otra estructura algebraica.

Niels Bohr fue el promotor de la nueva Física inspirada en la filosofía del antirrealismo radical. Bohr creía que una partícula no tiene una posición definida hasta que es medida. Pensaba que la ubicación exacta no se encuentra en un lugar concreto, sino que depende de las probabilidades. Niels Bohr se sirvió de la *teoría cuántica* para describir su *modelo atómico*. Dijo a este respecto: «Si nada de esto te parece desconcertante, es porque no lo has entendido».

También dijo Bohr: «El movimiento de las partículas sigue leyes de probabilidad». Parece obvio que Bohr también cayó en el error de confundir la realidad mental con la extramental, pues atribuía a los fenómenos *cuánticos* existencia verdadera, no los consideraba entes mentales.

Aunque la *teoría cuántica* no va de gatos, quizá sea el experimento mental del gato de Erwin Schrödinger lo que describa mejor la confusión que genera la función de onda probabilística que él mismo contribuyó sustancialmente a definir. Este experimento, calificado muy propiamente de mental, consiste en lo siguiente: imaginemos una caja opaca y

---

[4] God does not play dice with the universe.

[5] I think I can safely say that nobody understands *quantum mechanics*.

dispongamos en su interior un gato vivo así como un átomo radiactivo con una probabilidad de emisión del cincuenta por ciento; pongamos un detector conectado a un dispositivo que accione un martillo si se mide radiación; finalmente supongamos que, si el martillo es accionado, cayera sobre un recipiente de vidrio que contuviera un veneno y lo rompiera. En estas condiciones existiría una probabilidad del cincuenta por ciento de que el gato resultase envenenado una vez cerrada la caja. Mientras la caja no se abra, es decir, mientras no se observe lo que suceda dentro, el gato puede estar vivo o muerto con un nivel de probabilidad del cincuenta por ciento para ambas opciones.

Lo que dice la *teoría cuántica* es que, si la caja permanece cerrada, el estado *cuántico* es una combinación algebraica de los dos estados posibles, que son que el gato viva y que esté muerto, con un nivel de probabilidad cada uno del cincuenta por ciento. La suma de Hilbert de estos dos estados del sistema considerado es otro estado de Hilbert que tiene asociada una probabilidad igual a la unidad. Sin embargo, cuando la caja se abra se producirá lo que se llama el colapso de la onda *cuántica* y se manifestará el estado real, es decir, el gato estará vivo o estará muerto. Este experimento también se conoce como la paradoja de Schrödinger, que para nosotros no es tal, porque tiene su origen, como venimos repitiendo, en confundir puerilmente la realidad mental con la extramental. El espacio de Hilbert utilizado por la *teoría cuántica* es un ente mental que sirve para valorar las posibilidades de que el gato esté vivo o muerto mientras no se sepa lo que ha pasado dentro de la caja. Ahora bien, cuando esta se abre y se observa lo que hay dentro, la realidad extramental toma el mando y nos impone lo que verdaderamente existe. El llamado colapso de la onda *cuántica* es simplemente este tránsito de la realidad mental hacia la extramental. La *teoría cuántica* solo es válida en el intervalo previo a la observación.

Esta teoría, además, no puede fallar nunca, siempre que la distribución de probabilidades para los distintos estados de un sistema esté bien construida. Es como si alguien afirmarse que el estado *cuántico* de una lotería fuese la suma de los estados de que cualquier número sea premiado. Obviamente la probabilidad de este estado mental anterior al sorteo sería uno, pero si el juego se lleva a cabo se producirá un resultado y habrá algún numero extramentalmente favorecido, aunque ha de tener una probabilidad *cuántica* inferior a la unidad. De ahí que el mito sobre la supuesta infalibilidad de la *teoría cuántica* no tenga el significado que comúnmente se le atribuye. No sería infalibilidad física, sino verdad matemática abstracta.

Aprovechamos este apartado para realizar el análisis «dismétrico» de la constante de Planck. Para ello expresemos la díada que indica su valor en el punto de referencia original O, que podría ser el entorno terrestre:

$$(6{,}62607015 \times 10^{-34}, J*s)$$

La unidad compuesta $J*s$ tendrá la expresión fundamental siguiente:

$$J*s = \frac{kg*m^2}{s^2}*s = \frac{kg*m^2}{s}$$

Como hemos hecho en otros casos con el número pi y la velocidad de la luz en los apartados XXXIII y XXXIV, tomemos otro punto cualquiera P y supongamos que las densidades «dismétricas» de las magnitudes longitud, masa y tiempo en esta posición sean respectivamente δ_{LP}, δ_{MP} y δ_{TP}. Las cantidades de magnitud de la unidades m_P, kg_P y s_P en P congruentes con las de O, notadas m, kg y s, vendrán relacionadas, dada la definición de densidad «dismétrica», por $m_P = \delta_{LP} \circ m$, $kg_P = \delta_{LP} \circ kg$ y $s_P = \delta_{LP} \circ s$. El Sistema Internacional define la constante de Planck como la cantidad de magnitud $h = 6{,}62607015 \times 10^{-34}$ $J*s$. Por tanto, aunque se indique con la única letra h, en realidad es una díada compuesta de una parte numérica, el valor $6{,}62607015 \times 10^{-34}$, y otra dimensional, la unidad compuesta $J*s$. Recordemos que la notación diádica es múltiple con la única condición de que no haya ambigüedad. Así son equivalentes las notaciones siguientes:

$(h, J*s) = (h\ J*s) = h\ J*s$. Utilizaremos aquí la primera, aunque las otras dos las hemos usado en otros cálculos. En «dismetría» decir que la cantidad de Planck es constante acoge necesariamente dos posibilidades: que se mantenga constante el primario de la díada, el número $6{,}62607015 \times 10^{-34}$, o que sea constante la cantidad de magnitud h.

En el primer caso, la cantidad constante de Planck en P, que es una díada que podemos notar h_P, se calcula fácilmente a partir de la díada correspondiente y suponiendo que el primario numérico sea el mismo en todos los puntos del espacio:

$$h_P = \left(6{,}62607015 \times 10^{-34}, \frac{kg_P * m_P^2}{s_P}\right) =$$

$$= \left(6{,}62607015 \times 10^{-34}, \frac{(\delta_{MP} \circ kg)*(\delta_{LP}^2 \circ m^2)}{\delta_{TP} \circ s}\right) =$$

$$= \frac{\delta_{MP} \times \delta_{LP}^2}{\delta_{TP}} \circ \left(6{,}62607015 \times 10^{-34}, \frac{kg*m^2}{s}\right) = \frac{\delta_{MP} \times \delta_{LP}^2}{\delta_{TP}} \circ h$$

Observamos que la constante de Planck en P se relaciona con su valor en O mediante las densidades «dismétricas» de las magnitudes fundamentales, de acuerdo con la siguiente ley:

$$h_P = \frac{\delta_{MP} \times \delta_{LP}^2}{\delta_{TP}} \circ h$$

Haciendo uso de la definición de división diádica de los apartados XI y el artículo 7 del XXVIII, podemos expresar el cociente $h_P // h$ entre esas cantidades de magnitud, que resulta siempre igual al número real que interviene como multiplicador en el segundo miembro, resultando:

$$\frac{h_P}{h} = \frac{\delta_{MP} \times \delta_{LP}^2}{\delta_{TP}}$$

Por tanto, si hacemos la hipótesis de que la medida de Planck sea constante en todos los puntos del espacio, llegamos a la conclusión de que la «dismetría» es incompatible con dicha suposición, salvo que el segundo miembro de la expresión anterior fuese igual a la unidad numérica en todos los puntos del espacio. Como esto sería admitir una fuerte restricción arbitraria, tenemos que inferir que la medida de la cantidad de Planck h no puede mantenerse constante en un espacio «dismétrico» genérico.

Ademas, es claro que la razón diádica $h_P/\!\!/h$ puede tomar valores de cero a infinito, en función de cuánto valgan las densidades δ_{LP}, δ_{MP} y δ_{TP} en P. Obviamente, en el caso particular de un espacio isométrico, en el que las densidades «dismétricas» de todas las magnitudes en todos los puntos son la unidad, como se supone en la actualidad, se tendría siempre $h_P = h$ para todo P, con lo que se observa lo que ya venimos advirtiendo reiteradamente: que **la isometría es un caso particular de la «dismetría»**.

En el segundo caso, si se admitiese constante la cantidad de Planck, se tendría que dar la equivalencia entre el valor en O y en cualquier otro punto P. Expresado esto analíticamente, tendría que verificarse la igualdad diádica $(\eta, J*s) = (\eta_P, J_P * s_P)$. En particular notemos que en O es $\eta = 6{,}62607015 \times 10^{-34}$.

En este supuesto η y η_P representan el primario o valor numérico de la cantidad de Planck, cantidad que sería constante por hipótesis.

Desarrollando la cantidad $(\eta_P, J_P * s_P)$ de acuerdo con la leyes del álgebra diádica, resultará fácilmente lo siguiente:

$$\left(\eta_P, J_P * s_P\right) = \left(\eta_P, \frac{kg_P * m_P^2}{s_P}\right) = \left(\eta_P, \frac{\delta_{MP} \circ kg * \delta_{LP}^2 \circ m^2}{\delta_{TP} \circ s}\right) =$$

$$= \frac{\delta_{MP} \times \delta_{LP}^2}{\delta_{TP}} \circ \left(\eta_P, \frac{kg * m^2}{s}\right) = \frac{\delta_{MP} \times \delta_{LP}^2}{\delta_{TP}} \times \eta_P \circ \left(1, \frac{kg * m^2}{s}\right)$$

Apéndice: Análisis «psicofuncional» de la *teoría cuántica*

Por otra parte, es elemental transformar algebraicamente la cantidad expresada por la díada ($\eta , J*s$) de esta manera:

$$\left(\eta, \frac{kg*m^2}{s}\right) = \eta \circ \left(1, \frac{kg*m^2}{s}\right)$$

Puesto que estamos analizando el caso de que ambas cantidades sean la misma, las leyes del álgebra diádica determinan que la razón de estas dos cantidades de magnitud ha de ser la unidad de los números reales y deberá coincidir con la razón aritmética de los multiplicadores numéricos, puesto que numerador y denominador están referidos a la misma unidad uniforme, que desaparece al desarrollar la razón diádica. Lo que en términos analíticos se escribe así:

$$\frac{\frac{\delta_{MP} \times \delta_{LP}^2}{\delta_{TP}} \times \eta_P \circ \left(1, \frac{kg*m^2}{s}\right)}{\eta \circ \left(1, \frac{kg*m^2}{s}\right)} = \frac{\frac{\delta_{MP} \times \delta_{LP}^2}{\delta_{TP}} \times \eta_P}{\eta} = \frac{\delta_{MP} \times \delta_{LP}^2}{\delta_{TP}} \times \frac{\eta_P}{\eta} = 1$$

En suma, la razón de las medidas de la cantidad de Planck en O y en cualquier otro punto P forma proporción con la razón de las densidades «dismétricas», de acuerdo con la siguiente ley aritmética:

$$\frac{\eta}{\eta_P} = \frac{\delta_{MP} \times \delta_{LP}^2}{\delta_{TP}}$$

Por tanto, en la hipótesis de cantidad de Planck constante, la medida η_P puede variar entre cero e infinito, en función de los valores que adopten las densidades «dismétricas» del segundo miembro de la ecuación anterior. Y, como la unidad compuesta en P se ha reducido a la de O, que representa una cantidad de magnitud definida y finita, la cantidad de Planck en P también puede variar entre cero e infinito, lo que contradice la hipótesis de invariancia, y así se manifiesta la incompatibilidad de la «dismetría» con esta supuesta constante.

Eso sí, como en los demás casos, si el espacio fuera isométrico, única variante actual visible para los físicos, todas las densidades «dismétricas» son iguales a la unidad y el segundo miembro de la última fórmula también, con lo que $\eta_P = \eta$ en todo P, quedando constante la cantidad de Planck y se comprueba nuevamente que **la isometría es un caso particular de la «dismetría»**.

A la vista de lo anterior, hemos de preguntarnos si la *teoría cuántica* es incompatible con la «dismetría», y la respuesta ha de ser necesariamente negativa, porque no invalida los postulados *cuánticos*. Es más, basta implementar el efecto «dismétrico» en las formulaciones *cuánticas* para enriquecer sus planteamientos de modo absolutamente paralelo a lo que hicimos con la mecánica newtoniana en los apartados XXXII y XXXV.

Resumiendo, la constante de Planck, como todas las demás, incluidas las adimensionales como el número pi, no son tan constantes y han de variar, si las magnitudes son «dismétricas», en función de sus densidades en cada punto P respecto del origen de referencia O, y esto suponiendo que las leyes físicas se mantengan isomorfas en todos los puntos del espacio.

Volviendo al objeto de este apartado, en conclusión la *teoría cuántica* o cualquiera otra son la expresión de cómo se manifiesta la realidad extramental a nuestros cerebros. Son modelos que integran realidades mentales conectadas con la realidad extramental mediante la percepción. Por tanto, no es correcto identificarlas con lo que existe en el mundo externo a las ideas que se conforman en el cerebro, error que todos somos muy propensos a cometer, puesto que parece natural a la inmadurez atribuir entidad material a nuestros pensamientos. De hecho, en este apartado aportamos pruebas de cómo muy notables científicos caen en esta trampa y provocan discusiones absurdas para la epistemología.

Apéndice: Análisis «psicofuncional» de la *teoría cuántica*

El gato de Schrödinger no puede realmente estar vivo y muerto a la vez, pero ello no obsta para que la *teoría cuántica* permita valorar con probabilidades la previsión de estados de un sistema y operar algebraicamente con ellos mediante leyes matemáticas correctas, simplemente postulando la aplicación válida de una estructura algebraica abstracta e incontestable, como lo son los espacios vectoriales hermíticos de Hilbert. Así que desde este punto de vista la *teoría cuántica* no es nada especial, su aparente irracionalidad es a nuestro juicio solo una mera interpretación fantasmagórica o rocambolesca de sus postulados. **En ningún caso la *teoría cuántica* tiene permitido violar las leyes de la lógica formal.**

Si nos fijamos, por ejemplo, en la *mecánica racional clásica*, con ella se hace lo mismo. Representamos velocidades, aceleraciones o fuerzas con vectores geométricos y postulamos que esté permitido operar con estos entes matemáticos como si fuesen elementos de una estructura algebraica que llamamos en este caso espacio vectorial euclídeo sobre el cuerpo de los números reales. Aquí tampoco sería acertado identificar los verdaderos fenómenos de la velocidad, la aceleración o la fuerza con el ente matemático escogido para conformar el modelo, al que solo debemos conferir la propiedad de representar mentalmente lo que ocurre en el ámbito extramental.

La diferencia entre la *mecánica clásica* y la *cuántica* es que intuitivamente es fácil asociar medidas de masas o energías con escalares o medidas de velocidades, aceleraciones y fuerzas con vectores, porque nuestra experiencia sensorial así nos lo sugiere, resultando que el postulado *clásico* de asociar las magnitudes con escalares o vectores, miembros los primeros del cuerpo de los números reales y los segundos del espacio euclídeo de tres dimensiones, resulta sencillo asimilarlo por cualquier mente, puesto que ello es compatible con la experiencia sensorial común; en cambio, para los fenómenos *cuánticos* carecemos de referencia sensorial y actuamos a ciegas. De ahí que los creadores de la *teoría cuántica* hayan optado por elegir a priori una estructura matemática preexistente que sirva para operar con las medidas *cuánticas*, estableciendo como postulado fundamental que esa estructura del álgebra abstracta describa sus operaciones. Por tanto, quien pretenda comprender esta elección se volverá loco sin conseguirlo, porque no es más que un método de trabajo inédito consistente en considerar que una parte de la matemática definida en abstracto, sin ninguna experimentación, sea válida para representar precisamente los fenómenos *cuánticos*, y ello solo porque así lo hemos decidido sin pruebas previas. Es como si el método científico se invirtiera y, en lugar de anteponer la observación a la posterior formulación matemática de los fenómenos, se procediera a la inversa: primero elegimos el aparato matemático y luego lo comprobamos y ajustamos con observaciones, que en el caso de los hechos *cuánticos* no pueden ser directas, sino que necesariamente deben hacerse con instrumentos de medida muy sofisticados e inaccesibles para la mayoría de nosotros, por lo que no podemos examinarlos y hemos de conformarnos con aprender el modelo matemático mental que se nos ofrece sin posibilidad de enfrentarlo ni siquiera con una mínima experiencia sensorial propia, que no podemos poseer porque **la realidad *cuántica* no interacciona con nuestra percepción.**

Hemos admitido que la *mecánica clásica* es más intuitiva y, por tanto, más comprensible que la *cuántica*; sin embargo esto no es tan evidente como pueda parecer. Para observarlo pongamos un caso significativo: a priori parece que la caída libre de los objetos dependa de su masa, porque así lo observamos al dejar caer desde la misma altura, por ejemplo, una pluma y un objeto mucho más pesado, lo que observamos es que la pluma cae más despacio. Sin embargo, si prescindimos de la resistencia del aire, es decir, en el vacío, como demostró Galileo, la pluma y el elemento pesado tardan lo mismo en llegar al suelo desde la misma altura. Es famoso el experimento visual llevado a cabo en la Luna por el Apolo 15, mostrando que en el vacío lunar una pluma y un martillo tocan el suelo al mismo tiempo cuando el astronauta los libera en caída libre. Por tanto, la *mecánica clásica*, que nos parece tan intuitiva, no lo es tanto, y ello se debe a que, como venimos advirtiendo, ninguna teoría, por sencilla y evidente que nos pueda resultar, sustituye jamás en modo alguno a la realidad extramental. Toda teoría es un ente mental ajeno a la realidad extramental. Reflexionar sobre una teoría y analizar sus elementos es una cosa muy distinta de las verdaderas cualidades de la naturaleza. Las magnitudes físicas no son sino entes físico-matemáticos mentales cuya condición material ignoramos y solo percibimos levemente a través de su impresión en los sentidos. En suma, pensamiento y realidad no son entes iguales sino relacionados por medio de la percepción. Teniendo en cuenta este simple hecho estamos en condiciones de mejor comprender lo que es entender el significado e idoneidad de cualquier teoría física o de otro ámbito cualquiera.

En el dominio de lo muy pequeño, el estado *cuántico* es una representación del estado físico de un fenómeno bajo la mirada de la *mecánica cuántica*. En la *mecánica racional clásica* se admite que al medir una magnitud física repetidas veces se obtiene el mismo valor. Sin embargo, en la *teoría cuántica* se supone que la medida de toda magnitud física puede ofrecer cantidades diferentes en distintas mediciones sobre estados *cuánticos* idénticos. Es decir, si la medida se pudiera repetir, en cada ocasión que se mida la magnitud puede aparecer una observación distinta. De ahí que la *física cuántica* utilice una distribución de probabilidad para expresar el resultado de una medición.

En suma, la principal diferencia entre las *teorías cuántica* y *clásica* es que la intuición se adapta bien al modelo *clásico*, porque las medidas de las magnitudes podemos concebirlas fácilmente como números reales y vectores matemáticos. En cambio, en la *teoría cuántica* la intuición no funciona de la misma forma y parece incomprensible, pero por muy irracional o antirrealista que pueda mostrarse todo encaja en ella cuando se la mira como lo que es: un simple mapa que dibuja a su modo el mundo extramental de lo muy pequeño mediante la predeterminada estructura mental algebraica de los espacios vectoriales hermíticos de Hilbert, con su particular carácter abstracto que puede apartarse del sentido común, pero que para el álgebra es un lenguaje matemático tan inapelable como el cuerpo de los números reales o los espacios euclídeos.

Así que, de la misma manera que a nadie se le ocurre identificar el mapa de un territorio con el territorio mismo, porque la diferencia es evidente, nadie debería confundir ninguna teoría física ni sus postulados con los fenómenos reales que pretenden reflejar. Por ello, sería un craso error pretender en *mecánica clásica* que las masas, energías, velocidades, aceleraciones o fuerzas del mundo extramental sean efectivamente números reales o vectores geométricos, aunque sensorialmente nos parezca plausible; y de igual manera resultaría pueril identificar las funciones de onda o vectores de estado con los fenómenos *cuánticos* reales: **la realidad mental en ningún caso puede ser lo mismo que la realidad extramental.** Cada cerebro solo puede conocer su propia realidad mental y de la extramental solo puede tener referencia indirecta por medio de los datos sensoriales recibidos de la percepción, datos que asimismo también son entes mentales, puesto que están alojados en el propio cerebro, pero ni siquiera son elementos de la realidad exterior.

ADDENDUM

«DYSMETRY»
*Discovery of a new dimension
of physical magnitudes*

The preceding breviary has presented the compendium of the research and revelation of the physical-mathematical truths that have emerged within it, carried out by the author of this work. Here we are going to propose another summary with a somewhat different approach, focusing more on what «dysmetry» means. We prefer to be repetitive and err on the side of excessive argumentation rather than defect, given the difficulty of the subject, due above all to the blindness induced by the bad habits of archaic «arithmetization». We hope to alleviate the work necessary to become informed about what this book means and to overcome the resistance of the most conservative minds, converting them for their own good to support the «dysmetric» movement.

Until now, physicists have assumed, without thinking about it, that our units of measurement for physical phenomena would be constant, that is, that we were indifferent to the location in space-time and the material environments of our measurements, because the measurement standards would never change. We assumed that these standards would not be affected by the supposed impassive and immutable nature of empty space or by the existence of variable matter or energy in the different measurement environments.

Such a mentality is nothing but a primitive and clumsy simplification of the infinite variability observed in the universe from the smallest to the most immense, arbitrarily assuming, without conclusive proof, that everything that exists manifests itself in the same way as in our limited perceptible human environment. However, in this work we have found that such an assumption is illusory, rather childish, and certainly not at all justified. We now proceed to a succinct summary of the steps that led us to discover the «dysmetry» and to the conclusion that we are faced with an inescapable truth: the **«dysmetric» dimension of physical magnitudes.**

At the beginning of the investigation we recover the concern of the classical physicists of the late nineteenth and early twentieth centuries about the lack of foundation of the operations with magnitudes, summarized in the **mystery of the composite magnitudes**, which has produced so much controversy without ever deciphering the enigma, an unsolved mystery that has been shelved by the International System of Units by simply arbitrarily postulating a reckless pseudo-algebra consisting of the fictitious rule of operating with physical units with the same laws established for numerical sets, what we have called here the unhealthy «arithmetization» of Physics.

To address this major inconsistency, the first important observation is to differentiate between measure and quantity of a magnitude. Measure is a real number, as an expression of a quantity in relation to its reference unit or standard of the given magnitude. Quantity, on the other hand, is indicated by the binary set of measure and unit, which we have called a dyad here and which in classical mathematics is called a concrete number. Well, all quantities of any scalar magnitude are represented in relation to any unit U by the set of all dyads (q,U) where q is a real number. Hence we call the grouping of all real numbers R associated with the unit U, which we write $\{R,U\}$, a dyadic set. It is enough to observe this notation to understand that the set of real numbers R does not coincide with any dyadic set $\{R,U\}$ of any magnitude. Therefore, establishing without further ado that the algebra of dyadic sets is identified with that of real numbers is absurd and has no mathematical sense. **Dyadic sets are different from R and, as such, required a specific algebra,** pending development, which constituted the origin of this research and which has led to the fortunate chance discovery of «diysmetry», one more case of serendipity among the many that appear in the history of science.

The same thing happens with vector magnitudes. Dyadic sets can be described in this case in the form $\{R^3, U\}$ and, of course, the set R^3 is different from $\{R^3, U\}$. In the text we developed the algebra of dyadic vector sets and, as it is completely analogous to the algebra of scalar magnitudes, in this philosophical addendum we will limit ourselves exclusively to scalar magnitudes, so as not to tire the reader with superfluous reiterations.

Therefore, with the previous dissertation we have already established the inexorable need to develop a specific algebra for dyadic sets, representative of the quantities of each magnitude considered. The first operation to be defined is addition. This requires appreciating that in order to add quantities, they must refer to the same magnitude, an observation that we have described as the need for **homogeneity**. But there is more, in order to add two dyadic quantities, they must be referred to the same unit, which we call the **axiom of uniformity**. In short, it is possible to add, for example, kg with g, but to do so both addends must be expressed in *kg* or in *g*. In this way, when the addends are uniform, the sum is obtained by adding the measurements with the addition of R, maintaining the common unit of the addends. Once the addition of homogeneous quantities is defined in this way, it is easily demonstrated that this operation confers to each dyadic set the structure of an **abelian additive group**.

The addition of quantities does not, therefore, present too many algebraic problems. But the same does not occur with multiplication, because in this case the dyadic product is not reduced to that of R, since it is not possible to identify a multiplicand or a multiplier. And this phenomenon is vital to unravel and understand the mystery of composite magnitudes. Let us take length as an example of magnitude. When two lengths are multiplied, the product is not another length, but a surface, and it is a volume when there are three lengths multiplied. On the other hand, the multiplication of real numbers is reduced to abbreviated sums and gives another real number as a product. The product of numbers is an internal law, while the product of lengths is an external law, because, as has already been said, when multiplying two lengths, another length is not obtained, but a surface, or a volume if three lengths are multiplied. We thus observe that the multiplication of lengths is a new law of composition that we have baptized with the name of **external generative law**. It is external, because the product is not a length, but a surface or a volume, which are different geometric magnitudes. And it is generative because the multiplication of lengths produces another different magnitude, the surface or the volume.

The product of lengths is visualized as the product of segments and this allows us to draw inspiration for this operation from the **geometric algebra of segments**. Then, considering that any quantity of other magnitudes can be represented by segments, it is easy to establish a biunivocal affinity or correspondence between quantities of diverse magnitudes and the set of geometric segments, as Newton did in his Principia, following in turn the criterion of Euclid's Elements. We call this maneuver the **affinity postulate**, which already allows us to conceive the multiplication of any quantities by means of segments, surfaces or affine volumes. And in this simple way, multiplicative operations of any magnitudes can be developed, making it clear **that composite magnitudes do not contain any mystery**, but rather present an irrefutable geometric simplicity.

The fact that multiplicative operations are generating external composition laws prevents dyadic sets from having the structure of an abelian multiplicative group, contrary to what happens with addition. And thus the false hypothesis of the International System of Units is exposed, which wrongly attributes this structure to the multiplication of magnitudes. The most immediate consequence of true algebra is that it proves that **there are no unitary or inverse multiplicative elements**. With this we verify the nonexistence of elements such as m^{-1}, kg^{-1} or s^{-1}, which supposes a clear incongruity of the current system for some magnitudes such as frequency, which the International System of Units measures with the fake isolated unit s^{-1}.

With these foundations we build a complete specific algebra for magnitudes that we call **dyadic algebra** and we identify the multiple operations that compose it, revealing that the famous mystery of the composite units is not such and that anyone can observe the underlying mathematical truths behind the operations with magnitudes.

Dyadic algebra not only solves the mystery of composite magnitudes, overcoming the erroneous «arithmetization» that the International System of Units arbitrarily normalizes, but it also gives us a splendid gift: «dysmetry». Let us look at the simple process that reveals this phenomenon to us in such an unexpected way.

Let us consider a generic scalar dyad (q,U). The quantity represented by this binary element can obviously vary by changing the measure q for any other. Now, is this the only form of dyadic variation? Until now we thought so, because we assumed that every unit U contained a quantity of constant magnitude and independent of any circumstance. Is this belief consistent from a scientific and logical point of view? Let us see: What prevents us from theorizing that the quantity implied in any unit U can vary in space, time or by the influence of physical actions? Nothing. Therefore, this assumption should not be excluded a priori and without any proof to refute it.

For the sake of clarity, the first condition, that is, that the quantity of magnitude associated with any unit U is constant in any context, is called isometry. The opposite property, that is, that any unit U can indicate quantities of magnitude that vary for various reasons, is called «dysmetry». Thus, we have only two variants of the same thing: isometry and «dysmetry». Nature is either isometric or «dysmetric». If we admit without proof that it is isometric, we will be excluding in one fell swoop all «dysmetric» phenomena that may have real existence. On the other hand, it is clear that the «dysmetric» variant is broader than the isometric one and that isometry is included in «dysmetry». because if the latter did not exist, isometry would manifest itself alone as an implacable phenomenon. In conclusion, philosophically and by pure logic, the principle to be established a priori on the nature of the universe must be the «dysmetric» variant, as long as there is no proof to the contrary. The search for such proof is extremely difficult, because it would require, for example, carrying out experiments very far from Earth. It would be more feasible to experiment with the «dysmetric» phenomenon in the atomic realm.

Perhaps the simplest proof we can conceive to refute isometry is the simple observation of what exists, which manifests itself in an infinite variety of forms and essences, because no two things are the same. Then, this simple experience common to all should lead us to establish that the obvious thing is «dysmetry». And, if we go further, doing a differential mathematical experiment and studying the mathematical variation of a dyad (section XXXVII), we arrive at the irrefutable mathematical conclusion that **the natural thing is «dysmetry»**

The complexity of dysmetry» seems to make it difficult to incorporate it into the description of physical phenomena. But fortunately, we have found a relatively simple way of representing it, taking advantage of the dyadic algebra of magnitudes. The method consists of finding the quotient between the magnitude quantities of the same physical unit in different environments. We know that the dyadic quotient of homogeneous quantities is in any case a real number and we call such quotients **«dysmetric» densities**. It follows that every «dysmetric» density, being a real number, is dimensionless. Thus we arrive at the discovery of the **«dysmetric» dimension of**

physical magnitudes, characterized by a field of magnitude densities, given as the dyadic ratio between the quantity implied in a certain unit for each point in space-time in relation to the quantity contained in the same unit corresponding to a fixed point taken as a reference. This also allows us to confirm that isometry is a particular case of «dysmetry», because the latter is reduced to the former when all the «dysmetric» densities are equal to one, which constitutes a definitive argument for adopting the «dysmetric» variant as a **fundamental principle of Physics**, if we do not want to risk our equations and physical laws indicating very limited phenomena with respect to all those that really exist.

As the research in this work progressed, considering only the «dysmetric» dimension of length, we were able to characterize tensorially the physical properties of empty space (section XXXVI), which does not manifest itself as something inert, but rather produces by itself material effects as important as the variation of the speed of light (see also section XXXIV) and the curvature of its rays, without the need for any other perturbation. Or also the variation of the geometric number pi (section XXXIII). Likewise, we reformulated some classical laws such as Newton's second law or gravitation by simply incorporating into them the «dysmetric» dimension of the intervening magnitudes (sections XXXII and XXXV).

In short, this work develops the dyadic algebra of magnitudes, solves the mythical mystery of composite units, and provides Physics with the first specific algebra in history, correcting essential errors such as the nonexistence of unitary or inverse multiplicative elements and establishing a separate mathematical structure for physical phenomena based on the generative external composition laws. At the same time, this new algebra reveals a fundamental principle hidden until now, the **«dysmetric» dimension of magnitudes**, which reveals new astronomical, cosmological and physical laws, offering an infinite horizon of research and innovation.

ADENDA

«DISMETRÍA»
*Descubrimiento de una nueva
dimensión de las magnitudes físicas*

En el breviario precedente se ha expuesto el compendio de la investigación y revelación de las verdades físico-matemáticas afloradas en su seno, llevadas a cabo por el autor de este trabajo. Aquí vamos a proponer otro resumen con un enfoque algo diferente, focalizando más la atención en lo que significa la «dismetría». Preferimos ser reiterativos y pecar por exceso de argumentación que por defecto, dada la dificultad de la materia, debida sobre todo a la ceguera inducida por los malos hábitos de la arcaica «aritmetización». Esperamos con ello aliviar el trabajo necesario para informarse de lo que significa este libro y salvar la resistencia de las inteligencias más conservadoras, convirtiéndolas por su propio bien a favor del movimiento «dismétrico».

Hasta ahora los físicos hemos considerado sin reflexionar sobre ello que nuestras unidades de medida de los fenómenos físicos serían constates, es decir, que nos resultaban indiferentes la localización en el espacio-tiempo y los entornos materiales de nuestras mediciones, porque los patrones de medida nunca cambiarían. Suponíamos que estos patrones no se verían afectados por la pretendida naturaleza impasible e inmutable del espacio vacío ni por la existencia de materia o energía variables en los diferentes entornos de la medición.

Tal mentalidad no es sino una simplificación primitiva y torpe de la infinita variabilidad observada en el universo desde lo más pequeño a lo más inmenso, admitiendo arbitrariamente y sin prueba fehaciente que todo lo que existe se manifieste del mismo modo que en nuestro limitado entorno humano perceptible. Sin embargo, en este trabajo hemos constatado que tal suposición es ilusoria, más bien infantil y desde luego no está en absoluto justificada. A continuación procedemos a una recopilación sucinta de los pasos que nos han llevado a descubrir la «dismetría» y a la conclusión de que estamos ante una verdad insoslayable: la **dimensión «dismétrica» de las magnitudes físicas**.

En un primer momento de la investigación recuperamos la preocupación de los físicos clásicos de finales del siglo XIX y principios del XX sobre la falta de fundamento de las operaciones con magnitudes, resumidas en el **misterio de las magnitudes compuestas**, que tanta controversia ha producido sin llegar a descifrar el enigma, misterio sin resolver al que se ha dado carpetazo por el Sistema Internacional de Unidades sin más que postular arbitrariamente una pseudoálgebra temeraria consistente en la regla ficticia de operar con las unidades físicas con las mismas leyes establecidas para los conjuntos numéricos, lo que hemos llamado aquí la malsana «aritmetización» de la Física.

Para acometer esa gran inconsistencia, la primera observación importante es diferenciar entre medida y cantidad de una magnitud. La medida es un número real, como expresión de una cantidad en relación con su unidad de referencia o patrón de la magnitud dada. La cantidad, en cambio, queda indicada por el conjunto binario de la medida y la unidad, que hemos llamado aquí díada y que en matemática clásica se denomina número concreto. Pues bien, todas las cantidades de cualquier magnitud escalar quedan representadas en relación con una unidad cualquiera U mediante el conjunto de todas las díadas (q, U) donde q es un número real. De ahí que denominemos conjunto diádico a la agrupación de todos los números reales R asociados a la unidad U, que escribimos $\{R, U\}$. Basta observar esta notación para entender que el conjunto de los números reales R no coincide con ningún conjunto diádico $\{R, U\}$ de cualquier magnitud. Por tanto, establecer sin más que el álgebra de los conjuntos diádicos se identifique con la de los números reales es absurdo y no tiene ningún sentido matemático. **Los conjuntos diádicos son diferentes de R y, siendo así, requerían de un álgebra específica**, pendiente de desarrollar, lo que constituyó el origen de esta investigación y que ha llevado al afortunado hallazgo casual de la «dismetría», un caso más de serendipia entre los muchos que constan en la historia de la ciencia.

Con las magnitudes vectoriales ocurre exactamente lo mismo. Los conjuntos diádicos se pueden describir en este caso con la forma $\{R^3, U\}$ y, desde luego, el conjunto R^3 es diferente de $\{R^3, U\}$. En el texto desarrollamos el álgebra de los conjuntos diádicos vectoriales y, como es totalmente análoga al álgebra de las magnitudes escalares, en esta adenda filosófica nos vamos a limitar exclusivamente a las escalares, para no cansar al lector con reiteraciones superfluas.

Por consiguiente, con la anterior disertación ya hemos establecido la inexorable necesidad de desarrollar un álgebra específica para los conjuntos diádicos, representativos de las cantidades de cada magnitud considerada. La primera operación a definir es la adición. Ello precisa apreciar que para sumar cantidades estas han de referirse a la misma magnitud, observación que hemos descrito como la necesidad de **homogeneidad**. Pero aún hay más, para sumar dos cantidades diádicas deben estar referidas a la misma unidad, lo que llamamos **axioma de uniformidad**. En suma, es posible la adición, por ejemplo, de *kg* con *g*, pero para ello hay que expresar ambos sumandos en *kg* o en *g*. De este modo, cuando los sumandos sean uniformes, la suma se obtiene sumando las medidas con la adición de R, manteniendo la unidad común de los sumandos. Definida así la adición de cantidades homogéneas, se demuestra con facilidad que esta operación confiere a cada conjunto diádico la **estructura de grupo aditivo abeliano**.

La adición de cantidades no ofrece, pues, demasiados problemas algebraicos. Pero no ocurre lo mismo con la multiplicación, porque en este caso el producto diádico no se reduce al de R, ya que no es posible identificar un multiplicando ni un multiplicador. Y este fenómeno es vital para desvelar y comprender el misterio de las magnitudes compuestas. Tomemos como ejemplo de magnitud la longitud. Cuando se multiplican dos longitudes el producto no es otra longitud, sino una superficie, y es un volumen cuando sean tres las longitudes multiplicadas. En cambio, la multiplicación de números reales se reduce a sumas abreviadas y da como producto otro número real. El producto de números es una ley interna, mientras que el producto de longitudes es una ley externa, porque, como se ha dicho ya, al multiplicar dos longitudes no se obtiene otra longitud, sino una superficie, o un volumen si se multiplican tres longitudes. Observamos así que la multiplicación de longitudes es una nueva ley de composición que hemos bautizado con el nombre de **ley externa generatriz**. Es externa, porque el producto no es una longitud, sino una superficie o un volumen, que son magnitudes geométricas diferentes. Y es generatriz porque la multiplicación de longitudes produce otra magnitud distinta, la superficie o el volumen.

El producto de longitudes se visualiza como el producto de segmentos y ello nos permite inspirar esta operación en el **álgebra geométrica de segmentos**. A continuación, considerando que cualquier cantidad de otras magnitudes se pueden representar mediante segmentos, es fácil establecer una afinidad o correspondencia biunívoca entre cantidades de magnitudes diversas y el conjunto de los segmentos geométricos, como hizo Newton en sus *Principia*, siguiendo a su vez el criterio de los *Elementos* de Euclides. Llamamos a esta maniobra **postulado de afinidad**, que permite ya concebir la multiplicación de cantidades cualesquiera mediante segmentos, superficies o volúmenes afines. Y de este modo tan simple se pueden desarrollar las operaciones multiplicativas de cualesquiera magnitudes, dejando en evidencia que **las magnitudes compuestas no encierran ningún misterio**, sino que presentan una sencillez geométrica irrecusable.

El hecho de que las operaciones multiplicativas sean leyes de composición externas generatrices impide que los conjuntos diádicos puedan presentar estructura de grupo multiplicativo abeliano, al contrario de lo que ocurre con la adición. Y así se pone en evidencia la hipótesis falsa del Sistema Internacional de Unidades, que atribuye erróneamente esta estructura a la multiplicación de magnitudes. La consecuencia más inmediata del álgebra verdadera es que prueba que **no existen los elementos multiplicativos unitarios ni inversos**. Con ello comprobamos la inexistencia de elementos como m^{-1}, kg^{-1} o s^{-1}, lo que supone una clara incongruencia del sistema vigente para algunas magnitudes como la frecuencia, que el Sistema Internacional de Unidades mide con la fingida unidad aislada s^{-1}.

Con estos fundamentos construimos un álgebra específica completa para las magnitudes que denominamos **álgebra diádica** e identificamos las múltiples operaciones que la componen, desvelando que el famoso misterio de las unidades compuestas no es tal y que cualquiera puede observar las verdades matemáticas subyacentes tras las operaciones con magnitudes.

El álgebra diádica no solo resuelve el misterio de las magnitudes compuestas, superando la errónea «aritmetizacción» que normaliza arbitrariamente el Sistema Internacional de Unidades, sino que nos hace un regalo espléndido: la «dismetría». Veamos el simple proceso que nos revela este fenómeno de forma tan inesperada.

Tomemos una díada escalar genérica (q, U). La cantidad que representa este elemento binario es obvio que puede variar cambiando la medida q por otra cualquiera. Ahora bien, ¿es esta la única forma de variación diádica? Hasta ahora pensábamos que sí, porque suponíamos que toda unidad U contenía una cantidad de magnitud constante e independiente de toda circunstancia. ¿Es esta creencia congruente desde un punto de vista científico y lógico? Veamos: ¿Qué nos impide teorizar sobre que la cantidad implícita en cualquier unidad U pueda variar en el espacio, en el tiempo o por la influencia de acciones físicas? Nada. Luego, esta suposición no debe excluirse *a priori* y sin ninguna prueba que la refute.

Para entendernos, la primera condición, es decir, que la cantidad de magnitud asociada a toda unidad U sea constante en cualquier contexto, la llamamos isometría. La propiedad contraria, esto es, que toda unidad U pueda indicar cantidades de magnitud variables por causas diversas, la denominamos «dismetría». Así, pues, tenemos dos únicas variantes de la misma cosa: la isometría y la «dismetría». La naturaleza es isométrica o es «dismétrica». Si admitimos sin pruebas que es isométrica, estaremos excluyendo de un plumazo todos los fenómenos «dismétrios» que puedan tener existencia real. Por otra parte, es claro que la variante «dismétrica» es más amplia que la isométrica y que la isometría está incluida en la «dismetría», porque si finalmente esta no existiese, se manifestaría sola la isometría como fenómeno implacable. En conclusión, filosóficamente y por pura lógica, el principio a establecer *a priori* sobre la naturaleza del universo ha de ser la variante «dismétrica», mientras no haya prueba en contrario. La búsqueda de esta prueba es harto difícil, porque exigiría, por ejemplo, hacer experimentos muy lejos de la Tierra. Más asequible resultaría experimentar el fenómeno «dismétrico» en el ámbito atómico.

Quizá la prueba más simple que podamos concebir para refutar la isometría sea la simple observación de lo que existe, que se manifiesta con una infinita variedad de formas y esencias, porque no hay dos cosas iguales. Luego, esta sencilla experiencia común a todos debería llevarnos a establecer que lo obvio es la «dismetría». Y, si vamos más allá, haciendo un experimento matemático diferencial y estudiando la variación matemática de una díada (apartado XXXVII), llegamos a la conclusión matemática irrefutable de que **lo natural es la «dismetría»**.

La complejidad de la «dismetría» parece hacer difícil la tarea de incorporarla a la descripción de los fenómenos físicos. Pero, afortunadamente, hemos encontrado una manera relativamente sencilla de representarla, aprovechando el álgebra diádica de magnitudes. El método consiste en hallar el cociente entre las cantidades de magnitud de la misma unidad física en entornos diferentes. Sabemos que el cociente diádico de cantidades homogéneas es en todo caso un número real y a dichos cocientes los denominamos **densidades «dismétricas»**. Resulta con ello que toda densidad «dismétrica», siendo un número real, resulta adimensional. Así llegamos al descubrimiento de la **dimensión «dismétrica» de las magnitudes físicas**, caracterizada por un campo de densidades de magnitud, dado como la razón diádica entre la cantidad implícita en cierta unidad para cada punto del espacio-tiempo en relación con la cantidad contenida en la misma unidad correspondiente a un punto fijo tomado como referencia. Ello permite también constatar que la isometría es un caso particular de la «dismetría», porque esta se reduce a la primera cuando todas las densidades «dismétricas» resultan iguales a uno, lo que constituye un argumento definitivo para adoptar la variante «dismétrica» como **principio fundamental de la Física**, si no quisiéramos arriesgarnos a que nuestras ecuaciones y leyes físicas indiquen fenómenos muy limitados respecto a todos los realmente existentes.

Avanzada la investigación de este trabajo, considerando únicamente la dimensión «dismétrica» de la longitud, llegamos a caracterizar tensorialmente las propiedades físicas del espacio vacío (apartado XXXVI), que se manifiesta no como algo inerte, sino que produce por sí solo efectos materiales tan importantes como la variación de la velocidad de la luz (ver también el apartado XXXIV) y la curvatura de sus rayos, sin necesidad de ninguna otra perturbación. O también la variación del número pi geométrico (apartado XXXIII). Asimismo, reformulamos algunas leyes clásicas como la segunda ley de Newton o la gravitación sin más que incorporar en ellas la dimensión «dismétrica» de las magnitudes intervinientes (apartados XXXII y XXXV).

En suma, en este trabajo se desarrolla el álgebra diádica de magnitudes, se resuelve el mítico misterio de las unidades compuestas y se dota a la Física con la primera álgebra específica de la historia, corrigiendo errores esenciales como la no existencia de elementos multiplicativos unitarios ni inversos y estableciendo una estructura matemática *sui géneris* para los fenómenos físicos en base a las leyes de composición externas generatrices. A su vez esta nueva álgebra revela un principio fundamental oculto hasta ahora, la **dimensión «dismétrica» de las magnitudes**, que revela nuevas leyes astronómicas, cosmológicas y físicas, ofreciendo un horizonte infinito de investigación e innovación.

Bibliography (Bibliografía)

Joseph Fourier. *Théorie Analitique de la Chaleur*, Gauthier Villars, París, 1888.

Max Planck. *Vorlesungen über die Theorie der Wärmestrahlung*, Leipzig, 1906.

R.C. Tolman. *Physics Review*, 1914, 1917.

Giovanni Giorgi. *Sistemi e unita di mesura*, Enciclopedia delle Matematiche Elementari.

P. W. Bridgman. *Dimensional Analysis*, Yale, University Press (Universidad Nacional de Tucumán, República Argentina).

Ricardo San Juan. *Teoría de las magnitudes físicas y sus fundamentos algebraicos*, Revista de la Real Academia de Ciencias de Madrid, 1947.

P. W. Bridgman. *British Enciclopedia*, edition 1951, article *Dimensional Analysis*.

Julio Palacios. *El lenguaje de la física y su peculiar filosofía*, 1953.

U. Stile. *Messen und Rechnen in der Physic*, Vieweg, Braunschweig, 1961.

Julio Palacios. *Análisis dimensional*, Espasa Calpe, segunda edición, 1964.

P. Puig Adam. *Geometría métrica*, Biblioteca Matemática Rey Pastor-Puig Adam, 1970.

Sears Zemansky. *Física general*, Aguilar, University Physics, 1970.

Luis A. Santaló. *Vectores y tensores y sus aplicaciones*, Editorial Universitaria de Buenos Aires, 1970.

R. Kurth. *Dimensional Analysis and Group Theory in Astrophysics*, Pergamon, 1972.

F. Catalá Moreno, *Álgebra lineal y multilineal*, Academia Iribas, Madrid, 1972.

André Lichnerowicz. *Elementos de cálculo tensorial*, Aguilar Sociedad Anónima de Ediciones, 1972.

I. Cano de la Torre. *Mecánica Racional*, Academia Luz de Madrid, 1973.

International Practical Temperature Scale of 1968, Amended Edition of 1975, *Metrology*, Comité International des Poids et Mesures, 1976.

R. M. Cooke. *The Algebra of Physical Magnitudes, Foundatios of Physics*, 1980.

José Catalán Chillerón. *Teoría de las magnitudes físicas*, Instituto Geográfico Nacional, Madrid, 1983.

Isaac Newton. *Principios matemáticos de la filosofía natural*, Alianza Editorial, 2016.

J. M. Arnaiz. *Matematizar 1 (Fundamentos), Matematizar 2 (Complementos) y Matematizar 3 (Aplicaciones)*, Ediciones Go Beyond S.L., 2016.

Bureau International des Poids et Mesures. *The International System of Units (SI)*.